i
imaginist

想象另一种可能

理
想
国
imaginist

# 显微镜下的室友

## 邂逅二十万种小小生物

# NEVER HOME ALONE

From Microbes to Millipedes,
Camel Crickets, and Honeybees,
the Natural History of Where We Live

**Rob Dunn**

[美] 罗布·邓恩 —— 著　李超群 —— 译

民主与建设出版社

· 北京 ·

© 民主与建设出版社，2021

**图书在版编目 (CIP) 数据**

显微镜下的室友：邂逅二十万种小小生物 /（美）
罗布·邓恩 (Rob Dunn) 著；李超群译 . -- 北京：民
主与建设出版社，2021.7
书名原文：NEVER HOME ALONE
ISBN 978-7-5139-3568-5

Ⅰ . ①显… Ⅱ . ①罗… ②李… Ⅲ . ①微生物学—普
及读物 Ⅳ . ① Q93-49

中国版本图书馆 CIP 数据核字 (2021) 第 103473 号

北京出版外国图书合同登记号 图字：01-2021-3708

**显微镜下的室友：邂逅二十万种小小生物**
XIANWEIJING XIA DE SHIYOU XIEHOU ERSHIWANZHONG XIAOXIAO SHENGWU

著　　者　[美]罗布·邓恩
译　　者　李超群
责任编辑　王　颂
特邀编辑　王　微
出版发行　民主与建设出版社有限责任公司
电　　话　（010）59417747　59419778
社　　址　北京市海淀区西三环中路 10 号望海楼 E 座 7 层
邮　　编　100142
印　　刷　肥城新华印刷有限公司
版　　次　2021 年 8 月第 1 版
印　　次　2021 年 8 月第 1 次印刷
开　　本　880 毫米 × 1230 毫米　　1/32
印　　张　9.75
字　　数　210 千字
书　　号　ISBN 978-7-5139-3568-5
定　　价　59.00 元

注：如有印、装质量问题，请与出版社联系。

# 前言 宅在家里的生物

　　我小时候，是在外边玩大的。我和姐姐堆城堡，修小路，挂在树枝上荡来荡去。屋子里头是睡觉的地方，只有在天冷得手指头都要冻掉，实在无法出门时我们才待在屋里（我们住在密歇根州的乡下，一冬天都是这么严寒）。外边的广阔天地——那才是我们真正的家。

　　自儿时起，我们的世界就发生了翻天覆地的变化。如今的孩子都是在室内长大的，偶尔有片刻的活动，也是从自己家去另一所房子。这一点儿也不夸张。现在，一般美国孩子有93%的时间是在室内或车里度过的。不光是美国的孩子，加拿大、欧洲和亚洲多数国家的孩子也是如此。[1] 我说这些，不是为了哀叹世界多么糟糕，而是为了说明这种变化揭示了我们处于人类文化演变的崭新时期。我们已经从现代人变成（或正在变成）一个新人种——"宅人"（*Homo indoorus*），即生活在室内的人。我们生活的世界，由房子、公寓的墙壁组成，房间与走廊和其他房子的联系，远远多于和外部世界的联系。一想到这种改变，我们似乎应当把了解室内生物以及它们对健康的影响作为首要任务。实际上，我们才刚开了个头。

在微生物学学科设立之初，人们已经知道自己家里有其他的小生物在生活了。当时，有个名叫安东尼·凡·列文虎克（Antoni van Leeuwenhoek）的人开创了微生物研究，他在自己家、邻居家和自己身上发现了数量惊人的生物。他带着沉迷的喜悦甚至敬畏之情去研究这些生物。但他的事业在他死后的一百年里无人问津。后来，当人们终于发现其中一些生物会使人患病后，才开始关注这些病原体。公众的观点随之发生巨变，人们认为：生活在我们周围的微生物都是对人有害的，一旦意识到它们的存在，就要把它们消灭干净。这种态度转变挽救了很多人的性命，但同时也走向了另一个极端：没有人真正停下脚步来研究我们身边的微生物，并惊奇于它们的存在。但从几年前开始，一切都有所改观。

我的团队和很多其他团队开始认真研究人们家里的生物。我们研究它们的方式是为哥斯达黎加热带雨林或南非草原进行编目的方式。在这些工作过程中我们大吃一惊，本来以为会发现几百种生物，结果竟然发现了超过 20 万种（具体种类和计算方式有关）。这其中有许多是微生物，另外有一些体型要大点儿，但也被人们忽略了。来，试着吸口气，深呼吸。随着我们每一次呼吸，氧气被送到肺泡深处，同时被吸入的还有几百上千个微生物。请你坐下。你坐下的位置周围会有几千种飘浮、弹跳、爬行着的小生物。我们在家的时候，其实从来都不是"独自"一人。

那生活在我们周围的都是些什么生物呢？当然也有肉眼可见、体型稍大的生物。有几十上百种脊椎动物，以及更多种类的植物和我们同在一个屋檐下。昆虫等节肢动物更多，也能被肉眼观察到。比节肢动物更多、体型却不一定更小的是真菌。比真菌更微小、肉眼完全看不见的是细菌。在人类家中发现的细菌的种类，比地球上所有的鸟类和哺乳动物加起来都要多。接下来，比细菌更小的是病毒，既有感染植物和动物的病毒，也有专门感染细菌的病毒——噬菌体。在统计的时候，我们会单独计算这些不同种类的生物。但其实，它们是一同来到我们家的。例如，在前院玩耍的狗身上携带着跳蚤，在跳蚤的肠道里生活着细菌和真菌，而细菌和真菌身上有噬菌体。当《格列佛游记》（*Gulliver's Travels*）作者乔纳森·斯威夫特（Jonathan Swift）写下"跳蚤身上也有吸血者"时，他还远远想不到微观世界有多么复杂。

读到这儿，你可能会想冲回家，一遍遍地冲洗消毒。不过让人惊奇的，还不仅仅是这些生物的存在。我和同事们研究发现：在物种最丰富、充满各种生物的家里，许多生物都是对人有益的，有些甚至是必需的。它们其中一些让免疫系统发挥作用，另一些通过与病原体和害虫竞争来控制它们的数量，还有些是能帮我们开发出新的酶类和药物的宝库，有一些可用于发酵新品种的啤酒和面包。成百上千种微生物，通过发挥生态效用为人类做出贡献，比如净化自来水。生活在我们家里的生物，其实大部分都是无害或有益的。

不幸的是，正当科学家开始了解许多家中生物对人类的益处甚至必要性时，人们却更努力地给室内空间消毒。这一举动带来了意外但也可以预料的后果。使用杀虫剂和杀菌剂、隔绝室内与外界的工作，同时也杀灭、隔绝了对此毫无抵抗力的有益生物。我们无意中帮助了德国蟑螂、螨虫和耐甲氧西林葡萄球菌（MRSA）等抵抗力强的生物，让它们活了下来。我们不仅是帮了它们的忙，而且促进了它们的演化。人类家中生物的演化速度是地球上最快的，甚至很可能是地球历史上最快的。我们促进其演化，并危害了我们自己。同时，那些可能与这些新生的、危害更大的物种相竞争的生物却消失了。此外，这些变化影响的区域十分广泛：室内生态系统，是地球上扩张速度最快的生物系统，比某些自然界中的生态系统还要大。

我们用一个特定地区来思考这种转变，可能更好理解。比如就纽约市的曼哈顿区来说：在图a中，我们可以看到整个曼哈顿的地面区域。较大的圈显示室内地面，较小的圈显示室外泥土地面，可以看到，曼哈顿的室内地面面积约是室外土地面积的三倍。那些能在室内生存的生物，在此找到了大量的食物和稳定宜居的环境。这样看，室内永远都不会是无菌的。人们说"自然界厌弃真空"，其实不对，更好的说法是"自然界吞噬了真空"。那些能利用无人竞争的食物、占领没有天敌的生存领地的生物，将像潮水般灌进来，钻进门缝和角落，爬到衣柜里和床榻上。对我们来说，最好的结果就是让更多有益而非有害的生物在室内生活。不过，在此之前，我们先要了解那些已经在室内定居、我们几乎一无所知的20多万种生物。

本书讲述的正是和我们一起宅在家里的生物"室友"以及它们

图 a　单看地面面积，曼哈顿的室内面积之和几乎是这个岛屿土地面积的 3 倍。随着城市人口不断增长，日渐密集，地球上多数人很快都会生活在室内面积大于土地面积的区域里（图片来源：人造环境生态演化 NESCent 研究小组）

变迁的故事。它们揭示着我们人的秘密，体现着我们的选择，也预示着我们的未来。它们影响着我们的健康，既神秘又壮观，并且影响深远。尽管其中大多数生物都不为人所知，但我们了解的一小部分已经足够令人惊叹。这些生物的繁衍生息，并不像我们以前所想的那样。

# 目 录

# 第一章　胡椒水中的奇迹

我所从事的事业，不为眼前的名声，而是为求知，我的求知欲比旁人更深，因此每次有所观察，我都会立刻记下，以供有思之人参考。

——列文虎克，1716 年 6 月 12 日与友人书

对人类家中生物的研究具体源于何时，没有确切的说法，不过很可能是始于 1676 年的某一天。在荷兰的代尔夫特，列文虎克走过一个半街区去市场买黑胡椒。他慢慢走过鱼摊，走过肉铺，经过市政厅。他买了点胡椒，付完钱，向商贩道过谢就回家了。不过回家之后，他没把胡椒撒在食物上。相反，他小心地把约 10 毫升黑胡椒粒加入有水的茶杯，这是为了把胡椒泡软、打开，好看看里面有什么，为什么会有辣味。接下来几周，他一遍遍观察这些胡椒粒。过了 3 个星期，他做了一个事后被证明具有非凡意义的决定——他吸取了一些胡椒水的水样到一根他自己吹制的细玻璃管中。这些水看起来十分浑浊。他把样品放到由固定在金属框架上的镜头所构成的一个类似显微镜的装置下去观察。这个透镜很适合观

察像胡椒水这样的透明液体，也适合观察他后来制作的固体切片标本。[1]

列文虎克透过镜头观察胡椒水，看见了一些特别的生物。但要看清楚究竟是什么，还需要一番摆弄和调整。如果当时是晚上，他会把蜡烛移来移去，如果是白天，他是靠窗子透进来的光线，不断变换位置。他观察了好几个样本。1676 年 4 月 24 日，他终于找到了一个清晰的视角。他发现这些东西不同寻常，然后写道："有大量的微生物，种类繁多。"他之前也见过微小的生物，但从没见过这么小的。一个星期后，他以不同顺序一遍遍重复这一过程，之后又用胡椒碎代替胡椒粒来观察，将胡椒泡在雨水里观察，将其他香料泡在水里来观察，都是用他自己的茶杯泡的。在一次次尝试中，他看到了越来越多的微生物。这是人类第一次观察到微生物。而且，这一发现是在家中通过观察任何厨房都可以见到的原材料——胡椒和水——得出的。列文虎克站到了他家中的微生物所构成的蛮荒之地的边缘。他看到了前人从未见过的生命世界。至于有没有人相信还是个问题。

早在 10 年前，列文虎克可能就已经开始用显微镜观察他家和周围环境中的生物了。在花费了成百上千个小时探索自家或自己的日常生活后，他才发现了胡椒水中的细菌。机遇着实偏爱那些有准备的人，但它更青睐沉迷其中的人。科学家很自然地会沉迷某些事情。当你专心致志且充满好奇时，就会入迷，任何人都有可能对某件事入迷。

列文虎克也不是传统意义上的科学家。他平时从事纺织行业，在代尔夫特的家中开了一间商店，卖布匹、纽扣和其他小零碎。[2]
最开始，他可能是用透镜来检查一些布匹上的细线。[3] 不过后来，
他或许受到了英国科学家罗伯特·胡克（Robert Hooke）所著的
《显微术》（*Micrographia*）[4] 一书的启发，开始观察家中的其他东西。
列文虎克不会说英文，他可能看不懂罗伯特的原文，但是罗伯特·胡
克所绘的通过自制显微镜所见的图画，足以给他巨大的启发。[5] 依
我们对列文虎克个性的了解，完全能想象出在浏览那些图画后的动
作：一边翻查着刚出版的首本荷英词典，一边一段段吃力地阅读
《显微术》中的文字。

　　早在列文虎克用显微镜观察之前，其他科学家就已经用显微镜
观察家中生物的细节了。包括罗伯特·胡克在内的科学家们在生命
世界的夹缝中发现了我们从未想象过的生命形式，它们展示了一个
未知的世界。跳蚤腿、苍蝇眼、书上的毛霉长茎上的孢子囊，这是
人们从未见过甚至从未想象过的微观世界。今天我们也能用同样的
放大倍率来观察同样的物种，但我们的感受和 17 世纪的人已经完
全不一样了。哪怕在亲眼看到的一刻我们会惊奇不已，但我们早已
知道微观世界的存在。那些用显微镜观察的早期科学家，当他们有
所发现时，感受到的惊奇感更为强烈，仿佛发现了生命世界的层层
表面上书写的密码信息，而这些信息，之前的人类从未见识过。

　　当列文虎克通过显微镜观察他家中和家周围的生命时，他也发
现了新的细节。比如他观察跳蚤，画了很多罗伯特·胡克画过的细
节图，但也有胡克没注意到的细节。他看到了跳蚤的精囊，只有细
沙粒那么大。他甚至看到了精囊里的精子，并且和自己的精子做了

比较。[6]接下来的观察中，他开始发现一些前所未见的生物，只有在显微镜下才能看到。这不是被人忽视的细节，而是意义更重大的发现——他发现了我们现在统称为原生生物（protist）的生命形式，它们都是单细胞生物，形态特征各异，唯一的共同点是体积极小。原生生物可以分裂，可以游动，种类繁多，有些大，有些小，有些长毛，有些光滑，有些有尾，有些无尾，有些附着在表面，有些四处飘荡。

列文虎克把他的发现告诉了在代尔夫特的朋友们。他交友甚广，既有鱼贩子，也有外科医生、解剖学家、贵族，其中一个解剖学家名叫莱尼尔·德·格拉夫（Regnier de Graaf），他家离列文虎克家不远。格拉夫年纪轻轻但成就卓著，他在32岁时就发现了输卵管的功能。列文虎克的发现让他印象深刻，虽然他的孩子刚刚夭折，但仍忍着悲痛以列文虎克的名义给伦敦英国皇家学会会长亨利·奥尔登伯格（Henry Oldenburg）写了封信。在信中他说列文虎克拥有令人称奇的显微镜，还恳请皇家学会给他安排科研项目，让他的显微镜和技术有用武之地。格拉夫还随信附上了列文虎克的观察笔记。

收到信后，奥尔登伯格直接给列文虎克回了信，并且让他提供与描述文字相配的图画。[7]1676年8月，列文虎克在回信中（此时格拉夫已不幸英年早逝）加入了更多关于他观察到而胡克等人忽略的细节：霉菌的形态，蜜蜂的刺、头部和眼睛，虱子的身体构成。同时，格拉夫以列文虎克的名义写的第一封信刊登在当年5月19日的《皇家学会哲学学报》上。这是世界上第二古老的科学期刊，当时是它刊行的第八年。此后又有许多类似书信刊登在学报上，有点像今天的博客。这些书信都没有经过编辑的大幅修改，有时甚至结构不清晰，内容散乱、重复。但这些对自己的家和城市中的小生物的观察记录在当时是创新的，描述的是人们前所未见的景象。正是在 1676 年 10 月 9 日的一封信（总第 18 封）中，列文虎克写下了他对胡椒水的观察。[8]

列文虎克在胡椒水里看到了原生生物。原生生物包含多种单细胞生物，比起细菌，它们与动物、植物或真菌的亲缘关系更近。他描述的可能是波豆虫（*Bodo*）、膜袋虫（*Cyclidium*）和钟形虫属（*Vorticella*）。波豆虫有一条长长的鞭形尾巴（flagellum），膜袋虫浑身有游动的纤毛（cilia），钟形虫通过柄附着在其他表面（滤食水中的生物）。但他还发现了其他的生物。他估计，胡椒水中最微小的生物宽度只有沙粒的百分之一，体积只有沙粒的百万分之一（图 1.1）。现在我们知道，这么小的生物只可能是细菌。但是在 1676 年，人们还从没见过细菌，这是细菌第一次出现在人类眼前。他欣喜若狂，马上写信给皇家学会：

> 这是我所见过的自然的神迹中最让人惊叹不已的，我不得不说，我还从来没见过这样激动人心的景象，一滴小小的雨水中竟然有成千上万的小生命，它们聚集在一起，动个不停，但是每种都有独特的运动方式。[9]

列文虎克写给皇家学会的前 17 封信他们都很满意。但是他们觉得，列文虎克这封关于胡椒水中发现的信，已经误入歧途，脱离了科学实际，陷入了纯粹的幻想。罗伯特·胡克对此格外提出质疑。由于《显微术》一书的成功，罗伯特·胡克现在是微生物领域的权威，他从没见过如此微小的生物。胡克和皇家学会另一位很有声望的成员尼西米·格鲁（Nehemiah Grew）一起，打算重复列文虎克的实验，试图证明列文虎克犯了错。设计并重复实验，本来就是皇家学会工作的一部分，重复过程通常只是简单的演示。不过这一次的实验既是为了演示，也是为了验证列文虎克观察到的现象到底存不存在。

尼西米先试着重复列文虎克的实验，失败了。罗伯特·胡克亲自上阵，他一丝不苟地重复了列文虎克准备胡椒水、调试显微镜的步骤，结果什么都没看见。他抱怨了一番，对列文虎克的发现不以为然。不过他又试了一次。这一次他做了更大的努力，他设计了更好的显微镜。第三次，他和皇家学会的其他成员终于看见了列文虎克观察到的一些生物。同时，列文虎克关于胡椒水中生物的那封信，经奥尔登伯格译成英文后发表在学报上。在信件出版以及皇家学会对观察结果加以验证后，细菌学——对细菌的科学性研究——正式登上舞台。值得一提的是，这项研究是从对在胡椒和水的混合物中发现的细菌即室内细菌的研究开始的。

三年后，列文虎克重复了胡椒水实验，不过这次，他把胡椒水装在一根封口的管子里。细菌耗尽了管中的氧气，但是管里依然有生物在生长并开始冒泡。列文虎克通过研究胡椒水又有了新的发现，他发现了厌氧菌属（anaerobic bacteria）。厌氧菌能在无氧环境

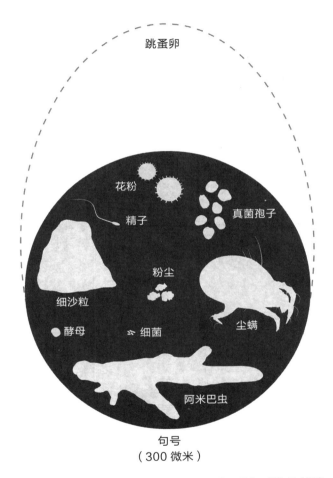

图 1.1 列文虎克用他的显微镜观察到的各种生物和微粒,以句号(黑色圆圈)的大小作为参照 [ 尼尔·麦科伊(Neil Mccoy)绘 ]

里存活、繁殖。对细菌尤其是厌氧菌的研究，最初源于人们对家中生物的观察。

今天，人们知道细菌无处不在——有氧或无氧环境、炎热或寒冷的地方。它们四海为家——在每一个物体表面，在每一个生物体内、空气中、云层里、海底深处，都有一层稀疏或密集的生命存在。人们已经发现了上万种细菌，并认为还有几百万（甚至几十亿）种其他细菌。不过，在 1667 年，列文虎克和皇家学会的极个别成员看到的细菌，是当时世界上唯一已知的细菌。

在历史上和今天，每当人们谈起列文虎克的成就，就仿佛他只会用新的仪器来观察周围，然后发现了全新的生命世界似的。在这种叙事中，显微镜和镜头才是故事的重点。但事实远比这要复杂。你可以把显微镜头装到相机上，放大倍率和列文虎克当年用过的镜头一样（你应该试试），也可以用它来观察你周围的世界。但你无法用列文虎克的方式来观察世界。他之所以能有这些发现，不仅仅因为他有各种精良的显微镜。他的发现来自他的耐心、恒心和技巧。并不是显微镜本身有多神奇，而是显微镜、细致灵巧的双手和满满的好奇心这三者共同创造了奇迹。

列文虎克比任何人都善于发现自然的神奇之处，但这需要付出在常人看来艰难无比的努力。因此，那些皇家学会的成员，即使看到了列文虎克观察到的世界，却没有任何真的热情去坚持这项工作。在验证了列文虎克的观察之后，罗伯特·胡克用自己的显微镜继续观察了 6 个月，之后也放弃了。他们把这个未知的世界留给了列文虎克自己。列文虎克成了微观世界的先驱，独自探索着一个比常人所想的更广博精妙的宇宙。

接下来的 50 年，他系统记录了他周围的所有生物，还有代尔夫特和周边地区的生物（通常是朋友给他带来的样品），不过他记录最多的依然是自己家里的生物。对于遇到的事物，他一视同仁。他研究了排水沟里的污水、雨水和雪水。他检查了自己口腔里的微生物，又检查了邻居的。他一次次观察了活精子，并且比较了不同物种精子的差别。他证明蛆虫是从苍蝇产下的卵中孵化出来的，而不是从垃圾里变出来的。他首先记录了一种能在蚜虫体内产卵的黄蜂。他首次观察到成年黄蜂通过减少活动进入休眠来过冬。在潜心观察研究的岁月中，列文虎克首次发现了多种原生动物，首次观察到储存液泡[10] 和肌肉纤维的横纹结构。他发现了奶酪壳上、面粉里甚至到处都存在着生物。在 90 载人生的后 50 年里，他一次又一次地探索、观察、惊叹，得出一个又一个发现。和伽利略一样，他为自然的神奇而惊叹，深受启发。不过伽利略只能把探索的目光投向宇宙，通过观察星体运动来验证自己的猜想，而列文虎克却能真切感受到自己发现的世界。他可以观察水中的生物，再喝下水，观察醋，再用来当调料，还可以观察自己体内的生物再继续生活。

由于很难将列文虎克对他观察到的生物的描述和这些物种的现有名称逐个对应，我们无从统计他究竟观察到了多少种不同的生物，不过明显有上千种。我们会想当然地认为列文虎克的开创性工作一直延续、发展，最终形成如今对家中生物的研究，但其实并非如此。列文虎克去世后，对居家环境中生物的研究基本已经中止。尽管列文虎克的发现启发了大众，但在格拉夫去世后，他在代尔夫特几乎已经没有真正的同僚。[11] 在他晚年的日子里，他女儿可能做过他的助手，但在他离世后，她并没有继续观察研究。在她的有生之年，仍保管着父亲的标本和显微镜，但这些最终都被束之高阁。当她也去世后，按照列文虎克遗嘱中的特别说明，这些毕生心血都被拍卖了，大部分显微镜都下落不明。他曾观察过的花园，被扩建的代尔夫特城侵占。而很可能让他的灵感萌发、蓬勃生长的儿时旧居，已年久失修，原址变成了某学校的操场。他曾进行众多发现的故居也被拆毁了，[12] 在房子的原址上立着一块纪念牌，但牌子的位置也不对。为了纠正它，旁边又立了一块，但很不幸这块牌子的位置也不完全对（差了一两栋房子，具体要看怎么数）。

最终，其他科学家又会开始研究人身上和人们家中的生物，但那已经是一百多年以后了，人们发现有些微生物会致病，并把它们命名为病原体。"病原体致病"学说又称为"病菌学说"，一般认为是由路易·巴斯德（Louis Pasteur）提出的（尽管在他证明微生物会致病之前，人们已经知道微生物会导致农作物病害）。病菌学说的提出，使得致病菌成为了室内微生物研究的中心。列文虎克似乎隐约觉得微生物会带来麻烦（他证实有些微生物会把醇香的红酒变成醋）。不过，他认为大部分他观察到的微生物都是无害的。在这一点上，他完全正确。世界上所有的细菌中，只有不到 50 种是绝对致病菌，就这么点儿。其他所有的细菌，包括绝大多数原生生物甚至病毒（直到 1898 年人们才发现病毒，而病毒也是在代尔夫特被首次发现的）要么对人无害，要么对人有益。在人们发现病原体也是不可见的微生物世界的成员后，就发动了针对所有室内微生物的战争。越是和人们关系密切的生物，战斗就越是彻底。人们不再研究胡椒水、污水和在家中随处可见的那些稀奇古怪、飞速旋转的小生物，而时间的流逝，让人们彻底不再关注它们。

　　到 1970 年，对家中生物唯一的研究仍集中在病原体、害虫以及如何控制它们的危害上。研究家中微生物的学者研究的是如何杀灭病原体。不仅微生物学是这种情况，研究家中生物的昆虫学家研究的也是怎样杀死昆虫；研究家中植物的植物学家，研究的是怎么清除家中的花粉；研究胡椒的食品科学家想的是胡椒是不是食源性疾病的诱因。我们忘记了我们周围的生命会激发出我们对自然的赞叹，更没有意识到这些生命不单会给人类带来困扰，它们也会帮助我们。我们只看到了它们有害的一面。这一个天大的错误，直到不久前，人们才意识到这个错误并开始弥补。重新开始更全面地认识我们周围的生命，始于人们对黄石国家公园和冰岛温泉的研究，但这些地方好像和居家环境毫不相干。

# 第二章  地下室的温泉

让好奇和恐惧成为我们发现的动力——恐惧让人战栗，但也让人专注地无法移开视线。请拥抱这些我们常常会忽略的古怪的小东西吧。

——布鲁克·博雷尔，

《泛滥成灾：臭虫怎样侵入卧室并占领世界》

2017 年春，我在冰岛拍摄一部微生物纪录片。[1]拍摄中有一个环节，要求我和摄制组一次次站到正在沸腾的、含有硫黄的间歇泉跟前。按节目脚本，我要指着间歇泉，对着摄像机镜头讲述生命的起源。有一次，摄制组竟丢下我一个人在一处间歇泉旁边，让我在那儿等着卡车回来接。[2]摄制组有时就是挺冷酷无情的。但一个人被困在那儿，也让我有时间来观察这些间歇泉。天真冷啊，尽管间歇泉有一股硫黄味，但我还是靠得很近，这能让我暖和一点儿。间歇泉中的水被地壳深处的火山活动加热，再从地表缝隙喷涌而出。就像会对美丽的夜空熟视无睹一样，我们很容易忽视地球的内部结构。但在冰岛这是不可能的，冰岛的东西部板块正在分离，人们很难不注意到这样大规模山崩地裂所带来的后果。有时火山的喷发十分剧烈，足以遮天蔽日。每天都有像我身边这样的间歇泉从地表喷出。这些间歇泉的喷发孕育了生命，这些生命和我们家中发生的变化有着千丝万缕的联系，远比我们以为的要深。

这些在间歇泉里繁衍生息的生物直到 20 世纪 60 年代才被发现。印第安纳大学的托马斯·布罗克（Thomas Brock）在黄石公园和冰岛两地进行科学研究，他在冰岛考察的地点，离我现在站的地方不远。他被间歇泉周围五彩斑斓的图案迷住了。黄色、红色甚至粉色混合在一起，慢慢变成绿色和紫色。他认为这些图案是单细胞生物生命活动产生的。[3] 事实也的确如此。在此生活着的细菌还有古生菌（archaea）。古生菌是另一种生物，它们和细菌一样古老而独特。[4] 布罗克还发现许多生活在间歇泉里的细菌种类属于"化学营养生物"（chemotrophs），它们能将间歇泉中的化学能转化为生物能；它们能不依赖阳光，在无生命条件下形成生命。[5] 这些微生物可能在光合作用产生很久前就存在了，这些细菌的群落和地球上一些最早的生命群落类似。它们催生了地球上最古老的生化过程。我可以看见它们在间歇泉周围的岩石层上生长，带给我温暖。

不过这些细菌并不是间歇泉周围唯一的生命。蓝细菌（cyanobacteria）在热泉水中生长，进行光合作用，布罗克还发现了以泉水周围漂浮旋转的细菌碎片或死苍蝇等有机质为生的细菌。乍一看，这些食腐细菌没什么特别的。和布罗克研究的那些化学营养细菌不同，它们不能将化学能转化为生物能，而必须以其他活生物或死生物碎片为食。但进一步研究后，布罗克发现它们是一种全新的细菌种类，甚至是一个全新的属。他简洁明了地将它们命名为栖热菌属水生菌种（*Thermus aquaticus*），以反映它们的生存环境。如果是在哺乳动物或鸟类中发现一种新物种足以成为新闻，发现全新的属则更为轰动。[6] 不过对细菌来说却不是这样。发现新的细菌并不难，考虑到微生物学家最开始关注的细菌的特点，这种新细菌——栖热水生菌——不能引起人们太多的兴趣：它不产孢子，细胞是黄色杆状的。革兰氏染色也是阴性，平平无奇，但实际上它并不简单。

　　只有在布罗克将培养介质的温度控制在70℃时，这种细菌才能在实验室里生长。温度越高，对它的生长越有利，它甚至能在高达80℃的水中存活。水的沸点在常温常压下是100℃，海拔越高，沸点越低。布罗克培养了世界上最耐热的细菌。[7] 在日后的研究中，他发现要找到这种细菌其实并不难。只不过从没有人在这么高的温度下培养细菌。有些实验室在55℃下培养从温泉水中获取的细菌，这对于栖热水生菌来说太低了。随后的研究发现了多种只能在较高温度下生存的细菌和古生物。对这些微生物而言，我们人类生活的环境温度实在太低了，不利于它们的存活。

　　本书讲的是居家环境中的生物，这个栖热水生菌的故事和我们的主题有什么关系呢？尽管间歇泉和温泉的温度跟它们周围的环境看起来很特殊，但其实，它们和我们日常生活的环境非常类似。一个在布罗克实验室里工作的学生就认为，可能在我们周围就生活着栖热水生菌或者其他类似的细菌，只不过我们一无所知。为了验证这一想法，他们检测了实验室里的咖啡机，对于栖热菌来说，咖啡机里的温度足够高。咖啡机曾陪伴和支撑他们的研究，所以从这个地方开始寻找这些小生命也很合适，但结果一无所获。

布罗克开始思索周围可能存在热液体的环境，比如人体。人体的温度远远不像温泉那样高，不过布罗克认为，人体里说不定就有细菌生长，等着人发烧的"良机"，谁知道呢？不过这不难验证。于是布罗克"获取"了唾液标本（在一封邮件中，他对这份标本是不是他自己的唾沫有些含糊，不过根据我对科学家们的了解，其实就是他的）。他试图从唾液中培养出栖热菌，结果又失败了。他又检查了牙齿和牙龈（和列文虎克当年差不多），仍然没有，也没有发现任何嗜热细菌。在他取样的湖水和附近水库中也没有栖热菌的身影。他还检测了他工作的乔丹楼温室里的仙人掌，还是一无所获。也许它们就是只生活在温泉里的细菌吧。

为了确定这一点，布罗克又检测了另一个地方——实验室里的热水龙头。因为他的实验室离最近的温泉也有 320 千米。然而，他在实验室水龙头流出的热水里发现了疑似栖热菌的细菌。这太令人振奋了！布罗克认为，可能是热水器创造了利于细菌生存的条件——里面的水是热的，但温度不如温泉那么高。热水器对细菌而言也是一个完美的住所。也许这些细菌就来自其中的热水，偶尔也会顺着水龙头流出来。

最后，两位同样在印第安纳大学工作的研究人员罗伯特·拉马利（Robert Ramaley）和简·希克森（Jane Hixson）在乔丹楼周围获取了更多嗜热细菌的样本。他们也发现了一种耐热细菌。它和布罗克发现的栖热水生菌很相似，但又不完全一样，因此他们暂时将它命名为"栖热菌 1 号"（*Thermus* X-1）[8]。和栖热水生菌不同，它不是黄色的而是透明的，而且它生长得也比栖热水生菌快。拉马利猜测它可能是一种新型的栖热水生菌。栖热水生菌的黄色色素或许是为了保护它免受露天温泉中阳光的照射而生成的，而这种新发现的菌株在建筑物水箱中定居后，就失去了产生色素的能力，因为生成色素既耗费能量又毫无用处。此时已经到威斯康星大学工作的布罗克觉得，应该更详细地研究生活在建筑物中的嗜热细菌。

布罗克和实验室的技术人员凯瑟琳·博伊乐（Kathryn Boylen）一起检测了威斯康星大学周围的民居和自助洗衣店里的热水器。和家里的热水器相比，自助洗衣店里的热水器常常更大，连续使用的时间也更长，因此也更可能有嗜热细菌生长。每到一处，他们都取下热水器的排水管，检查内部。和温泉一样，热水器里的水也会变得很烫，而且所有的自来水里都含有机质，说不定足以维持栖热水生菌的生存。

100 多年前，生态学家约瑟夫·格林内尔（Joseph Grinnell）提出了"生态位"（niche）这个术语，用来描述生物生存所必需的条件。这个词源自中世纪法语词 nicher，意为"放置"，它最早是指古希腊－罗马时期墙上用来供放雕像或其他物品的浅凹槽。[9]凹槽的大小和雕像刚好相配，就像热水器中的水温和食物正好能满足栖热水生菌的需要一样。但是物种能在某处存活，并不代表它能在此生长。科学家将物种的基本生态位和实际生态位相区分。栖热水生菌的基本生态位包括热水器，但它能不能在其中生长，又是另一个问题了。

结果他们真的发现了它的身影。布罗克和博伊乐发现：除了岩浆附近的间歇泉和印第安纳大学乔丹楼里的热水管之外，威斯康星州麦迪逊附近的住家和自助洗衣店的热水器中也有某些嗜热菌存活。而且，在热水器中发现的细菌能耐受已知有生命存在的最高温度。布罗克为了寻找嗜热菌而远赴天涯海角，而他原本在实验室转角洗衣店的操作间里就可能发现这些细菌的。[10]

　　在布罗克之后，还没有科学家发表关于热水器中发现的栖热水生菌的文章。不过，人们在冰岛自来水管的热水中发现了一种新的嗜热菌。[11] 它跟布罗克和博伊乐发现的细菌一样没有色素，人们不再称它为 *Thermus* X-1，而是 *Thermus scotoductus*（水管致黑栖热菌）。[12] 过去几年，宾夕法尼亚大学的研究生雷吉娜·威尔皮泽斯基（Regina Wilpiszeski）一直在从热水器的热水中取样，想找出它是不是热水中的主要细菌。看起来它的确是的：在美国各地的热水器中，她都发现了这种细菌。她的研究还未完成，但已经引起了科学家的思考：为什么这种细菌会在热水中生存，它是怎么跑到热水器里去的？而其他那些能在温泉中存活的嗜热菌，为什么没有占领热水器呢？为什么年代十分久远的热水器里也没有温泉里那样多种多样、五彩斑斓的细菌呢？这些问题目前都没有答案。

　　我猜，在其他地方的热水器里也生活着不同种类的嗜热细菌。不难想象，在遥远的新西兰或马达加斯加的人家里热水器里发现的细菌，也可能是独一无二的。这点我们还不能确定。和列文虎克的事业后继无人一样，同样的情况也发生在布罗克身上。[13] 只有雷吉娜在独自进行这项研究。我们不知道栖热水生菌对人体或热水器会不会有影响（无论好坏）。我们也不知道它有没有哪些独特之处能为人所用——在其他地方采集的同种细菌的本领之一就是可以消除铬化物的毒性。[14] 但是，嗜热菌的故事是人们研究家中生物历史的关键。它是列文虎克的时代之后最明晰的例证，表明我们家里的生态系统比我们所想的要复杂得多，在那些处于关注焦点的病原体之外，还存在许许多多其他的生物。而且，热水器中嗜热菌的发现，还意味着现代居家环境可能促使以前从未与人同住的物种转移到室内，悄无声息地住进来。最终，这些细菌的发现也慢慢地引发了人们对居家生物进行更广泛的探索研究。它启发了和我同样好奇的人想象或许嗜热菌并不是特例，它可能是某个更广阔的生态系统的一部分。在人们家里，我们能找到和南极同样寒冷以及和火山同样高温的环境，能找到地球上各种环境的缩影。这些微生物很可能已经发现并且占领了这些家中的极端环境，只不过人类还没有开始动手寻找。对家中生物研究的变革有待于新科技的出现，使那些在培养皿上不能生长的细菌也可以被鉴别出来。而之后的发展表明，这些科技的出现仰赖于嗜热菌的生物特性。

人们已经认识到大部分细菌都不能在实验室培养生长。我们不知道它们需要什么条件，食物来源是什么，因此，即使取样成功，也无法通过培养而直接看到菌落。这也意味着在微生物学历史上，除非有善于思考、富有恒心的生物学家通过研究发现细菌生长条件而培养成功，否则人们永远无法研究这些不能培养的细菌。嗜热菌正是如此：直到布罗克用高温培养它们之前，人类始终没有发现它们。但是现在，这一切都变了。我们可以研究无法培养的细菌，这在很大程度上应该归功于布罗克发现了栖热水生菌等嗜热菌。[15]

　　人们通过一系列实验室步骤来寻找并鉴别无法培养的细菌。这个流程一般称为"管道"（pipeline），意思是整个过程必须按顺序进行。[16]加入样品后会得到一系列其中所含物种的信息，不论是活跃、休眠还是死亡的细菌都能检测出来。在实际研究中，这项技术的应用很多，因此我们有必要详细介绍一下整个方法。

　　整个流程从取样开始，样本可能是灰尘、排泄物或水等任何含有（或可能含有）细胞或DNA的物质。接着，在实验室里将样本加进含有少量液体的试管中。液体中含有皂液、酶类和沙粒大小的玻璃珠，就像敲鸡蛋那样，玻璃珠有助于裂解细胞，提取DNA。然后，将试管封口并加热、震荡、离心。较重的珠子和细胞碎片沉到管底。待要提取的珍宝——变松散的DNA长链浮于液面上时，就可以像从泳池里捞出一只苍蝇一样，被分离出来。[17]整个过程简单明了，哪怕是初中生物课上一群昏昏欲睡、没听清注意事项的学生都能完成。

　　为了根据DNA鉴定生物的种类，研究人员就要破解DNA，这一过程被称为"测序"（sequencing）。这是整个过程中的难点。和能放大观察对象的显微镜不一样，测序通过扩增DNA从而破译DNA中的信息。难就难在如何扩增从而破解DNA中的核苷酸序列。除了病毒以外，所有DNA都是双链的。两条互补链通过配对方式连接起来。人们很早就发现：如果可以解离两条DNA链，就可以复制两条单链，重复这一过程可以得到大量的DNA，用于分析。通过加热，可以使两条DNA链分离。这一步很简单。复制

DNA 单链只需要一种名为"聚合酶"（polymerase）的酶类，包含人体细胞在内的所有生物细胞，也是利用这种酶来复制 DNA 的。只需要解离 DNA 双链、加入聚合酶和引物（具有特定核苷酸序列的分子，能指示聚合酶应该扩增 DNA 的哪些片段）以及一些核苷酸就可以开始扩增。这里的困难在于，能让两条 DNA 链解离的温度，同时也会让聚合酶失活。一个原始、昂贵且需要大量人力的办法是：在每轮加热前都重新加入聚合酶和引物。这个方法有效，但是很慢，以至于当时大部分生物学家宁可去研究那些方便培养的细菌也不去发现新的、难以培养的细菌。

　　一个新的解决办法显出一丝曙光——栖热水生菌。栖热水生菌的聚合酶是在高温下才发挥作用的。而且温度越高，它的活性就越好。这种聚合酶正是科学家们所需要的。在布罗克发现栖热水生菌几年后，人们意识到可以将它体内的聚合酶（被命名为 Taq）在高温下加进 DNA 中，使 DNA 可以快速扩增。通过耐热的聚合酶促进 DNA 的复制称为"聚合酶链式反应"（polymerase chain reaction，PCR），这一过程读起来可能有些抽象，是个陌生的科学术语。不过，这项技术可以说是世界上正在进行的所有基因检测的核心，不论是检测亲子血缘关系还是检测灰尘中的细菌。从温泉和热水器中发现的这些细菌，启发了人们对居家生物的探索，也提供了至关重要的酶，可以将这一探索过程引入现代科学研究。[18]

　　在聚合酶链式反应中，基因科学家、检测人员或医生选择哪些基因进行复制并解读复制来的 DNA 信息，取决于研究目的和使用方法。为了确定某个样本中所有的细菌种类，研究人员会选择复制

16S rRNA 基因，这种基因对细菌和古生菌的功能很关键，它在过去 40 亿年中几乎没有变化。因此，科学家能确定所有细菌或古生菌中都有这个基因。该基因在不同的细菌身上存在的差异是可以区分的，但变异并不大，仍可以辨识。用来解码这些基因的技术则有很大差别。其中一些向需要复制或正在复制的 DNA 中加入经过标记的核苷酸（含有遗传信息的分子），这些核苷酸分子的标记物可以被测序仪识别。测序仪会先识别含有一串核苷酸分子的引物，接着识别 DNA 链上的其他分子。样本中 DNA 分子多达几十亿个拷贝都将被逐个识别，生成海量的数据，记录下每个 DNA 链的所有核苷酸序列。这些拷贝，将按照彼此的相似程度进行分组，用来和从其他研究中获取的数据库中的已知生物遗传序列进行比对。[19] 这一技术的发展日新月异，但有一点始终不变：成本越来越低，操作越来越简单。手持式测序仪在不久后即将面世。（实际上，人们已经开发出了类似产品，不过现阶段在读取 DNA 时容易出错。随着时间推移，它将会越来越完善。）

　　如今，多亏了栖热水生菌，我们可以取样并通过测序手段来确定样本中含有的物种。这不需要用肉眼见到，或者培养出样本中的细菌。生物学家可以鉴定土壤、海水、云层、粪便和所有其他地方样本中的生命。他们还可以鉴定、培养我们还不知如何培养的细菌。在我读研的时候，这都还做不到，甚至无法想象，但现在已经成为常规操作。[20] 10 年前，我和同事决定用这一技术来研究家中的生物。当时，我们从门框上取灰尘、从水龙头里接水，甚至从衣柜里拿件衣服，然后通过读取样本中的 DNA 确定其中所含有的全部物种，这些从技术上和成本上都能实现。列文虎克用他的显微镜观察周围的生命，而我们用测序技术解码自己周围的生物。在项目一开始，我们并不知道会发现什么，而结果令人吃惊，既惊讶于在家中发现的那么多生物，也惊讶于已经消失了那么多。

# 第三章 走进未知的世界

当我们发现妖魔就在我们心中时，便不再检查床榻之下。

——查尔斯·达尔文

我对周围生命的探索是从热带雨林开始的。读大二时，我在哥斯达黎加的拉塞尔瓦生物研究站待了段时间。我和来自博尔德科罗拉多大学、研究具角象白蚁（*Nasutitermes corniger*）的萨姆·梅西耶（Sam Messier）一起工作。这种白蚁的工蚁以雨林中死去的树木和树叶为食，其中含有大量的碳元素，但缺少氮元素。为了获取食物中缺少的氮，白蚁的肠道中存在一种能直接从空气中获取氮的细菌。工蚁、蚁后、蚁王和幼蚁所组成的蚁群由兵蚁来守卫，它们可以从长长的鼻子喷出松脂状的物质，以驱赶其他蚂蚁和捕食者。这些兵蚁的鼻子太长，所以它们不能自己进食，只有靠其他工蚁喂食或通过肠道细菌从空气中获取营养。在有些蚁群中，这些完全靠他人吃饭的兵蚁很多，另一些兵蚁则很少。萨姆想要弄清楚，是不是在不断受到捕食者的攻击后，蚁群才产出了更多的兵蚁。有一个简单方法来验证她的假设：模拟捕食者对一些蚁群发动攻击所产生的影响。这就是我的任务。我每天都握着弯刀去进攻一个个蚁巢。

　　我当时还是个20出头的大男孩，这份工作简直太棒了。沿着小路闲逛，挥动弯刀砍东西。作为年轻的研究员，这份工作更是完美。工作时，我会和萨姆讨论科学问题；吃饭时，我和其他的科研人员也会一直讨论，直到他们也受不了了。当大家都被我烦走了的时候，我就去散步。晚上，我戴着头灯、手电筒和一个备用手电筒去户外漫步。[1] 夜晚的雨林充斥着各种声音和各种味道，但目之所及只有灯光照亮的地方。似乎灯光不仅照亮了那些生灵，也赋予了它们生命。我学会了区分蛇、青蛙和哺乳动物的眼球反射出的光。我学会了分辨休憩鸟儿的黑影。我开始学会耐心地观察树叶和树皮，发现藏身于其中的大蜘蛛、纺织娘和装扮成鸟粪的昆虫。有一次，我说服一个研究蝙蝠的德国科学家带我去捉蝙蝠。我没打过狂犬疫苗，但他觉得无所谓，我当时血气方刚也不在乎。他教我怎么识别蝙蝠，我认识了以花蜜、昆虫和果实为食的各种蝙蝠。我们还遇到过体型巨大、以鸟类为食的美洲假吸血蝠（*Vampyrum spectrum*），它太大了，甚至把网子撞破了一个洞。尽管我的观察都很业余，但也促使我开始有了自己的思考。那些可以了解的事物，我们其实并不了解——这个想法让我入迷。我爱上了探索发现，爱上了探索未知事物的神奇：只要有耐心，一根木头、一片树叶下都能有所发现。

　　在哥斯达黎加的日子快要结束时，我已经帮萨姆证实了白蚁群在外界的攻击下会产出更多兵蚁。[2] 虽然研究结束了，但这段经历却一直影响着我。随后 10 年里，我用大部分时间跑遍了玻利维亚、厄瓜多尔、秘鲁、澳大利亚、新加坡、泰国、加纳和其他国家，穿梭于热带雨林，似乎是想获得一幅雨林生态的全貌。有时我会回到温带，如密歇根州、康涅狄格州、田纳西州，但马上又会有人提供机会——一张免费机票、一项任务和足够我果腹的食物——这样我又会回到丛林当中。后来，不论沙漠还是温带森林，我在其他地方都有和在热带雨林中同样的发现，体会过同样的喜悦。我甚至在人们的后院里也开始有所斩获。那是从一个名叫贝努瓦·格纳尔（Benoit Guenard）的学生加入我们团队开始的。当他来到罗利市后，就开始在森林里不停地搜寻蚂蚁。他发现了一个我们都无法鉴别的品种。这是一个外来物种——亚洲针蚁，学名是中华短猛蚁（*Brachyponera chinensis*）[3]。亚洲针蚁在罗利市已经很常见，但没有人真正注意到它。在研究过程中，贝努瓦发现这种蚂蚁有从未在其他昆虫上发现的行为。例如，当一只外出觅食的蚂蚁发现食物时，它不是分泌信息素让其他的蚂蚁跟随，而是直接返回蚁穴，抓住另一只蚂蚁把它带到食物跟前，好像在说："就是这儿，有吃的！"[4] 贝努瓦随后去日本研究针蚁在原生地的行为。他在当地发现了一种和针蚁有关的新品种蚂蚁，它们常见于日本南部的城市里和城市周边，但也没有引起人们的注意。[5] 然而，这些发现还仅仅是开始。

此时在罗利市，一个名叫凯瑟琳·得里斯科尔（Katherine Driscoll）的女高中生来到了实验室，她想来研究老虎。我并不是研究老虎的，所以我跟贝努瓦就让她去寻找"虎蚁"，学名叫有壳无齿猛蚁（*Discothyrea testacea*）。我们没告诉她"虎蚁"这个名字是我们现编的，目前还没人在野外发现这种蚂蚁群。她开始动身寻找了。我本打算让她在寻找过程中发现其他课题，从而让她分心。结果，她真的找到了"虎蚁"，而且就在我们实验室和办公室所在的大楼背后的土壤里。这个 18 岁的女孩成了第一个观察到"虎蚁"蚁后的人。[6] 很快，我们就让更多的学生参与进来，帮我们搜集别人家后院的蚂蚁，范围也不再限于罗利市。[7] 我们制作了探索小套装，让美国各地的孩子都能用它来搜集后院的蚂蚁。这项计划的实施，大大提高了发现新物种的速度。一个 8 岁的孩子在威斯康星州发现了亚洲针蚁，另一个 8 岁的华盛顿孩子也发现了它们的身影。人们此前只知道针蚁生活在美国东南部。

让孩子参与搜寻蚂蚁的活动，给我们实验室带来了改变。我们开始让公众更多地参与进来，为科学发现助力。一开始有几十个人，后来是上百人，最后有几千人开始在自己家附近进行探索和发现。这些发现——我们和公众一起完成的发现——让我们最终开启了室内生物的研究。和人们合作发现新物种和新生物的行为十分激动人心，因为这些发现和人们的生活密切相关。我们让他们意识到自己周围存在的秘密世界。我想，我们也让他们稍微感受到了我当年在哥斯达黎加体会到的那种发现的狂喜。当时如果我早知道周围还有这么多未知的惊喜等待发现，那我在密歇根州的老家就能做到了。我们认为，如果人们能在自己花费大部分时间的地方发现新物种、新行为和任何此前未知的事物，将会更加令人激动，而这个地方，就是"蛮荒"的室内空间。

此前大部分对室内生物的研究都集中在害虫和病原体上，因此不难想象，其他生物都被我们忽略了。当时，一些科学家研究过室内有趣的、对人无害的生物（比如热水器中的栖热水生菌），但这都是些很小规模的短期研究，而不是大规模的长期研究，并没有专为研究科考站内部而设的科考站。于是我组建了一支研究室内生物的团队，这支队伍的规模在不断扩大，它包含世界各地的科学家和普通人——大人、小孩和他们的家庭。我们将一起体会列文虎克发现微观世界的兴奋之情，体验世界上最令人振奋的狂热。一切似乎都已准备就绪，但还有一个问题：我们到底从哪里开始探索，又如何去发现？从和萨姆一起研究具角象白蚁开始，我就对巢穴中的细菌很感兴趣——如果研究对象不是巢穴而是一栋房子呢？似乎，最大的发现将出自对细菌、微生物这些肉眼不可见的生物的研究。可是我们要研究这些生物，需要的可不仅是单镜头显微镜，时代已经变了。诺亚·菲勒（Noah Fierer）正是在这个时机发挥了作用，他是来自博尔德市科罗拉多大学（萨姆·梅西耶就是在这里读研的）的生物学家。诺亚提供了一种观察室内生物的方法。他通过检测 DNA，可以鉴别出灰尘中的生物，还可以对它们测序，揭示出那些我们行走于其中并吸入体内的看不见的生命。[8]

从专业训练和自身兴趣来看，诺亚是一个土壤微生物学家。他沉迷于土壤，从中体会到和我在丛林中感受到的同样的神奇，忘我于探索之中。不过幸好，他对其他地方的生物也很感兴趣（准确点说是会关注），只要这些生物的大小不超过真菌孢子。我一跟他谈起蚂蚁、蜥蜴之类，他马上就两眼无神。尽管他只研究体型较小的生物，但像列文虎克一样，诺亚有一种天赋，能创造性地使用常见工具。人们常说列文虎克发明了显微镜，但事实并非如此。他甚至不一定拥有特别的显微镜。列文虎克的显微镜的特别之处在于他自己。同样，诺亚的特殊之处不是他拥有高端的仪器，可以检测样本中的生物（尽管他确实有），而是他能用这些仪器和技术看见别人看不见的东西。通过对来自人们家中样本中的 DNA 进行测序，他能鉴别出其中的生物。诺亚和我们团队的成员将从样本中提取 DNA，在从栖热水生菌（也可能是其他嗜热菌）中提取的聚合酶的作用下复制 DNA，读取其中的生物身上常见的特定基因序列。这样，除了能培养的细菌以外，他还能发现那些不能培养的细菌。有了公众和诺亚的帮助，我们将可以识别生活在人们家里的所有生物，不论它们是活跃还是已死，不论是已经休眠还是正在增殖。

我们计划招募民众用棉拭子采集灰尘样本，选择了 40 个家庭，每个家庭又选取了 10 个地点。这些家庭都来自我所在的科罗拉多州罗利市。我们总得从一个地方开始吧，而我们对室内环境知之甚少，和其他城市一样，罗利市是个不错的起点。我们打算从冰箱里取样，不是里面的食物，而是和食物一同生长的生物；我们采集了屋里屋外门框周围的灰尘；我们采集了枕头、厕所、门把手和厨房台面上的灰尘。或者说，这些样本都是参与者采集的。

我们把采样用的棉拭子寄给参与者们。[9] 而收回的拭子上的灰尘，就是汉娜·霍姆斯（Hannah Holmes）所说的"来自分崩离析世界的碎片"——涂料、衣服纤维、蜗牛壳、沙发布、狗毛、虾壳、大麻残渣还有皮屑。灰尘中还有活着和死去的细菌。[10] 他们都把棉

图 3.1　杰西卡·亨利（Jessica Henley）正在把样本放进离心机中，这是给环境中采集的样本测序之前必要的准备工作 [ 劳伦·尼科尔斯（Lauren M. Nichols）摄 ]

拭子放在试管中封好，寄到了诺亚的实验室。这些样本中的几乎所有细菌都将被一一鉴别出来（图 3.1）。实验室就像一束光，为我们照亮了藏在灰尘里的隐秘世界。

　　我不清楚诺亚希望从这些样本中发现什么，但我可以告诉你我们开始这项计划之前这一领域的发现，还有自 17 世纪列文虎克的开创性工作以来的各项成就。20 世纪 40 年代以来，人们发现住宅周围也有人体中的常见细菌。人们待得越久的地方，细菌也越是生生不息，尤其是那些皮肤直接接触的地方，例如马桶垫、枕头或遥控器。这些研究关注了那些带来危害的细菌，比如花菜中有来自粪便的细菌，枕头上有来自皮肤表面的病原菌，以及如何消灭病原菌。

那些不造成危害的细菌则不值得关注。70 年代的研究表明家中有其他种类的细菌：比如热水器中的嗜热菌，还有下水道中的罕见细菌。这些近期研究预示了当我们开始探索室内时，我们会发现更多的新的生物。我们的确发现了很多。

我们从 40 个家庭里发现了近 8000 种细菌，几乎等于美国所有的鸟类和哺乳动物的数量。我们发现的不仅有来自人体的熟悉的细菌，还有许多其他形式的生命，其中一些十分罕见。这 40 个家庭就像地上的树叶，翻开它们，我们就发现了藏于其下的蛮荒世界。其中有些物种不符合科学已知的任何生命形式。它们是新物种，甚至是新门类。我欣喜若狂，仿佛回到了丛林中，不过是日常生活的丛林。

我们决定让更多人参与进来，从更多的家庭中取样分析。这项计划进行了一段时间后，斯隆基金会开始资助研究室内生物。于是我们争取让他们为这次范围更大的研究出资。我们又从全美各地召集了 1000 个家庭，在各自家中的 4 个不同地点进行采样。[11]

我们在从这些家庭获取的样本中也发现了细菌。你可能会觉得在这 1000 个家庭中，我们会发现和在罗利市相似的细菌种类。从某种程度上说是的，在罗利发现的许多细菌在佛罗里达甚至阿拉斯加的住宅里同样存在。但我们几乎在每个地方、每幢房子里都发现了罗利市没有的细菌。我们一共发现了 8 万种细菌和古生菌，是在罗利样本中发现的 10 倍！

这 8 万种生物，几乎囊括了所有最古老的生命形式。不同种类的细菌和古生物被划分到不同的属，再归到科、目和纲，最后是不同的门。有些门的生物很古老，人们几乎不曾得见。但在人们家里，我们发现了地球上已知的几乎全部的细菌和古生物门类。我们发现了就在 10 年前还认为不存在的门类，而且就在枕头或冰箱上。这是地球上瑰丽的生命和雄伟的繁衍历程一个毫不起眼的起点。为了真正理解这些生物，我们要详细地研究上万种生物的演化进程。（我们还没有完成这一任务，再过几十年也不可能。）但至少在我们真正开始研究之前，我们已经能够看出一些模式，能将这数量庞杂的生物加以归类，便于理解。

在我们发现的细菌中，其中有一些已经被人们关注过了——人身上的细菌。其中大部分都不是病原菌，而是屑食性细菌，它们以人身上脱落的碎屑为生，因为我们身上每分每秒都有细胞正在死亡凋落。我们所到之处都会留下一群看不见的生物。当我们在家中走来走去时，我们的皮屑会脱落，这个过程名为"脱屑"。我们人类以每天掉 5000 万块皮屑的速度在"分解"。每一片飘浮的皮屑上都有上千细菌存活并以此为食。这些细菌乘坐着降落伞一样的皮屑，像雪片一样纷纷飘落。我们也通过唾液等其他体液以及粪便将细菌四处播散。因此，家中活动之处都留下了我们的印记。我们研究过的所有房子的每一个有人待过的地方，都能提供一些微生物证据，表明有生命活动的迹象。[12]

我们所到之处会留下细菌，这并不奇怪。这些细菌无法四处迁移，大部分都对人无害，至少在有现代垃圾处理设施和"清洁"（我们稍后会讲到清洁的意义）饮用水的地方是这样。当你坐下再起身后留下的细菌中，大部分都是对人无害或有益的。在短暂的生命消逝前，它们以你身上掉落的一切为食。它们中有帮助消化食物和产生维生素的肠道细菌，它们中有遍布全身并且能在病原体侵袭时发挥保护作用的皮肤表面的细菌。目前有上百项研究在关注这些我们随处留下的细菌，这些研究也出现在新闻报道中。人们在手机、地铁拉杆、门把手上都发现了人体上的细菌。它们随处可见，密集程度与人口成正比。这些细菌会一直伴随着我们，而且这不会带来任何问题。

除了这与人体脱落碎屑有关的细菌，我们还发现了和食物腐败相关的细菌。毫不意外，这些细菌在冰箱和砧板上最多，但其他地方也有它们的身影。一份取自电视机的灰尘样本中含有的细菌，几乎都是和食物有关的细菌。有时，我们会猜想这意味着什么。科学真是充满了谜团。[13] 不过，如果我们在屋里发现的细菌只有以腐败食物为食和以皮屑为食的，也就没有很大科学意义了，这就相当于跑到哥斯达黎加，然后"发现"热带雨林中有树。但这些细菌还不是我们的全部发现，远远不是。

进一步研究中，我们还发现了其他种类的生物，就是像布罗克曾经研究过的细菌和古生菌——"喜欢"并且适应极端环境的嗜极菌（*extremophile*）。对只有古生菌和细菌那么小的生物来说，人们的家里存在着无比极端的环境。这些环境是我们无意中创造出来的：冰箱和冷柜中的温度可以像北极那么低，烤箱里的温度超过最炎热的沙漠，当然还有和温泉一样热的热水器。家中同样存在强酸性的环境，比如某些食物（像是发酵的老面团）和碱性的环境，比如牙膏、漂白剂和洗涤用品。在这些地方，我们发现了曾以为只存在于深海、冰川或偏远的盐土荒漠中的细菌。

洗碗机的洗洁精喷口似乎成了一个由能在炎热、干燥和潮湿处生活的细菌构成的独特生态系统。[14]烤箱中也有能耐受超高温的细菌。最近，人们甚至在高压灭菌器上发现了一种古生菌，而高压灭菌器一般是在实验室和医院用来消毒灭菌的。[15]很久以前，列文虎克证明了胡椒水中生活着神奇的生命，而我们发现盐罐里也有生命。刚买回来的盐中含有在沙漠铺开晒干的盐中或曾是海洋的土地上常见的细菌。水槽的下水管里含有包括细菌和小蛾蠓在内的独特生物，蛾蠓幼虫以下水道的细菌为食（你可能经常见到蛾蠓，只是没注意到它们。它的翅膀呈"心"形，上面有蕾丝状图案）。时而干燥、时而潮湿，然后又变干燥的淋浴喷头出水口上，也有一些常见于沼泽的细菌。这些新发现的生态系统通常很微小，而且，它们的生态位也很狭窄。它们通常需要很特殊的生存条件。因此，它们很容易被忽视，就像户外那些生态位很狭窄的物种也容易被我们忽视。比如凯瑟琳发现的"虎蚁"之所以难发现，就是因为它只以一种藏在地下的蜘蛛卵为食。

这些生活在极端条件下的生物，还不是我们最终的大发现。还有另一些生物——一些只存在于部分家庭的生物，它们并不常见，却是我们所发现的多种多样生物的重要组成。这些生物与原始森林和草甸有关，它们通常生长在土壤、植物根部和叶片甚至昆虫肚子里。这些来自野外的生物，最常见于屋外的门槛上，然后是屋里的门槛，还在房子的其他角落零星分布着。这些生物可能飘在空气中，随着它附着其上并赖以为生的土壤和其他物质被带到人们的住所周围，它们可能会进入休眠，等待着适合的食物，否则就会死去。哪些户外的生物会飘进室内，取决于户外有多少种生物。户外的生命越多样，被风带进室内并定居的生物种类就越多样。[16] 我们很轻易就会以为这些飘浮的微小生物是些无关紧要的入侵者，但其实并非如此。

先暂停一下，我等会儿再详细讲述关于你在读这本书时吸入体内的细菌，以及拥有很多来自户外细菌的家庭，还有其他生命的故事（类人猿、真菌等）。我想把我们在人们家中发现的生物放到更具体的语境下来谈。要真正了解我们的生物室友，你必须了解一些关于人类最早住宅的历史。

在史前的大部分时期，人类生活在由木棍和树叶搭成的窝棚里。我们从现代猿猴的生活中可以推断出这一点。我们和猿猴有着共同的祖先，猿猴之间的不同之处不能反映我们共同祖先的特点，但它们的相似点则代表我们的祖先也是如此。所有猿猴都会用树枝和树叶搭建松散的窝棚。黑猩猩如此，倭黑猩猩、大猩猩和红毛猩猩也是如此。[17] 猿猴会搭个窝住一晚，然后遗弃不用。这种窝与其说是家，倒不如说更像是床，就搭在被戏称为"寝室"的临时住所里。

近期，在我位于北卡罗来纳大学的实验室工作的研究生梅根·特梅斯（Megan Thoemmes）对黑猩猩窝里的细菌和昆虫展开了研究。你可能会猜想，窝里应该有许多和黑猩猩有关的生物，比如它身上的细菌和偷偷溜进去寄居在黑猩猩身上的更大的生物（树懒的皮毛里就有白蚁和水藻所组成的整个生态系统，[18] 黑猩猩身上当然也有），比如毛螨、尘螨，可能还有潜藏的甲虫和蛛甲。不过，这些小家伙都是我们在人类的床上发现的。[19]当我们睡觉时，也是被依附于我们肉身代谢物的生物所围绕的。而梅根发现，黑猩猩的窝里几乎都是环境细菌，主要来自土壤和树叶。[20]究竟是哪些细菌，则取决于梅根所取得样本来自旱季还是雨季。很可能直到人类祖先开始建造房屋之前，在人类的窝棚里发现的也会是同样的物种。人类祖先在几百万年的时间里所接触的细菌应该属于环境细菌，根据季节和地点的不同而有具体的差别。

后来，当我们的祖先需要比窝棚更固定的住所时，他们可能先是住进了岩洞中。不过最终他们也开始建造房屋。在阿玛塔（位于今法国尼斯）海滩边的一处露营地遗址，人们发现了人类祖先建造房屋的最古老证据。[21]考古学家发现海滩沿线有至少20处房屋遗址。在其中一处最完整的遗址中，可以看到一圈石头围绕着一块烧焦的地面，地上还能看到曾用来支撑屋顶的木桩的痕迹。在石头圈的外围还有房柱的印记形成的圈，每根柱子明显插进地面，向内弯曲，构成房屋的骨架。这些房子是30万年前的原始人（可能是海德堡人）建造的。[22]这些房子是否常见，彼此样式差别有多大？最早出现在何时？这些问题我们知之甚少。考古学的发现也没有太大帮助，因为只是些零星的发现。比如在南非一处14万年前的遗址中，人们发现了认为是原始人（可能是现代人/modern humans）建造的住所，而在另一处7万年前的遗址发现了床。不管曾经发生了什么，可以肯定的是部分人类的祖先开始在室内睡觉，和外界隔开了一些。

2万年前，世界各地陆续出现人类的居住地。几乎所有已发现的房屋都是圆形有穹顶的。这些房子式样简单，就像没有工蚁帮助的蚁王蚁后给自己建造的房间一样，有些是用树枝搭的，有些是用泥巴砌的。而在北方，还有些房子是用猛犸的骨头盖的。其中有些使用寿命更短一些，只有几天或者几个星期，但我猜，当人类住进这些房子里的时候，他们周围生物的种类就开始改变了。这一变化的最佳证据来自对那些住在类似原始房屋里的现代人的研究。比如，巴西原住民阿丘雅人（Achuar）建造的棕榈叶为顶的开放式传统房屋中，主要存在的都是环境细菌。[24] 类似的，梅根还发现：尽管纳米比亚的辛巴人（Himba）的住宅几乎就是个简陋的圆形穹顶，但他们睡觉、烹饪的地方的生物种类却有所区别。即使是简陋房屋中也会有来自人体的大量细菌。不过，尽管辛巴人、阿丘雅人的房屋中有来自人体的细菌，但和黑猩猩的窝一样，他们房屋和周围的空气中含有丰富多样的环境细菌。在现代辛巴人和阿丘雅人的房子里，室内的常见细菌越来越多，但仍然存在环境细菌。这两个部族的情况，可以反映我们老祖先住所的部分情况。因此，我们可以说，从环境细菌占优势这一点来看，生活在我们祖先的居所如阿玛塔原始房屋中的生物，和今天阿丘雅人和辛巴人的房屋中的生物是相似的。

　　人类最初建造的房屋大都是圆形的。直到约 1.2 万年前，人们才开始建造方形房屋。尽管方形房屋可利用的室内空间比圆形的要小，但它也更容易组装。大量的房子可以并列，甚至可以互相叠放。在人类开始以耕种聚居生活的各个地区，都出现了从建造圆形房屋到方形房屋的转变痕迹。这样，房屋和外界的隔绝似乎更明显了些，有了更广义上的"室内"和"室外"之分。不过，圆顶房子并没有就此消失。在这个时期，圆形房子和方形房子是并存的。

让我们快进 1.2 万年。今天，大多数人都生活在城市里，且城市化趋势还在加快。在城市中，有更多的人住在大楼中。户外的细菌想要进入室内需要长途跋涉。如果房子的窗户紧闭，它必须爬上楼梯，穿过走道，经过一道道门，然后闪身而入。我们以为我们能创造出一个无菌的室内环境。但在窗户紧闭、户外细菌难以进入的房间里，到处都是以我们的身体碎屑或腐败食物甚至日渐破败的建筑本身为食的细菌。我们曾居住在窝棚里，周围只有来自环境的细菌，我们所到之处留下的痕迹十分细微，甚至无法察觉。而如今在有些公寓中，自然环境的痕迹已经消失不见。不过关键在于，我们的研究表明，就像不同房子中的生物也不尽相同一样，公寓之间的生物群也有所区别。有些公寓确实与自然隔绝，而另一些则像今天的辛巴人或阿丘雅人一样，仍和自然保持密切的关系，我们可以主动选择，让室内的生物拥有怎样的多样性。

以我的经验，当人们知道自己是和几千种细菌——不管是食屑菌、生活在极端环境或来自森林和土壤的细菌——共同生活时，反应只有三种：

那些我常常打交道的微生物学家听到后会有所触动，但也是意料之中："才 8 万种？我原以为会更多。你是不是忘了在冬天采样？狗身上采样了吗？"微生物学家每天都沉浸于未知世界的瑰丽或丑陋之中，早已习以为常。我们先别管这些人的反应。

另一种人会感到敬畏，我就是这样。敬畏也是我希望自己能浮现的感受。能被这些我们才刚开始探索的各式各样的生物所包围，简直太棒了。人们家里现有的生物多样性，是经过了 40 亿年岁月一点一点形成的。每一个家里，都生活着我们一无所知的、未曾命名的生物。其中一些已经和我们共同生活了几百万年，有些后来进入到现代人家中的犄角旮旯里。就在你周围，而且足不出户，就有未知之物等待我们去发现。新的物种，新的现象，崭新的一切。

但还有更多的人厌恶这些生物。我怎么知道？因为每当我们有了新的发现，会通知提供样本的住户。接着，他们就给我写邮件问这问那，我觉得这些问题很有趣。有时，他们问的问题，和我当年在哥斯达黎加向工作站的生物学家问的差不多："我们对这些物种有哪些了解？"很多时候，我能给出的答案和当年生物学家告诉我的也差不多："不知道，你应该自己研究一下。"或者"不知道，我们一块儿来研究吧"。不过有时，这些问题更像是："呃，我家的灰尘里有上千细菌。怎么才能消灭它们？"答案是："你不应该消灭它们。"

理想状态下，我们家里的生物世界应该像一座花园。你会除掉花园里的杂草和害虫，但你也会照料好栽种下的各种各样的花。我们要除掉的是那些会让人患病甚至致死的生物。但这些生物远比你想的要少。世界上几乎所有的传染病都是由总共不到 100 种的病毒、细菌或原生生物引起的。我们可以通过洗手来预防传染病，洗手可以防止粪便中的细菌无意中从手入口。洗手不会干扰皮肤表面原有的细菌层，而只会冲洗掉刚从外部沾染的细菌。我们也可以通过注射疫苗来预防传染，政府和公共卫生系统通过执行政策、修建洁净饮用水（但不是无菌的）设施来预防传染。政府和公共卫生系统也会防控黄热病、疟疾等以昆虫为媒介的疾病。最后，当（且仅当）出现细菌感染且没有其他控制方法的时候，医生最后的底牌就是抗生素。以上这些方法已经挽救了几十亿的生命，而且如果使用得当，它们会继续发挥巨大的作用。

然而，上述方法只在病原菌身上管用。当它们同时清除了其他物种（比如家里其他 79950 种生物）时，就会产生负面影响。在本书里我会经常谈到人们试图消除家中的生物多样性时产生的不良后果。这里我只简单总结为：这些方法会利于病原体的扩散、侵入和演化，利于害虫的传播和危害，而不利于免疫系统发挥功能。在大多数情况下，只要有害的物种处在管控之下，家中的生物多样性越丰富——尤其是来自土壤和森林的细菌种类越多——对人体健康就越有益。实际情况远远比这复杂（关于生物的一切都是如此），但大致可以这样表述。[25]

谈到这儿，可能有人会想："那我还是要把家中的细菌都消灭掉。"我们身上和家里那些无害生物的作用之一就是阻止病原体的侵袭。不过你可能会觉得，如果我消灭了所有细菌，家里就不再有任何病原体了，这些生物就没必要去管了。清洁产品常常号称能消灭 99% 的细菌（剩下的都是些超级顽强且会造成危害的），但你还是可能会被那 1% 感染。假如有所房子里面的人真的这样做了，有一个可以让人们了解这种可能性的室内空间，就是国际空间站。假如你想把家里搞得完全无菌，国际空间站是个很好的例子。

在美国国家航空航天局（NASA）成立之初，那里的科学家就认为防止细菌被传播到太空具有重要意义。起初，他们担心的是航天飞机会在无意中将地球上的微生物带到太阳系的其他星球[26]，或者外星生物会来到地球。这至今仍是 NASA 行星保护办公室的主要工作。后来，NASA 的科学家也开始担心宇航员被困在航天飞机和国际空间站上不能按时返回时，病原体会危害他们的健康，而外部宇宙空间给病原体们帮了大忙。来自宇宙的微生物进入航天飞机或空间站，这种可能性基本不存在。如果你在地球上，推开家里的窗户，户外的细菌会随风飘入。但你如果打开空间站的舱门，宇宙真空会将你（以及你周围所有的生物）吸走。另外，和公寓楼相比，空间站里的空气总量较少，因此要控制湿度和空气流动就更容易。而且，NASA 还设计了最先进的设备来给运送到空间站的任何食物和材料消毒。简单地说，你家里再怎么无菌，也不如国际空间站干净。那么，空间站里除了宇航员还有没有别的生命呢？

科学家对此开展了详细研究，更多的研究还在路上。最近一个项目更使用了和我们研究罗利市民居中生物一样的方法来探索空间站。这肯定不是巧合。2013 年在我们关于 40 个家庭的研究发表后不久，加州大学的微生物学家乔纳森·艾森（Jonathan Eisen）给我写信，询问能否用同样的方法来给空间站取样。和我们邀请居民给自己家取样一样，他会请宇航员来给空间站取样。他们使用了同样的棉拭子，取样的地点也相似，尽管和家里会有细微的不同。我们让居民取门框周围的灰尘来分析来自空气中的细菌在家周围聚集的情况。在空间站里，引力很小，灰尘无法落地。因此宇航员从空气过滤器上取样。研究中也使用了类似的知情同意书（授权让科学家研究这些数据），不过有一点不一样——在对住家的研究中，研究结果是匿名的（人们可以查看自己家的结果，但其他人看不到）。在国际空间站中，结果要匿名是不可能了，宇航员谁都认识。当时住在空间站的有美国宇航员斯蒂夫·斯旺森（Steve Swanson）和里克·马斯特拉基奥（Rick Mastracchio），俄国宇航员奥列格·阿尔捷米耶夫（Oleg Artemyev）、亚历山大·斯克沃尔佐夫（Alexander Skvortsov）、米哈伊尔·秋林（Mikhail Tyurin）和来自日本航天局的指挥官若田光一（Koichi Wakata）。若田光一在空间站里取了样，样本随后被送回乔纳森位于戴维斯市加州大学内的实验室，交给他的学生詹娜·朗（Jenna Lang）进行分析。

空间站的早期研究表明站内基本没有环境细菌，没有来自森林和草原的细菌，也没有和食物相关的细菌。如果说空间站设计之初的目标是里面不能有别的生物，那这是成功的。不过空间站内并非没有细菌，几乎所有细菌都属于和宇航员身体有关的细菌。这是空间站早期研究的重要成果。詹娜的报告也证明了这一点。为了让人们更直观地感受到这些数据，了解其相关背景，我们可以把空间站和空间站中的细菌和来自其他地方（特别是罗利市的 40 户居民家中）的细菌画在一起，如图 3.2。含有类似细菌的样本距离较近，细菌差别大的距离较远。从这图上你可以看出在讲到罗利市的研究时我曾提到过的一点：门框上的样本含有户外细菌和室内细菌，这些样本彼此类似。厨房样本的细菌种类差别较大，它们都含有和食物相关的细菌。同样，来自枕头和马桶垫的样本之间也有区别，但没有你所想的那么大。来自空间站的样本在图的下方，取自空间站的各个部位。按它们和地球上样本的相似程度来看，这些细菌最接近枕头和马桶坐垫上的细菌。[27]

　　和枕头、马桶垫一样，这些样本中含有来自粪便的细菌。詹娜发现其中一些与大肠杆菌和肠杆菌（*Enterobacter*）有关。[28] 她还发现了一种来自粪便的细菌，人们对这种细菌研究非常少，甚至都没有命名，我们暂且称其为"理研菌科未分类细菌 /S24-7"（Unclassified Rikenellaceae/S24-7）。空间站样本与枕头和马桶垫上的细菌并非完全相同，比如其中和唾液有关的细菌要少一些，更多细菌和皮肤有关。早期研究发现引起脚臭的枯草芽孢杆菌（*Bacillus subtilis*）在

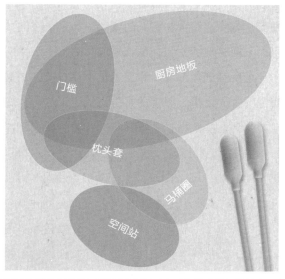

图 3.2　上面不同图形代表我们在罗利市居民家中和空间站中的取样地点。图形越大，表示特定取样点不同样本间细菌组成差异越大。两个图形挨得越近，它们代表的取样点的细菌组成越相似。最下面的取样点含有的全是人体相关细菌，右上角的取样点主要是食物相关的细菌，左上角的主要是土壤和其他环境细菌（尼尔·麦科伊 绘）

空间站中很常见。詹娜证实了这种细菌的存在，但她还发现另一种棒杆菌（*Corynebacterium*）数量更多。棒杆菌是引起腋臭的元凶。有了这些枯草芽孢杆菌和棒杆菌，难怪人们说空间站"闻起来就像塑料、垃圾和体臭的混合物"。[29] 我们发现男性居住的房子里和腋臭有关的棒杆菌更多，因为在取样时空间站里全是男性。这让我关注到另一个空间站和地球上房屋的不同点——空间站中几乎没有来自阴道的细菌，或者说没有阴道常见的菌落，如乳杆菌（*Lactobacillus*），这大概同样因为取样时空间站里生活的都是男性。

　　从任何角度来看，空间站中的细菌组成情况，就等于消除了所有环境影响的地球上房屋中的情况。这就是你不停做卫生、紧闭门窗和缝隙后的成果。但还不光是这样，取自空间站不同区域样本的细菌组成彼此十分相似，生物四处飘散。从这点来看，空间站就像一个用泥巴、树叶做成的原始小屋。在这样的小屋中，细菌同样四处飘散（和其他房子相比），但两者有一个区别——在原始小屋中每一处的细菌组成十分相近，因为环境细菌无处不在；而空间站中不同区域的细菌组成相似是因为全部都是来自人体的细菌，在接近失重或失重、没有其他细菌的状态下，人体相关细菌得以散布开来。如果你一遍遍地打扫，房间里很可能就是这种情况，我们在曼哈顿一些公寓中见到的就是这样。我们在研究这些公寓中生物组成情况时发现了一个问题。这个问题和那些不见踪影的生物有关。当我们创造了一个除了人体细菌之外几乎没有任何生物多样性的室内空间，而且全天宅在家时，这个问题就来了。

# 第四章　无菌也会致病

> 大街上污水横流，腐烂的死老鼠被泡得肿胀变
> 形……四脚朝天漂浮在苹果皮、芦笋杆和卷心菜堆中……
> 仿佛龋齿大面积发炎、腐熟的肠胃胀气、醉鬼呼出的浊
> 气、动物腐尸留下的污渍和便盆骚臭的混合物……污水
> 一泄而出，遍布大街小巷……在夜晚散发出恶臭。
>
> ——《费加罗报》

　　19 世纪，全球出现了多次霍乱大流行。1816 年首次霍乱爆发于印度，造成十几万亚洲人死亡。1829 年霍乱在整个欧洲肆虐，到 30 年后疫情总体缓和时，从俄罗斯到美国纽约有几十万人被夺去生命。1854 年，霍乱卷土重来，这一次是全球性的大流行。城市一个个地在霍乱中沦陷，出现了一家人同时被埋葬的惨状。原本热热闹闹、人们工作和生活的住宅楼，变成了死气沉沉的空壳。有些城市的死亡人口超过新生人口。生态学家把这种只得靠移民维持人口的情况委婉地称为"人口下降"（population sinks）。[1] 城市变成了一个巨大的洗碗池，无数生命顺着管道被冲走，化为乌有。

　　人们将霍乱的蔓延归于"瘴气"。瘴气理论认为：包括霍乱在内的疾病是由臭气（瘴气），特别是夜晚的臭气引起的。这种理论

的荒谬性显而易见，但人们对臭气的厌恶不是毫无道理的。这反映出难闻的气味常常和疾病有关。演化生物学家们声称：腐臭味与疾病有关，这种观念从远古就已经存在，它埋藏于我们的潜意识之中。[2]在人类漫长的演化历史中，避开那些难闻的气味，可能确实提高了人类的存活率。[3]对死尸腐臭味的嫌恶，减少了尸身病原体的传播；对粪便臭味的避让，减少了粪便中细菌致病的可能。从这个角度看，瘴气的概念竟然如此古老，仿佛它原本就存在一样。不过，随着城市的发展，难闻的气味与疾病相关这一说法不再适用了。城市中处处都是污浊之气，要远离臭气，意味着你要离开城市，而这只有富人才能做到。

对霍乱真正病因的探索走了几十年的弯路，科学家和民众无法认真分析眼前的数据。不过，在 19 世纪中期的伦敦，终于出现了一位有心之士——约翰·斯诺（John Snow）。他认为霍乱是由某种"病菌"引起的，它是通过沾染粪便入口，而非通过空气传播。他解释说，尽管粪便有臭味，但病菌本身无味。这一观点并不被大众接受，因为它与臭气理论相矛盾，而且这个说法还十分恶心。1854 年，在亨利·怀特海牧师（Reverend Henry Whitehead）的工作的基础上，斯诺搜集了伦敦苏荷区患病和未患病人口的分布情况，当时苏荷区的霍乱疫情尤其严重。

最后他发现，所有感染霍乱而死的人，都分布在一块较大的区域内，他找出了其中的原因。住在这一区域的人用的都是位于布罗德街（现在的布罗德威克街）水井里的水。一些没有饮用这些井水的家庭也有人染上霍乱，但后来人们发现，因为自己的水井也散发出臭气，他们多多少少都喝了点这口井里的水。斯诺绘制了近期霍乱导致的死亡案例分布图，直观显示了霍乱源于布罗德街的水井。

　　基于这张分布图（图4.1），斯诺指出布罗德街水井污染是导致疾病的源头，只要取下井口的把手（井就无法使用），疫情就会得到控制。[4]事情果真如他所说，但他说服周围的人花去了几年时间。同时，苏荷区的疫情也自然缓和下来。[5]后来，调查表明，井水被附近废弃污水坑中一块陈年尿布所污染了。几年后，结核杆菌（*Mycobacterium tuberculosis*）的发现者、微生物学家罗伯特·科

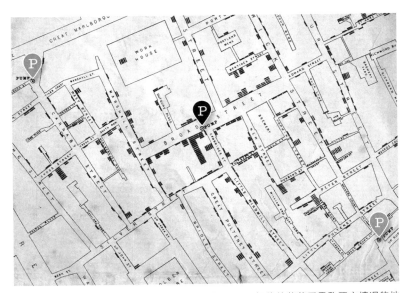

图4.1　这张是现代人重新绘制的斯诺用于展示1854年伦敦苏荷区霍乱死亡情况的地图。黑色小长条代表死亡病例，P代表水井的位置。通过这张地图，斯诺形象地说明了大部分死者都住在布罗德街水井附近，或从这口水井中获取饮用水［约翰·麦肯齐（John Mackenzie）仿斯诺原图所画的地图，有修改］

赫（Robert Koch）终于找到了霍乱的元凶——霍乱弧菌（*Vibrio cholerae*）。这种细菌来自印度，19 世纪早期随着贸易被带到伦敦，继而被传播到了全世界。

人们花费了几十年来寻找重建城市并抵御污染的办法。伦敦的办法是即刻开始从受污染较少的远处水源取水，再运到城市。在斯诺的发现为人所熟知后，包括伦敦在内的大城市开始更加积极地处理人类生活垃圾。有些城市甚至开始进行水源处理。这些举措，挽救了数亿甚至数十亿人的生命。[6] 阻断病原体到口传播，起到了很好的作用。

继斯诺之后，用病例分布图来反映疾病的扩散成为流行病学专业的常用方法。学生们知道了斯诺的分布图是第一张反应疾病传播情况的图表（但事实并非如此）。他们也了解了分布图有显示疾病源头以及推断潜在源头的作用。一般而言，使用分布图是为显示特定病原体出现的时间、地点并推导出原因。虽然分布图反映的仅仅是相关性，但它有助于流行病学家分析因果关系，分析疾病为何发生、如何发生。但分布图也能让我们意识到自己的无知，20 世纪 50 年代一系列新疾病的出现，恰恰证明了这一点。克罗恩氏病（Crohn's disease）、炎症性肠炎、哮喘、过敏甚至多发性硬化都在此列，它们影响了我们的正常生活，带来痛苦。所有这些疾病都和某种慢性炎症有关。但炎症反应又是如何产生的呢？

这些疾病的历史太短，不大可能来自基因，而且和伦敦的霍乱疫情一样，它们具有一定的地域性。伦敦霍乱的地域性比较特殊，与它不同，这些疾病在公共卫生系统和基础设施更完善的地区更常见。一个地区越富裕，人们得这些病的可能性就越大。这和我们从斯诺以来逐渐形成的对"病菌"及其分布的理解是相抵触的。不过，我们仍可以用斯诺的方法来研究这些疾病的分布图，分析它们的地域性和其他相关因素。科学家们可能会分析现有的疾病地图，提出关于病因的假说。接着，他会寻找能在自然条件下验证假说的实验。最后，在得到满意的验证后，他会用分布图来描述他认可的理论。当且仅当这时，我们才可能理解疾病的真正成因。对这些新的疾病来说同样如此。首先要提出假说，然后在自然条件下加以验证。

人们曾把这些病怪罪于新的病原体、冰箱甚至牙膏。包括生态学家伊尔卡·汉斯基（Ilkka Hanski）在内的科学家，后来提出是和上面这些因素完全不同的原因引起的——不是某种细菌感染，而是缺少与外界生物的接触。汉斯基教授似乎不大可能会与慢性疾病和细菌的研究有交集。职业生涯之初，他是研究屎壳郎（蜣螂）的专家。他的自传一章章详细记录了自己的经历。2014 年，他开始记录自己的生活，文章写得很仓促，因为同年 3 月他告诉友人"癌症在威胁着他的生命"。他想把他认为对整个生物世界而言最重要的东西记录下来，留给子孙后代。

在书中，读者可以观察他的职业生涯轨迹。在不同的研究阶段，他一直对小型孤岛样栖息地很感兴趣。他刚开始研究的是粪堆。因为对屎壳郎而言，粪堆就是等待发现并且要迅速占领的"岛屿"。他用自己的粪便或死鱼做诱饵。在婆罗洲的姆鲁山登山时，他通过诱捕屎壳郎来观察不同种类竞争同一个粪堆和几乎无竞争的决定因素。之后，他开始在芬兰南部的奥兰群岛研究庆网蛱蝶（*Glanville fritillary/Melitaea cinxia*）。通过研究这种蝴蝶，他了解了稀有物种在狭小的栖息地中的兴衰。在几十年时间里，他在近 4000 个小型栖息地中跟踪观察庆网蛱蝶与蝴蝶身上的寄生虫和病原菌（人们至今还在跟踪研究这些蝴蝶）。通过观察，可以得知当栖息地小到何种程度、隔绝到何种程度，其中生存的物种将会灭亡。他建立了能够量化这些的数学模型。后来，他对为何某种蝴蝶中的一些个体能在栖息地碎片化后存活产生了兴趣。他发现了一些基因，它们似乎和某些个体能在小片状的适宜栖息地中生存有关。从田野研究、理论、假说和检验中获得的洞见让汉斯基赢得了 2011 年的克拉福德生物科学奖，相当于生态学界的诺贝尔奖。

在长达数十年的工作中，从研究整个屎壳郎种群到某一种蝴蝶再到这种蝴蝶中不同基因型的个体，汉斯基的研究范围不断收窄。接着，他突然转向慢性炎症性疾病，起因在于一次偶然的会面。2010 年，汉斯基听了芬兰著名流行病学家塔里·哈赫泰拉（Tari Haahtela）做的关于慢性炎症性疾病的报告。[7] 报告中引用的资料和汉斯基以往研究过甚至见过的都不一样。这些资料虽然未经加工，但足以触动人心。哈赫泰拉呈现了慢性炎症性疾病的上升趋势。数据显示：从 1950 年以来，这些疾病的发生率每 20 年就翻一番，在发达国家更明显。而这一上升过程仍在继续。例如，过去 20 年，美国的过敏发生率上升了 50%，哮喘上升了 1/3；而随着不发达国家城建投入的增加，慢性炎症性疾病的发病率也出现了上升（图4.2）。这一全球性的态势触目惊心，引发了广泛的担忧。这些上升的曲线，或许同样可以表示股价、人口数量或者黄油价格在近年来的走势，可实际上，它显示的都是疾病的发病率。这些慢性疾病仿佛一群伺机而动的猛兽，对宅居的我们虎视眈眈。哈赫泰拉用地图展现了疾病常见和不常见的地区。

他提出，这些病不是由病原体引起的，和病菌学说无关，甚至可以说恰恰相反。哈赫泰拉认为，人们之所以患病，是因为他们没有接触到对人体健康而言不可或缺的生物。就像斯诺不知道污染井水引发霍乱的病菌是什么一样，哈赫泰拉也无法确定到底是哪些生物。汉斯基看着分布图，产生了一个想法。在他看来，哈赫泰拉显示的分布图和曲线图就像是把他自己要展示的关于古生林和相关的屎壳郎、蝴蝶、鸟类等生物多样性减少的图表翻过来。随着生物多

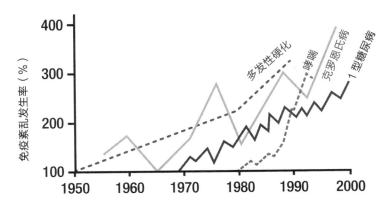

图 4.2　1950—2000 年免疫紊乱导致的疾病发病率稳步升高，且至今还在增加（包括多发性硬化、哮喘、克罗恩氏病、1 型糖尿病。资料来源：《新英格兰医学期刊》，作者让－弗朗索瓦·巴赫，略有修改）

样性减少，慢性炎症性疾病似乎越来越常见。而且，在生物多样性（特别是人们日常室内生活中接触的）已经大大减少的发达地区，这些疾病最为常见。他猜想，或许人们生活中缺失并引发疾病的，不是一种生物，而是多种生物，缺的是一整个生物系统。在脊椎动物甚至是整个动物的历史上，真正的自然第一次从人们的生活中消失了，在后院，在人们的家里，在曼哈顿的公寓楼里，在国际空间站里，自然失去了踪影。

　　而此时，哈赫泰拉也早就开始思考生物多样性和疾病的关系，尽管这只是推断而没有实质证据。2009 年，他甚至写了篇论文，谈到在芬兰蝴蝶种类减少的地区，慢性炎症性疾病更常见。他附上了一些他最喜欢的蝴蝶的图片，包括 Elban Heath、De Lesse's Brassy Ringlet、Two-Tailed Pasha、Polar Fritillary、Nogel's Hairstreak 和其他五六种蝴蝶品种。当这些蝴蝶的栖息地越来越碎片化，越来越稀少，甚至开始死亡时，人们也开始患病。[8] 蝴蝶可以显示外部世界和室内空间生物丰富程度的深层次联系，并昭示着多样性消失的后果。阻断人和作为自然一分子的病原体（比如霍乱弧菌）的接触，对人类的健康是有益的。但如今，人们走向了另一个极端，不仅隔绝了真正有害的少数病原体，而且隔绝了包括有益生物在内的其他一切生物。

　　哈赫泰拉和汉斯基取得了联系，进行一番交流。两人曾经见过，很多年前，以拍摄蝴蝶为爱好的哈赫泰拉促使汉斯基与庆网蛱蝶结缘，并以此作为主要研究对象。再聚首，两个人发现彼此兴趣相投。他们都喜欢蝴蝶，现在又因为同时关注的一些常见趋势联系在一起——生物多样性减少，慢性炎症性疾病发病率上升，人们更多待在室内，而在室内生物多样性比野外减少得更剧烈。[9] 如果他们的假说成立，这些趋势是相关联的，那么情况还会进一步恶化。生物多样性面临的威胁也越来越严峻，而人们转向室内活动，与其他生物的隔绝越来越彻底。哈赫泰拉邀请汉斯基参加实验室的一次讨论，会上，汉斯基认识了微生物学家莱纳·冯·赫尔岑（Leena von Hertzen），他是接下来的合作项目的重要成员。会上思想的碰撞激烈飞扬，令人激动不已。汉斯基在后来的自传中写道，他感觉自己仿佛投入了一项有生以来最激动人心的合作当中，似乎有重大的发现即将诞生。

当斯诺提出是水中的粪便传播病菌引发了霍乱时，他并不知道传播的究竟是什么。类似的，他们三人也不确定是生物多样性哪些方面的减少引发了疾病，但他们对生物多样性缺失是如何致病的提出了看法。关于生物多样性可能与健康有关的理论已经有几十年历史，这些理论从免疫系统功能或更广泛方面来讨论两者之间的关系。E. O. 威尔森（E.O.Wilson）的"热爱生命假说"提出，人类天生被丰富的生命所围绕，生物多样性减少会损害人们的心理健康。[10] 罗杰·乌尔里希（Roger Ulrich）认为，大自然有减压作用；斯蒂芬·卡普兰（Stephen Kaplan）提出，多接触自然有助于保持注意力。[11] "自然缺失症假说"在这些假说的基础上进一步提出：生物多样性或者大自然能够提升孩子的学习能力，促进身心健康。[12] 这些理论都认为生物多样性的缺失会使人们心理、生理和智力方面受损。哈赫泰拉和汉斯基受到了这些理论的影响，但他们认为原因不止于此。他们认为生物多样性减少，也会损害我们的免疫系统；他们认为，前人的理论只是假说，而一系列的研究表明，慢性炎症性疾病与过于洁净的环境有关。"卫生假说"是由伦敦大学圣乔治学院的流行病学家大卫·斯特罗恩（David Strachan）于 1989 年提出的。他声称，过于注重卫生的现代生活使得人们缺少了与外界必要的接触。[13] 汉斯基和哈赫泰拉认为缺少的是与生物多样性、与整个生物界的接触。

　　人类的免疫系统就像一个小政府，由多个不同部门构成，信号就像政令，在这些部门之间传递并形成应激反应，免疫系统大多数情况下会按一定的机制运行，但也有例外。有两条免疫通路与慢性炎症性疾病有关。人们已经知道，当免疫细胞检测到异物（抗原）——尘螨蛋白、致命细菌——侵入皮肤、肠道或者肺部时，会产生一系列的信号分子，使得免疫系统通过嗜酸性粒细胞等白细胞来吞噬抗原，或者在未来对同种抗原做出反应。当免疫反应被激活，级联信号会在不同细胞间传递，直至不同种类的白细胞被动员，并且（在部分情况下）产生特异性免疫球蛋白抗体 IgE。IgE 能识别抗原，会在再次遇到同样的抗原时与之结合。我们只需要知道，这一路径负责识别抗原、决定现在以及将来遇到同样的抗原是否会发起攻击。这第一条通路功能正常情况下，免疫系统可以很快对病原体做出反应。功能紊乱，免疫系统则会对无害的外界刺激产生反应，过敏、哮喘和其他的炎症性疾病也随之而来。另一条免疫通路则会通过阻止嗜酸性粒细胞等白细胞的聚集和抗体的产生来调节免疫反应的强弱。这一单独通路（有特异性受体、调节因子和信号分子）可以维持免疫系统的正常而不会过激。大部分抗原危害不大，特别是经常出现的、与周围环境相关以及生活在皮肤、肺部或肠道内的生物。这一免疫调节通路发挥着调停者的作用。包括斯特罗恩在内的科学家们认为：日常生活中接触到的生物无法使得调节旁路——调停者——被完全激活。他们无法解释城市或者环境过于卫生的孩子生活中到底缺了什么，才使得调节功能失常。汉斯基、哈赫泰拉、赫尔岑三人认为，接触环境、家庭和身体表面的多种生物，有助于调节免疫通路发挥正常功能。一旦缺乏多样性，身体会对尘螨、德国小蠊、真菌甚至自身细胞等无害抗原发生过激反应，生成 IgE，产生炎症。孩子接触不到大量环境生物，免疫调节通路功能则无法完善，就会出现过敏、哮喘，其他一系列炎症性疾病也随之而来。以上仅仅是三人的推测。尽管这些想法看起来挺有说服力，但还需要进一步验证。

最后，关于在何处以及怎样验证这些假说的讨论都指向了一个地方——芬兰。自二战结束以来，芬兰的土地上就进行着一场社会实验。在所有芬兰人当中，慢性炎症性疾病发病率出现了上升，但只有一个地方例外——由俄罗斯管辖的卡累利亚。这一地区曾属于芬兰。二战前，位于芬兰和俄罗斯交界处的卡累利亚是统一地区，归芬兰管辖。战后，两国重新划界，卡累利亚被一分为二。俄罗斯的卡累利亚人和芬兰的卡累利亚人有着共同的历史文化，命运却大不相同。

如今，因为交通事故、酗酒、抽烟或者三者共同作用，俄罗斯的卡累利亚人的寿命要相对短一些，而在芬兰的卡累利亚人中，这些死亡原因都更少。从大多数方面来看，俄罗斯的卡累利亚人的健康状况似乎更糟。但是，芬兰的卡累利亚人更容易患上俄罗斯同胞不容易得的病——慢性炎症性疾病。在芬兰，哮喘、花粉症、湿疹和鼻炎的发病率一直是俄罗斯的 3—10 倍。但花粉症和花生过敏在俄罗斯的卡累利亚人当中完全无迹可寻。[14] 芬兰的卡累利亚人，是全世界日趋庞大的慢性炎症性疾病患者的缩影。自二战以来，每一代芬兰的卡累利亚人都比上一代更容易患炎症性疾病；而在国境线另一边，俄罗斯的卡累利亚人则完全不会。

　　在巧妙地命名为"卡累利亚计划"的项目中，哈赫泰拉和赫尔岑花了近 10 年时间观察比较国境线两边卡累利亚人的生活。在严密的观察和对血液中与过敏有关的 IgE 浓度的检测结果基础上，他们证明了两者过敏的发生率确实有差别。而且更重要的是，他们确信芬兰卡累利亚人的患病，是由于跟环境中的微生物接触不够多。

　　俄罗斯的卡累利亚人的生活方式和 50 年、100 年前的祖辈几乎没有区别。他们住在农村的狭小房子里，没有中央空调，也没有供暖系统，每天都会接触牛之类的家畜，在狭小的菜地里种菜自足。他们喝的是院子里从地下抽取的井水或拉多加湖的湖水，这一地区仍有茂密的森林植被和良好的生态多样性。而芬兰的卡累利亚人居住的环境大不一样，他们住在更发达的城镇里，十分缺乏生物多样性。和俄罗斯的卡累利亚人相比，他们待在室内、在与外界隔绝更严密的屋子里的生物时间要更多。他们接触到的环境生物，和国际空间站里的越来越像，而和古生林中小径周围的生物越来越不同。

　　哈赫泰拉、赫尔岑和他们的学生已经证明：芬兰的卡累利亚儿童的日常生活中缺少某些和植物相关的微生物，但他们还没有把所有证据链都打通。这时，随着汉斯基的加入，他们开始形成完善的理论，他们提出：外部世界生物多样性（无论是蝴蝶、植物还是其他生物）的减少，会引起室内生物多样性的减少，这会导致人体免疫系统失调，产生大量嗜酸性粒细胞，从而引发慢性炎症性疾病。在一篇赫尔岑作为第一作者的论文中，他们称之为"生物多样性假说"，[15] 而接下来，他们会对其进行验证。

理想的方法是，通过实验改变孩子家中和后院所接触到的生物多样性，并且跟踪随访几十年的时间。理论上说这是可行的，但整个过程费钱费时。还有一个方法是比较生活在俄罗斯和芬兰的卡累利亚人的生活和与外界生物接触的状况，但这在当时的条件下很难做到。最后，他们选择研究芬兰的一个地区，自 2003 年以来哈赫泰拉和赫尔岑就在当地从事研究工作。他们要验证生活在拥有较少生物多样性家庭中的青少年（14—18 岁）是否更容易出现免疫系统紊乱，继而容易患过敏和哮喘。

这片区域接近方形，面积足有 1 万平方千米。区域内有一个小镇、大小不一的村庄和一些散落的房屋。哈赫泰拉和赫尔岑随机挑选了一些家庭。几乎所有被选中的家庭都多年没有搬过家，这些青少年也就能在一栋房子里长大（这在别的地方几乎不可能）。人们可能会说，研究者应该挑选更多样化的地区，或者在不同的区域挑选家庭。这项研究有许多值得挑刺儿的地方，但正如生态学者丹·詹曾（Dan Janzen）常说的："莱特兄弟的飞机不是在雷雨天气试飞成功的。"[16] 汉斯基、哈赫泰拉和赫尔岑选择在能控制尽可能多外部因素的地方开展研究，并充分利用了手头的数据。

　　研究团队检测了青少年的过敏情况，也检测了后院里和青少年皮肤上的生物多样性。他们猜想，后院的生物多样性较匮乏的孩子，皮肤上的生物种类也更少，而且他们也更容易患过敏。他们通过计数后院非本土物种、本土物种和稀有本土物种的种类来估计生物多样性。每种植物都有与之相关的细菌、真菌甚至相关的昆虫，因此，统计植物可以大概获得其他生物的状况。相比于其他生物，植物也更方便统计，它们肉眼可见（相对于微生物），而且不会移动位置（相对于蝴蝶或鸟类）。[17] 研究人员通过测量青少年优势手前臂正中皮肤上的细菌种类来评估皮肤上的生物多样性。统计细菌生物多样性的方法和在研究罗利市人们家中生物多样性时所用的方法类似。通过测量青少年血液中 IgE 抗体的浓度来反映过敏状况。总体而言，IgE 浓度越高，过敏反应就越强烈。研究者们也检测了 IgE 水平较高的青少年对猫、狗或艾叶等特定抗原的过敏情况。

　　整个研究直接明了，各司其职。哈赫泰拉负责检测血样，赫尔岑收集皮肤样本检查细菌种类，汉斯基给植物取样并评估植物多样性。最后，大家集体分析数据。这是激动人心的时刻，他们即将获得伟大的发现，尽管从某些方面看来这一发现有些离谱。

　　汉斯基和同事们看着眼前的数据，既激动又紧张。这些青少年家周围的生物多样性真的会有影响吗？尽管他们已经尽可能控制了影响因素，但预测人们健康状况的差异是相当困难的。尤其是对汉斯基来说，这更令人头疼。他很快体会到，研究人比研究屎壳郎和蝴蝶要难得多。他希望他们之前能先做个实验。他担心如果没有发现规律，那这次研究就是一场空。或许他们应该多挑选一些青少年，多研究一些国家或者多跟踪几年。

　　结果他们发现，研究数据反映的结论相当清晰。那些自家后院里稀有本土植物种类较丰富的青少年，其皮肤上的细菌种类和其他人不同。他们皮肤上的细菌更多样，尤其是那些和土壤相关的细菌种类更多。这些细菌或许是在孩子们在后院玩耍时附着到皮肤上的，或通过打开的门窗进到室内，在孩子们活动甚至睡觉时附着在身上的。而且，后院稀有本土植物种类较多、皮肤上细菌的种类也较多的孩子患过敏的风险更小，甚至患任何过敏的风险都更小。[18]这几位科学家此前并没有做相关实验，他们仅仅是注意到了一种相关性，但这种相关性最终与他们的假说完全一致。

　　植物种类越多，γ-变形菌纲（*Gammaproteobacteria*）的细菌种类更多，而在较少患过敏的青少年身上，它们也更常见。40 多年前，相关实验表明人类皮肤上变形菌纲某些细菌的丰富程度随季节变化而变化。[19]而梅根·特梅斯在黑猩猩的窝里收集到的样本的检测结果也表明，γ-变形菌纲细菌的丰富程度是随季节而变的。汉斯基、哈赫泰拉和赫尔岑还发现，变形菌纲细菌的丰富程度在不同地方也不一样。不管是对猫、狗、马、桦树花粉、猫尾草还是艾草的过敏，青少年身上 γ-变形菌纲特别是不动杆菌属（*Acinetobacter*）细菌的种类越多，患过敏的风险就越小。在接下来的研究中，汉斯基、哈赫泰拉和另外一组研究人员通过实验（同样在芬兰）证明皮肤上某种不动杆菌数量较多的个体的免疫系统，会生成较多和维持免疫稳态有关的化合物。[20]当人为地增加实验室小鼠和不动杆菌的接触后，小鼠也会生成同样的化合物。[21]

细菌多样性，特别是不动杆菌属细菌的多样性有助于维持免疫稳态，这一理论还需要通过比较俄罗斯和芬兰治下卡累利亚青少年皮肤上的细菌状况来加以验证。哈赫泰拉为此展开了一项独立研究。俄罗斯的卡累利亚人家后院的生物多样性应该比芬兰要丰富，事实的确如此。俄罗斯的卡累利亚人皮肤上细菌的多样性也应该更丰富，事实也正是这样。那么，俄罗斯的卡累利亚青少年皮肤上不动杆菌属细菌的数量也应该更丰富。果不其然。[22]

从他们的研究结果中，我们可以清晰地看到：接触多样的本土植物和本土植物多样性影响皮肤上 γ - 变形菌纲细菌（以及肺和肠道中有相似作用的其他细菌）多样性两者之间的关联，而 γ - 变形菌纲细菌会激活免疫旁路，防止过敏反应。[23] 在几千万年历史中，我们几乎不用特意做什么就能接触到多种多样的细菌。野生植物和可食用的植物上都有多种多样的 γ - 变形菌纲细菌。它们与种子、果实和植株共生，在我们呼吸的空气中、吃下的食物中、走过的土地上，它们无处不在。后来，人类开始在室内生活，这些细菌也随之消失了。在冷藏保存的蔬菜上很少有这些细菌，经过烹饪后更是不见踪影。它们在国际空间站中无处可寻，而在我们研究的大部分公寓住宅里也很稀少。或许不仅后院里的细菌，室内盆栽植物和新鲜水果蔬菜上的 γ - 变形菌纲细菌也同样有益。[24] 为了验证 γ - 变形菌纲细菌的作用，科学家们需要改变后院植物的多样性，将多种多样的植物带到室内，让人们食用经过（或未经）处理的新鲜蔬菜水果，观察几年后，看这些变化会不会影响免疫系统健康。我们可以把这比作斯诺取下霍乱把手，只不过这样做是为了恢复生物多样性。这是可行的，但还没有人去真正实践。[25]不过，另一项研究也达到了类似的效果，它基于对阿米什人（Amish）*和哈特派信徒（Hutterite）的儿童和实验室小鼠观察所得结论。

阿米什人和哈特派信徒都是在18—19世纪来到美国的。两者的遗传背景特别是已知与哮喘有关遗传基因的状况相似。他们的生活方式也很类似：吃德式农场制作的食物，家庭人口众多，会打疫苗，喝未消毒过的牛奶，生活其他方面也极其相似。他们都不看电视，也不用电。两个族群的人都不认同饲养宠物，养家畜都是为了干活出力的。和族群之外的人通婚意味着背叛。乍看上去，两者的遗传因素、生活方式和生活经历都差不多。从生物学角度看，两者的主要区别是哈特派信徒施行工业化农业种植，使用拖拉机和杀虫剂，种植的农作物种类相对较少。相反，阿米什人仍然沿用传统农业生产方式，用马作为劳力。和哈特派儿童相比，阿米什儿童的身体与田地、动物和土地的联系更直接。另外，阿米什人的房子大门和畜栏只有约15米的距离，而哈特派的房屋和农场常常隔得很远。正如汉斯基、哈赫泰拉和赫尔岑的理论所预见的，由于这些差异，阿米什人很少得哮喘；而哈特派的哮喘患病率比美国其他大部分地区都要高。就像后院野生植物种类较少的芬兰孩子一样，哈特派儿童体内针对一些常见抗原所产生的IgE抗体的浓度也较高。两者免

---

* 阿米什人是美国和加拿大安大略省的一群基督新教再洗礼派门诺会信徒（又称亚米胥派），通常被认为拒绝使用现代科技，但事实上许多阿米什人村都使用电力，并且还拥有发电机和蓄电池。——译注

疫系统的差异，还不仅仅反映在 IgE 抗体的浓度上。

　　最近，由芝加哥大学和亚利桑那大学的科学家和医生所领导的一个科研团队比较了阿米什人和哈特派儿童的免疫系统功能。芝加哥大学的研究者研究了两者的血清之后发现，当受到与细菌细胞壁相关的一种化合物的侵袭时，阿米什儿童血液中产生的信号分子——细胞因子（cytokine）更少。而且，他们血液中白细胞的种类和数量也不同，与炎症有关的嗜酸性粒细胞更少。此外，他们血液中的中性粒细胞也不同，这些中性粒细胞更平和，不会不加辨别地发动攻击。最后，阿米什儿童体内有较多与免疫抑制相关的一种单核细胞（monocyte，也是一种白细胞）。简单来说，哈特派孩子的免疫系统就像校园小霸王，时刻准备打架，而阿米什孩子的免疫系统更老实。

　　科研团队认为，消除阿米什人生活环境中灰尘和其中微生物对免疫系统影响的方法之一，就是让那些患有炎症性疾病的人接触这些灰尘。伦理上不允许人体实验，但可以用小鼠代替。研究者制作了患有和过敏性哮喘类似的慢性炎症性疾病的小鼠模型。一接触到鸡蛋蛋白，这些小鼠就会出现哮喘症状，蛋白就是它们的克星。研究者用三种方式来处理小鼠。第一组每 2—3 天用蛋白喷鼻一次，持续一个月。第二组用蛋白和哈特派卧室中的灰尘喷鼻，频率与第一组相同。第三组用蛋白和阿米什人卧室中的灰尘（后来实验表明阿米什人卧室灰尘中所含细菌种类更多，或者说生物多样性更丰富）喷鼻。接触蛋白后，第一组小鼠出现了和哮喘相似的症状。这结果在意料之中。第二组小鼠的过敏症状比只用蛋白喷鼻的小鼠更严重。那第三组小鼠呢？阿米什人卧室中的灰尘几乎完全抑制了小鼠对蛋白的过敏反应。这些灰尘中的生物不仅可以预防过敏，它们甚至能让发生过敏反应的小鼠恢复，尽管这些小鼠每两天就会被它们最怕的蛋白喷鼻一次。[26] 另外一个芬兰团队的实验表明：来自芬兰农村牲口棚中的灰尘（赫尔辛基公寓中的灰尘可不行）对小鼠有类似的效果。[27] 这倒不是说你得了哮喘，就要跑到阿米什人的卧室或芬兰农村的后院里去吸土（尤其不能私闯民宅），但这也许意味着你要增加自己接触到的生物多样性，来自户外的生物多样性。

阿米什人家中灰尘的特殊性可能在于：其中的 γ–变形菌纲细菌与汉斯基团队的预测相一致，它促发了肺部（而不是皮肤上）的免疫调节通路。但即使在肺部和肠道触发免疫调节通路的不是变形菌纲的细菌，而是其他的细菌，比如说厚壁菌门（*Firmicute*）或者拟杆菌门（*Bacteroidete*）的细菌，甚至是某种真菌，汉斯基团队的研究工作也增进了我们的理解。这关乎他们的具体发现，但也关乎他们提出的假说：随着我们接触到的植物多样性以及动物、其他生物多样性的减少，我们接触到有益生物（包括变形菌纲的细菌在内）的机会也减少了。我们可以将其理解为一种概率。假如有一定种类的细菌，人们必须要与之接触以保持健康，那么（假设我们甚至不知道去哪找这些细菌）你所接触到的植物、动物和土壤越多，越有可能碰到这些有益菌。你接触到的种类越少，你越不可能接触到有益细菌，那些能激活先天免疫系统、维持嗜酸性粒细胞的正常功能的细菌。不过概率就是概率，也有可能你接触到丰富的生物多样性，仍没有获得有益细菌。就像俄罗斯那边的卡累利亚青少年也会患过敏一样，阿米什儿童同样也可能患过敏，只不过概率要更低。

如果我们能确定哪些细菌对人有益，并且让人们接触它们，使其发挥作用，那当然是最理想的，但目前来说，我们才刚迈出未知的迷雾，开始了解慢性炎症疾病。可能需要多年的研究才会了解得更透彻。以粪便移植为例，粪便移植是治疗艰难梭菌感染的最好方法。移植前，患者会接受大剂量抗生素治疗，随后医生会将健康人的粪便以及其中的微生物移植到患者体内，帮助重建菌群平衡。这种方法效果显著，正常菌群的恢复抑制了艰难梭菌的繁殖，许多病人因此得救。在医生们看来，粪便移植是那些已经毫无办法的病人的救星。微生物学家也认为这种技术是崭新的，代表着未来的趋势。但这也说明我们不知道哪些细菌是必须的。在对其了解得更深入前，最好的办法是恢复整个肠道生态，让所有的菌群都繁殖兴旺，充满活力。

科学家都喜欢预测并且加以验证，而科学所带来的社会政治领域的改变，是最容易预测的。我在此预言，未来 10 年，市面上将出现多种治疗慢性炎症的药物和疗法。仍有科学家会说人是因为缺少与绦虫、钩虫或其他寄生虫接触才生病的；其他科学家则会提出是因为没有接触变形菌纲的细菌；另一些则会说是缺少某种特定的细菌。不同的实验室还会对究竟是哪一种细菌各执一词：有人会说，食物中要含有这些细菌，而另一些人则会认为水中含有细菌更必要；同时，还会有科学家发现导致人们更容易罹患此类疾病的易感基因。因为基因的差异，不同的人群应该接触不同种类的细菌。不过，在这些研究中，遗传学家将会发现（已经晚了）他们选取的样本都是白人男大学生，如果让他们重新选取真正多样化的样本，情况将变得更加复杂。最后，科学家们将得出结论，为了保持健康，人们需要接触或者说应该接触的细菌，取决于人们的居住地甚至是文化，或许人们可以从中推出一个完美的模型，指导每个人的生活。对此我不敢保证，但我们要试着解开这些疑惑。斯诺发现了霍乱的传播方式，遏制了疫情的蔓延，而致病菌的确定，使得人们可以检测水，确保饮用水安全，从而结束疫病的传播。

因此，在透彻了解这些问题以前，我们可以接受现状，采取并不完美但肯定有所帮助的方法。由于周围世界生物多样性的减少，人类几乎全天生活在生物种类匮乏的室内，我们接触到的物种和历史上的大不相同，种类大大减少，而克罗恩氏病、哮喘、过敏、多发性硬化等疾病也变得更常见。我们能为子孙后代做些什么？要给孩子们提供和多种多样生物接触的机会，增加他们获取对健康有益的细菌的概率。这就好比你尽量多买些彩票，中大奖的机会也会更大。

试着在家周围种植各种植物，亲近它们，打理、观察它们，躺在植物丛中午睡。在室内种植丰富的植物，可能也有同样的好处。试着打造一片花园，亲手打理，或者回归阿米什人的生活方式，在后院养一头奶牛，这也会有好处。同时，我们要确保人们所需要的多样物种在未来仍然存在。就像哈赫泰拉 2009 年在文章中呼吁的那样——"保护蝴蝶"，我们要保护周围的生物多样性。为了人类自身的可持续发展，我们必须保护蝴蝶。蝴蝶的种类越多，意味着微生物也更丰富，而那些还有待研究的有益健康的生物也更多样。

保护蝴蝶，也是在向汉斯基致敬。2016 年 5 月 10 日，他带着对蝴蝶的爱离开人世，终其一生都痴迷于大自然的运作方式。他知道，尽管蝴蝶扇动翅膀不会改变天气，但是蝴蝶的灭绝、蝴蝶和其他生物赖以为生的植物的消失，会导致我们的健康问题。生物多样性，是人类健康生活所必需的，在后院和我们家中，甚至沐浴喷头里都需要多种多样的生物。

# 第五章　沐浴生命

我们可以得知，海洋中微生物和小鱼的种类远超过
人们的想象。

——列文虎克

不管有没有必要，我每月都会沐浴一次。

——伊丽莎白女王一世

红酒醇熟，啤酒自由，而水乃"细菌之源"。

——苏格兰邓弗里斯一家酒吧墙上的标语

1654 年，伦勃朗（Rembrandt）创作了一幅油画，画的是一名女子在阿姆斯特丹的溪流中沐浴。画中的女子，将一件美丽的红色浴袍搭在岩石上。她站在水中，将衣裙撩过膝盖，免得涉水时打湿。当时是晚上，天色昏暗，没入水中的皮肤在水面的交界处反射出微光。这幅画作令人想起古罗马或古希腊的作品。伦勃朗画中踏入溪水的女人，仿佛正在踏入另一个世界。在艺术史家眼中，她的举动有某种象征意味。[1] 不过在我这种微生物学家看来，这一场面也有着生物学意义——踏入溪水的那一刻，她即将接触到一些全新的生物、微生物、鱼类和其他生命。我们以为水是干净的，我们以为"干净"的意思是什么都没有，但其实人们沐浴、畅游或饮用的水中都有着无数的生命。

伦勃朗画中的小溪，看着像是阿姆斯特丹附近的小水渠或溪流。画中的女人可能是他的情人韩德瑞各·斯多弗斯（Hendrickje Stoffels）。即使伦勃朗并没有打算描绘具体的水域，但他的参照和灵感来源，一定是他所熟知和亲眼见过的。假如溪流中的水和十年或者更早之前代尔夫特附近河流中的水状况差不多，那水中很可能生活着和列文虎克所描绘的家门前水渠中的微生物类似的生命。

当然，我们今天接触到的水和伦勃朗的情人沐浴用的水大不相同。不是说现在水中没有生命，我的意思是，当你泡在浴缸里或者站到喷头下面，那些包围你的微生物在代尔夫特可能很少见，种类也完全不同。最近我发现自己常常对这些小生物浮想联翩。

一切都源于 2014 年秋诺亚·菲勒写给我的一封邮件。他是我在科罗拉多大学的合作伙伴，我跟他一起开始研究室内的灰尘。他说他想到了一个项目，有一个喷头之谜亟待解决，还没解释他就先问我："你参不参加？我和人们讨论了一些关于喷头的问题，我们应该开始研究。这个项目肯定很了不起。"接下来我们简短交谈一番，而科学发现往往就是从这些交谈中诞生的。他给我讲述了他的大致想法，并等我来加以完善。"反正这个项目很不错。"他这样说，意思就是："要是你不参加，就错过了机会，会后悔一辈子，但你不想参加也不勉强。要是你决定加入，那我们现在就开始。"[2]

他的设想是这样的：流入喷头之中随后喷洒而出的自来水是充满生命的。列文虎克发现雨水和井水当中都有细菌和原生生物，而后来的研究者也证明了这一点。我一年中有部分时间在丹麦工作，而丹麦的自来水里可以看见甲壳动物。[3] 其他时间我在罗利市工作，而当地的自来水中有很大概率能发现酸食菌（*Delftia acidovorans*）。[4]
这种细菌最早是在列文虎克生活的代尔夫特发现的。它能富集水中
的微量黄金并将其沉淀下来。它还有一种独特的基因，能让它在漱
口水中（或者说在用过漱口水的口腔里）存活。这些特点很有趣，
人们也早就知道，因此不是新闻，也不是诺亚的重点。他感兴趣的
是当水流过水管、流过喷头时，会形成一层厚厚的膜状物。科学家
给它取了一个好听的名字——生物膜（Biofilm），其实就是一团黏
糊糊的垢状物。

　　生物膜是由一种或几种细菌为了抵抗恶劣的环境（包括不停冲
刷，威胁生存的水流）而共同形成的，形成生物膜的材料就是细菌
的分泌物。[5]从本质上说，这些细菌共同合作，在水管中用一些难
以分解的复杂碳水化合物，给自己造了一个坚不可摧的小窝。诺亚
想要研究的正是生活在喷头生物膜中的细菌。当水压足够大时，细
菌随着水流喷泻而出，落在我们的头发上、皮肤上，并且飞溅起来
被吸入口鼻当中。[6]他想研究这些细菌，是因为它们很奇特，也是
因为在有些地区，这些细菌致病的情况越来越多。

　　致病的细菌属于分枝杆菌属。分枝杆菌和大多数水源性细菌
（如霍乱弧菌）等不同，水管中的分枝杆菌原本就生活在水管中，
而不是人体内部。它们不是普通病菌，只有在意外（从它们自身健
康角度来说）进入到肺部时才会致病。分枝杆菌以及与人类生活在
室内而创造出新的栖息地有关的其他一些细菌（比如军团菌）代表
着与通常病菌不同的挑战，它们与我们建造城市和住所的方式有关。

　　人们把喷头中的分枝杆菌命名为NTM，NT代表非结核性，

M 代表分枝杆菌。也就是说，正如你推断的，其他的分枝杆菌——结核杆菌以及同属的一些细菌——都会导致结核。我们一直以为，历史上最凶恶的怪物是来自维京神话中的三头六臂、口吐浊气的怪兽，英雄持盾牌和长剑与之搏斗，可真正的恶魔大概更像结核杆菌。这些病菌肉眼看不到，人们只能见到其导致的恐怖死状。

　　结核杆菌是引起人类结核病的元凶。1600—1800 年，欧洲和北美有 20% 的成年人死于结核病。[7] 它与现代人类、人类的祖先和近亲紧密相关。高致病性的结核杆菌大约出现在现代人离开非洲的时候（也是有人类建造房屋确凿证据的时间，人类因此也更加紧密接触，会朝着对方咳嗽）。结核杆菌随着人类一起传播，人类开始驯化牛羊，也把结核杆菌传给了这些动物。在牛羊体内，面对着不同的免疫系统，结核杆菌发生了变异，生成了山羊分枝杆菌（*Mycobacterium caprae*）和牛型结核杆菌（*Mycobacterium bovis*）。人类将结核传染给小鼠，从而演化出更能适应其免疫系统的结核杆菌。人类将结核传给海豹，它又演化出一种新型菌，这种新型菌随着海豹在 8 世纪之前到达北美并传播给北美原住民（又演化成了一种新型结核杆菌）。[8]

　　每次结核杆菌都能形成新的机制，躲避免疫系统的进攻，在新宿主体内存活并且传播出去。海豹的免疫系统和身体构造都和人十分不同，因此需要新的机制，小鼠、山羊、奶牛的身体也是一样。结核杆菌的个体谱系演化形成这些机制，人结核杆菌甚至适应了不同人群（因为结核病对年轻人也会致命，从而使这些人适应了结核杆菌）。结核杆菌是演化论的一个经典例证，和达尔文所观察到的鸟喙的形状区别一样。

20 世纪 40 年代发明的抗生素，使得人类真正有效控制了结核杆菌，可如今许多种类的结核杆菌都对大部分抗生素产生了耐药性。曾经作为终极武器的抗生素，现在越来越像一把不中用的木剑。（据估计）耐药性结核感菌正在扩散，提及这些知识是为了说明唤起对结核杆菌谱系的重视很有必要。喷头中的非结核杆菌和结核杆菌一样可能发生演化，对人类造成危害，它们可能会更适应在供水系统中或人类的身体中生存，而后一种情况更令人担忧。

目前，只有免疫缺陷、肺构造异常、囊性纤维化的人群才是非结核杆菌感染的高危人群，在这部分人中，非结核杆菌会引起肺炎、皮肤和眼部感染。糟糕的是，肺结核杆菌感染率在全美都在上升，但感染发生率以及上升情况因地域而不同，有些地区感染病例要比其他地区多，如加利福尼亚和佛罗里达就很常见，而在其他地区如密歇根则很少见（图 5.1）。这种差异，可能是不同地区肺结核杆菌数量的差异导致的，佛罗里达发现的非结核杆菌和俄亥俄的也不相同，这可能也与之有关。[9] 另外，与感染有关的非结核杆菌与喷头中的种类和菌型一致，而与土壤或野外生存环境中的种类不同。[10]

在我刚才普及的分枝杆菌的知识基础上，我大概能猜到诺亚研究喷头的计划和埋头研究水垢的法子。我能猜到，是因为从我们研究罗利市的 40 栋房子开始，我们就养成了一种合作的默契，并且一直延续。不管怎么说，"喷头之谜"这个说法引起了我的兴趣，我给他回了封邮件，用一两句话告诉他，我愿意配合他在全世界范围内取样。[11] 于是，或许是有史以来规模最大的针对喷头的生态学调查就此拉开序幕。这项工作建立于信任之上，我相信，如果诺亚对某件事感兴趣，那它很可能值得去探究一番。[12] 我没听其他人谈论科学研究中的信任，但信任和我在实验室中的工作密切相关。现代科学研究中，很大一部分是需要合作的，而在一个科研工作者最信任的社交圈中的最信任的同事当中，研究会变得更顺畅，一切都更顺畅。大部分科学家都会遇到一些不能信任或者还未建立起信任的同事，这样的合作进展更慢、更费力，也更不可能对三更半夜抛出来的异想天开的点子做出回应。我信任诺亚，所以我加入了这个疯狂的计划。我们已经合作过好几个大项目了（甲虫的腋窝、人的肚脐、40 栋房子里的微生物、1000 栋房子里的微生物、全球性房屋调查……），我们的合作很容易出成果（不过，这些项目就像它们的名字一样，有时总让人觉得有些诡异）。

2014 年年初，我刚刚完成了一个项目的样本收集工作。我和丹麦同事发动孩子们采集学校饮水台和水龙头中的生物，因此我对水中生物也算有些了解，但是对于喷头，我要学的还有很多。我们发现，与美国以及世界上其他地区的自来水研究结果相似，丹麦的自来水中也含有几千种细菌。我们在自来水中发现了细菌、阿米巴、线虫，甚至小型甲壳动物。自来水中生物种类丰富，其中的生物质却很少，自来水中没有能作为食物的物质（哪怕是对细菌来说），从营养成分上看，自来水就像液态的沙漠，有许多生物存在其中，但没有一种能蓬勃生长，而喷头中的生物膜则不一样。

流经喷头的水是热的，有利于细菌的生长，而且其中的水在每次使用之间会滞留好几小时（这样细菌就不会失水）。因此水管中的细菌和其他生物一旦形成生物膜，就有了合适的生存环境。在这个环境中它们就像海绵一样，能收集一切流经的物质。水流越多，收集的物质越多，每滴水中的营养物质很少，但流经喷头中的一升升水中的营养物质则数量可观。喷头中的生物质是自来水中的两倍或者更多，而且，其中的生物种类比自来水中少得多，只有几十上百种，而不是我们以为的上千种。[13] 这些生物形成了一个相对稳定的生态系统，其中每一种都发挥了独有的作用。在生物膜中甚至有捕食性细菌的身影，列文虎克称之为"水中的狗鱼"。此时此刻，

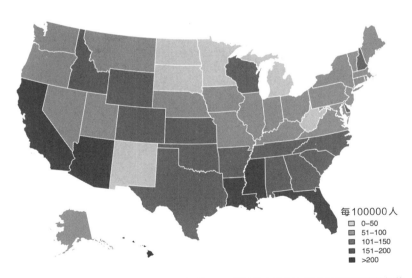

每100000人
- 0–50
- 51–100
- 101–150
- 151–200
- >200

图 5.1　这张地图反映了 1997—2007 年美国 65 岁及以上老年人样本中非结核分枝杆菌肺炎病例的分布情况。夏威夷、佛罗里达、路易斯安那是人均患病率最高的州。就像斯诺画出霍乱分布图一样，对我们来说，解开分枝杆菌之谜的关键之一就是画出既有非结核分枝杆菌感染病例又有分枝杆菌存在的地区（资料来源：《美国呼吸与重症护理医学》期刊）

喷头中就有捕食性细菌，正依附在其他细菌身上，在它们身上钻洞，释放出能将它消化的化学物质。喷头中的生物膜中还生活着捕食这些"狗鱼"的原生生物，甚至以原生生物为食的线虫，还有以自己的方式生活的真菌，这就是沐浴时喷洒在你身上的生物链。它们被打开喷头时的混乱所惊扰，前后翻滚，洒落在你身上，打打牙祭（是它们吃你，不过你也会不可避免吃进一些它们）。

　　美国人家中喷头里的生物膜厚约 0.5 毫米，含有几万亿个生物。但为何有些喷头中含有大量分枝杆菌，其余则完全没有，这仍是一个谜。这项研究开始时，我们无法解释这一点。对于像喷头这样我们知之甚少的生态系统，研究将从何开始，我的直觉是一贯的。就像其他科学家一样，我的直觉来自我受过的科学训练、我擅长和我所喜爱之事。我首先想知道的就是每个地方的生物特征（数量、多样性甚至所带来的后果）是多么不同。就喷头而言，生物种类最丰富的喷头中有多少种生物，哪里的喷头中的生物多样性最丰富，每个地方的分枝杆菌的种类和数量有什么区别。我认为，在我们弄清楚这些规律之前进行下一步研究意义不大，因为我们并不知道要解决的问题是什么（对一些科学家来说，这一步根本不属于研究范畴，这也说明科学家之间的差异就像喷头型号一样大）。

　　因此我们先让全世界的人参与取样，并且将喷头中取到的水垢寄给我们。实验室的工作人员会将样本按照不同的采样人加以整理，接着样本会被送到诺亚的实验室，工作人员或博士后会分析样本中的 DNA，得出其中所含的包括分枝杆菌或可导致军团菌肺炎的军团菌在内的潜在致病菌和原生物的大致组成情况。诺亚的学生马特·格伯特（Matt Gebert）通过测定一个特定的基因（hsp65）确定样本中含有的分枝杆菌的类型，这个基因在不同种类的分枝杆菌中存在差异。接下来，样本将会送往其他合作者手中，每个合作方将检测其中某一方面，比如通过培养一步步测定微生物的基因组。这将是对世界上喷头中生物的分类大盘点，不过，首先得让人们从喷头上取样并寄给我们（图 5.2）。

我们通过社交网络在世界范围内寻找志愿者，我们发推特、写博客，联络朋友和合作者，然后再发推特。许多人表示有兴趣并且加入我们。在准备发送采样工具组之前，读过实验流程的读者，提出了一些相关问题。与几千名可能参与项目的志愿者交流，能让我们很快知道我们对某一问题了解多少、实验流程是否清楚。几千人开始同时关心他们以往从未如此感兴趣的事。计划的启动阶段会暴露一些问题，并没有朝着我们期待中的方向发展。在研究喷头这件事上，很快我们就发现，我们对喷头的地区差异不是很了解。在最先开始研究的美国国内，我们可以直接取下喷头，观察那些水垢，然后取样。我们建议欧洲的志愿者也这样做，可是我们没有考虑人们使用喷头的差异。我们收到了不满的德国志愿者的邮件，他们抱怨我们完全不懂德国的喷头。德国的喷头是永久性的（后来发现大部分欧洲国家都是如此，不过只有德国人发了邮件），固定在可伸缩的水管上，这样我们在流程中建议的取样方法就不可行。德国人在邮件中说明了这一情况，给我和实验室其他的人发去邮件。我们没有及时回复邮件，竟然发到了学院办公室助手苏珊·马沙尔克（Susan Marschalk）那儿。她也没有及时回复（然后回信告诉他们

图 5.2 一些不同构造的喷头。我们从这些喷头中（还不止这些）取了微生物样本。未知的生命从大大小小的喷水孔当中喷洒而出［汤姆·麦格李瑞（Tom Magliery）摄］

这事不归她管），后来邮件又发给了一些和项目更不相干的人，比如学院领导。[14] 受挫的志愿者们真是无所顾忌。作为回应，我们修改了实验流程来适应欧洲喷头的实际情况。很快我们就发现美国和欧洲喷头的差异并不仅仅是水管结构，远远不是。

喷头是一种非常现代化的发明，对人类有着深远的影响，而在人们开始用喷头淋浴时，没人能预见到这些影响。历史上，人类祖先既不淋浴也不泡澡，可能也不大游泳，而是用一些笨办法清洗身体。猫用舔舐的方法清理全身，狗也是，不过比较马虎。不过，只要花几秒钟设想一下（请试着舔自己的后背），就知道这对人类来说是不可能的。许多灵长类动物会互相梳理毛发，但这是为了摘去毛发上的杂物或虱子（也可能不是）等小虫子。同样，有一些哺乳动物会在土中或泥泞中打滚，[15] 不过这也更多是为了除去虱子之类的寄生虫，而不是为了消灭身上的微生物或去除臭味。日本猕猴会泡温泉，但只是为了取暖。[16] 非洲稀树草原的黑猩猩偶尔会跳进水中，不过它们只在天热的时候才这样做，可能是为了避暑，雨林中的黑猩猩是不会屈尊把身上弄湿的。[17] 总之，如果从哺乳动物的习惯来推断的话，洗澡不可能在人类祖先的生活中占有重要位置。

人类真正在水中沐浴是从近代才开始的，而且不同文化和不同时代的差异比表面看上去更大。沐浴属于那种"历史并不总是前进"的文明例证，至少不是我们所想的那种进步——社会逐步变迁到趋近现代生活方式。[18] 古美索不达米亚人不爱洗澡，古埃及人也是。印度河谷的居民也有一种大"洗澡池"，不过，我们不知道他们是怎么用的，可能每天都洗，也可能只是为了参加仪式净身用的。[19] 这个池子也有可能是屠宰奶牛的场所，这就是考古学家的难题所在。最先接受洗澡这一方式的西方文明是古希腊。在古罗马，洗澡文化得到了进一步发展。表面上看，我们今天仍然传承着古希腊–罗马时期推崇洗澡的文化，洗澡不仅出于卫生，而且对身体有益，甚至是神圣的。看着罗马人的浴池，我们会想到今天的浴缸。我们和罗马人没什么不同（除了我们用看球赛取代了看角斗，而罗马皇帝会大战鸵鸟）。[20] 干净的一生就是完满的一生，自从雅典时期以来，西方文明一直以此为目标，这是现代文明与古代文明的交接。干干净净的人生就是美好的人生，这是我们下意识的理念，每天我们从中醒来，带着这个理念站到喷头下淋浴。

不过，尽管希腊人和罗马人都有洗浴传统，把在水中裸体相见视为重要的生活方式，但他们洗澡用的水可能远远谈不上干净。在纽波特北面的卡利恩（今属威尔士），考古人员在罗马浴场遗址中挖掘时，发现下水道塞满了鸡骨、猪蹄、猪排和羊骨，这是他们在"泳池"边的"小吃"。虽然罗马人认为洗澡有益健康，甚至将洗澡作为治疗一些疾病的方式，不过人们会警告那些有伤口的人千万别下水，因为可能会导致感染。[21] 罗马时期的洗澡水很可能会致病，而不是治病。[22]

不管水的干净程度如何，罗马人比他们的追随者对洗澡的热情要大。在西罗马帝国和罗马城衰落后，这里的主人，即系着锃亮的腰扣、蓄着胡子的西哥特人不爱洗澡。罗马衰落之后，人们对阅读、书写、包括管道在内的城市建设以及洗浴的兴味索然。这一过程持续了很久——除少数地方和时期外，从 350 年西罗马帝国时期持续到 19 世纪，共计约 1500 年。[23] 在此期间，欧洲人不仅不洗澡，许多人甚至忘了该怎么洗，罗马人发明了洗澡用的肥皂，但制造肥皂的技术在许多地区都失传了，所以用得很少。1791 年，法国化学家尼古拉·勒布朗（Nicholas LeBlanc）发明了低成本苏打粉（碳酸氢钠）的制作方法，将苏打粉和油脂混合后，可以制成硬肥皂块，但这种肥皂在很长时期内仍属于奢侈品。人们一个月才用（或者不用）肥皂洗一次澡，甚至一个月不到一次。而且不只是平民百姓不太洗澡，欧洲的国王和王后也会讨论一年仅一次的沐浴盛事。[24]

因此西罗马帝国的灭亡带来了多方面的影响，而有些一直持续到文艺复兴后很长一段时间。文艺复兴时期，艺术和科学重获新生，可惜沐浴这一好习惯并没有回归。哪怕是伦勃朗那位正把玉足踏入水中的情人，也很可能不常洗澡。而且她很可能不会再往更深处走，当时洗澡习惯只洗手和脚，而非全身。她洗澡的溪水，很可能也是人们倒夜壶的地方，所以她没洗的地方可能还干净些。生态学家就有这样的本事，把一幅浪漫的画卷弄得毫无浪漫可言。

　　总之，在人类漫长的洗浴历史中，为何有人又开始洗澡而不是彻底抛弃这种习惯？这成了一个待解之谜。直到近代，世界上大部分人都不洗澡。他们闻起来大概就像皮肤表面的细菌如生活在腋下的棒杆菌属细菌的味道。而在城市中，人们腋下的汗臭味，可能只有其他身体部位所散发的更难闻的气味才能与之相提并论。这些气味可能很浓烈，尤其是不常洗衣服的时候。从现代角度看，我们会猜想，人们如果有机会就会泡个澡或至少用喷壶冲个澡。不过他们并没有这样做，列文虎克没有，伦勃朗也没有。而到了 19 世纪，一些人又开始定期洗澡。荷兰人对此有详尽的研究，从中可以明显看到这种转变，其他一些地方也一样如此。答案其实与财富和设施有关，而与讲卫生关系不大。

　　19 世纪早期，城市用水大多来自沟渠和收集的雨水，少数来自井水。当时，城市和许多村庄的沟渠中的地表水，都被生活垃圾和工业垃圾所污染。污染也波及浅层井水（和之后伦敦苏荷区霍乱疫情的状况一样），井水臭不可闻，无法饮用（伦敦也是）。只有富裕的家庭才能收集雨水，但即使这样，也没有足够的水供日常使用。最后，一些荷兰城市开始使用新的供水系统，抽取周边的湖水和地下水输送到城市中。首开先河的是缺少地下水的阿姆斯特丹和鹿特丹。为了满足居民用水和从港口启航的船只的需要，阿姆斯特丹市必须从外地抽水。而鹿特丹有足够的地下水，但在水位低的时候，沟渠中的水压不足以把人类的粪尿冲走。因此鹿特丹市抽水并不是为了饮用或供其他日常使用，而是为了把粪便冲入大海。

水沿着管道被运到城市后，就变成商品。富人付钱将管道直接铺设到自己家中以便用水，中产阶级则会买桶装水。在此情境下，水本身和水的用途很快就成为富裕的象征。用水冲厕所是尊贵的象征，可以经常洗澡、身上没有异味也是尊贵的象征。富裕阶层开始在家中安装水箱（冲厕所），后来慢慢开始装浴缸。这种趋势一发而不可收拾。在欧洲其他的城市也流行开来，家里装水箱代表有钱，常洗澡代表有钱，不能经常洗澡，就是无法掩饰的贫穷或缺水的标志。[25] 后来，人们又发明了淋浴这样一种"洗澡"的方式。在此之后，这种卫生观念又和细菌理论联系在一起，和人们在知道细菌会致病后试图与其划清界限的努力联系起来。至此，我们对干净的渴求，为了追求干净所花费的金钱逐年增长。庞大的洗浴相关产业给我们洗脑，让我们相信身体很脏，这也起到了推波助澜的作用。我们搓洗身体，买止汗露，虔诚地站到喷头下冲澡，往身上涂抹乳膏。人们不光在花样层出不穷的洗浴产品和洗浴方式上耗费巨资，还为了沐浴后闻起来有花香、果香或麝香而一掷千金。

然而，究竟是什么让我们变得"干净"，水本身干不干净则不大被提到。在 19 世纪后期的荷兰和伦敦，"干净"意味着水没有臭味，你打上肥皂洗完澡后，身上也不臭了。在人们发现霍乱弧菌会致病后，"干净"意味着水里没有病菌（起码病菌很少）。后来，"干净"意味着水里没有高浓度的有害物质。"干净"从来都不代表无菌，以后也不可能是。沐浴时打在你身上的水滴、泡澡时溅起的水花，还有从杯子瓶子里喝下的每一滴水中，都存在着无数的生命。[26] 和人们房子里的微生物的情况一样，不同房子和不同自来水的差别在于其中的生物组成不同，分别有哪些种类、其作用如何，而不在于这些生物是否存在。水中微生物组成情况，取决于水来自何处。

水和其中的微生物是如何到达人类住所的？故事既简单又复杂，简单的是室内水管的铺设，水管入户后分成两根，一根接到锅炉或热水器上，加热后和冷水管并行，两根水管又重新分出水管，一根根接到每个水龙头和喷头上。

复杂的是自来水入户前的过程。在许多地方，水来自房屋旁深入蓄水层的水井或来自依赖蓄水层的市政供水系统。蓄水层指的是岩石间涵养地下水的空隙，其中的水归根结底来自雨水。落在森林里的树木、草原和田地里的作物上的雨水，经过几小时、几天甚至几年时间（取决于当地的地质构造），逐渐渗透到土壤中。[27] 随着深度的增加，雨水渗透得也越来越慢。到相当深度时渗透极慢，深处蓄水层中的水可能已存在了成百上千年。挖一口深井，掘取的是沉眠地下没有经过处理的雨水。这些水涌上来流入家中或流经水处理厂。在许多地方，水处理厂会除去水中较大的杂质（树枝、泥土等），然后直接将水通过地下管道输送到千家万户。

如果水中没有病原菌，有害物质的浓度也很低，不足以致病（不同物质的有害浓度不同），那这样的水是可以饮用的。蓄水层越深，年代越久远，水越纯净，也越是可以安全饮用。出于时间地质构造、生物多样性的原因，地球上大部分地下水可以不经处理直接饮用。地质构造会影响水的安全性，是因为有些泥土和岩石可以阻隔来自地表水中的病菌的传播。地下水中多样的生物也有助于杀灭病菌。事实上，地下水中生物种类越多，病菌就越无法存活。对病菌来说，它需要争取食物、能源和空间。它还要避免被捕食性细菌吞噬，比如蛭弧菌属（*Bdellovibrio*）的细菌，还要当心原生生物。光是纤毛虫（列文虎克在胡椒水中观察到的生物）一天就能吃掉它周围 8% 的细菌，而领鞭毛虫（*Choanoflagellate*）甚至能吃掉 50% 的细菌。另外，病菌还要防止被专门攻击细菌的病毒噬菌体感染。[28] 站在这些生态系统食物链顶端的是小节肢动物，如片脚类动物和等脚类动物。和生活在山洞中的动物一样，它们的视力退化，色素也消失变得透明，依靠触觉和嗅觉生活，其中包括一些因为几百万年与世隔绝而形态变化不大、被称为"活化石"的地方特有的动物。似乎只有在地下水生物种类丰富、每种生物各司其职时，才有这些生物的存在。它们被视为水质良好的指标。[29]

地下水生态系统中的生物遥远而神秘，人们（拿着长杆、钻子和捕捞网的科学家）只能远远地研究。然而据估计，地球上所有细菌生命的生物量*中，有 40% 可能存在于地下水中，40%！在有些地区，地下水生态系统与由水洼、溪流、地下水库构成的巨大水网联系在一起。在另一些地区，地下水就像四散分布的岛屿。某处地

---

\* 生物量（biomass），生态学术语，对植物专称植物量（phytomass），是指某一时刻单位面积内实存生活的有机物质（干重，包括生物体内所存食物的重量）总量，通常用 kg/m 或 t/hm 表示。——译注

下水含有哪些生物，很大程度上取决于地理位置、年代以及它是否与其他地下水系统相连。就像海岛上有独特的生物一样，每个地下水系统都生活着独特的物种（图 5.3）。内布拉斯加和冰岛的地下水之所以不同，部分是因为生活在蓄水层中的生物沿着不同的路线演化了几百万年。

直接饮用未经消毒处理的地下水，听着好像有些不对劲。但其实许多人饮用的就是这样的地下水。大部分井水都是未经处理的，而丹麦、比利时、奥地利和德国的城市饮用水也是如此。例如，维也纳市的自来水直接来源于喀斯特蓄水层；慕尼黑市的饮用水从附近河谷地带疏松的蓄水层中抽取，顺着管道流进居民家中。经过微

图 5.3 一种片脚类动物。它的学名叫 *Niphargus bajuvaricus*，生活在德国某些地区的地下水中。图中这一只是在德国诺伊赫堡捕捉拍摄的。要是你在水杯中发现了这种小动物，这表明你喝的自来水是从生物多样性完好、水质清洁的蓄水层中抽上来的，因此，发现这种多脚的小动物是个好兆头（德国慕尼黑亥姆霍兹中心地下水生态研究所 君特·泰希曼 摄）

生物和时间作用自然过滤的水对人体健康很有好处，但要有十分广阔的空间，这种自然机制才能发挥作用，要保护分水岭，还需要时间，还需要避免病菌和有害物质污染地下水。不幸的是，在许多地区，人们并没有留出足够的林地让地下水自然过滤，有些地方地下水受到了污染，而在另外一些地方则是没有足够的地下水供庞大的人口使用。在这些情况下，只能靠人们的智慧，从水库河流和其他源头取饮用水。人的智慧虽然解决了问题，但仍只是自然的不完美替代品。

人类获取饮用水都要依赖消毒剂。从 20 世纪开始，一些地区的水处理厂开始使用氯和氯铵来灭菌。对于蓄水层中的水已经受到污染的地区来说，这一过程是必要的。对那些地下水无法满足增长的人口需要，无法从年代久远的蓄水层取水只得从较浅的河流（比如伦敦的泰晤士河）、湖泊和水库取水的城市来说，消毒也是必要的。目前，美国所有城市的自来水都在水处理厂中消过毒。[30] 另外，和欧洲大陆比起来，美国的水管比较陈旧，因此压力不足，水流经常停滞。[31] 在自然界蓄水层中年代久远的水水质更好，在自来水管道中则恰好相反。水管中水流缓慢会促进病菌的繁殖。为了补救，美国的自来水在出厂时使用了比欧洲水处理厂更多的消毒剂。有些使用的是氯或氯铵，或者两者同时使用。水处理厂拥有先进的科技工艺，但几乎所有处理厂都靠一系列过滤手段（沙子、碳或过滤膜）去除微生物、臭氧消毒、消毒剂灭菌处理水，这样看起来又很原始。[32]同时，即使消毒之后，水厂出来的水也不是无菌的。正相反，那些最敏感的生物被消灭了，而那些最顽强的细菌则和死去的生物残骸以及它们赖以为生的食物一起留存下来。

过去几百年中，生物学家明白了一个道理：当人们消灭了某些生物但保留了这些生物赖以为生的食物时，一些适应力最强的生物得以幸存，并且在这一"真空"里蓬勃发展。生态学家称这一过程为"竞争释放"（competitive release）。这些生物失去了竞争者，往往同时也失去了寄生者和捕食者，我们可以猜测，在自来水这个生态系统中，那些能抵抗氯或氯铵甚至只是稍有耐药性的细菌，会旺盛地繁殖，而分枝杆菌对氯和氯铵有很强的耐药性。

当诺亚、我和其他研究伙伴开始研究喷头细菌样本时，我们一直将未经处理的地下水、处理过的美国和欧洲城市自来水分门别类。临床研究人员曾猜测，因为地下水处理较少，更可能被污染，其中的分枝杆菌应该是最多的。但作为生态学家，我和诺亚还有其他同事却认为事实恰恰相反——在使用城市自来水，尤其是用氯或氯铵消毒的水处理厂和国家的自来水，比如美国水处理厂的自来水，在这样的家庭的喷头当中，分枝杆菌可能最多见。分枝杆菌对氯或氯铵都有一定的耐药性。或许自来水中加入大量的氯或氯铵杀灭了除分枝杆菌外的大多数生物。我们发现的一些早前研究证实了这一猜测。有一项研究表明，用漂白粉清洗丹佛市居民家中的喷头后，分枝杆菌属细菌的数量增加了 3 倍。[33]这只是一个个案，但很有启发性。

刚开始分析数据时，我们以为从喷头水垢样本中可能只能发现五六种分枝杆菌。我们以为会发现那些在临床研究中常见的分枝杆菌。但结果我们发现了十几种不同的分枝杆菌，其中一些从未被报道过。喷头中的究竟是哪一种分枝杆菌,与所处的地区有一定关系。有些种类在欧洲占主流,在美国却不是(原因并不仅仅是喷头形状)。而在美国本土,密歇根州与俄亥俄州喷头中分枝杆菌的种类也不同,后者与佛罗里达和夏威夷的又不一样。这种差异,可能是因为水来自不同的蓄水层,或者有些来自蓄水层,有些是来自地表水,甚至存在气候或地质方面的差异。

不过,尽管喷头中分枝杆菌的种类差异难以解释,它的数量却很好预估。我们检测了志愿者家中自来水的氯含量,在使用城市供水系统提供的自来水的家庭水中,氯的浓度是使用井水家庭的 15 倍。我们猜测,这种可观的差异可能会产生一些不大的影响,但结果这种影响是决定性的。城市自来水中的分枝杆菌的数量是井水中的两倍。在一些使用城市自来水的喷头中,90% 的细菌都属于分枝杆菌属;相反,许多使用地下水的喷头中没有分枝杆菌属细菌。而即使存在分枝杆菌,在使用地下水的喷头形成的生物膜中,其他细菌的种类也更丰富。和美国一样,在欧洲使用地下水的喷头中分枝杆菌数量也很少,但欧洲使用城市自来水的喷头中,分枝杆菌的数量也不多(是美国城市自来水的一半)。这也是意料之中的,因为许多欧洲城市供水系统不用任何消毒剂。在我们收集的样本中,欧洲城市自来水中余氯的含量是美国的 1/11。同时,来自瑞士联邦水科学技术研究院的凯特琳·普罗特克(Caitlin Proctor)发表了一项和我们的结论非常一致的研究成果。她和同事比较了全球 76 个家庭沐浴喷头引水管中的生物膜。他们发现,取自自来水未经消毒的国家(包括丹麦、德国、南非、西班牙和瑞士)的样本上的生物膜更厚，而那些经过消毒的国家（包括拉脱维亚、葡萄牙、塞尔维亚、英国和美国）水管中生物膜的生物多样性更匮乏，分枝杆菌也更容易在其中占据优势。

目前看来，我们的发现与普罗特克的发现是一致的，这与我们的预测相符——使用消毒剂的水处理厂杀死了水中大部分的生物，从而创造出利于分枝杆菌繁殖的环境。如果这个假设成立，这样就意味着那些先进的水处理厂出厂的水中含有的微生物，比未经处理的地下水（至少是可以安全饮用的地下水）中的微生物更有害。我们不能解释不同家庭水管中分枝杆菌数量的差异，但我们可以假设氯和氯胺的使用，导致喷头中分枝杆菌数量上升，增加了分枝杆菌感染的风险。我们的分析表明，从一个州喷头中致病性最强的分枝杆菌属细菌的平均数量，可以预测当地分枝杆菌感染的病例数以及分枝杆菌肺炎的分布规律（请回顾图 5.1）。不过，关于分枝杆菌的研究已出现反转，其中包括克里斯托弗·劳里（Christopher Lowry）的研究发现。

劳里已经研究母牛分枝杆菌（*Mycobacterium vaccae*）——一种特定的分枝杆菌 20 年了。他和同事们发现，接触母牛分枝杆菌后，人类和小鼠大脑中名为 5-羟色胺的神经递质的量增加了，更多的 5-羟色胺与增强幸福感和减轻压力有关。他的实验确实表明接种母牛分枝杆菌后，小鼠的抗压能力增加了。来自德国的劳里和他的同事斯特凡·雷伯（Stefan Reber）一起通过给中等体型的雄性小鼠接种母牛分枝杆菌来验证这一结论。他们把这些小鼠和另一些未经接种的体型中等的小鼠（作为对照组）一起放到装有攻击性很强、体型壮硕的雄性小鼠的笼子里。对照组的小鼠吓破了胆，尖叫着躲进刨花堆中，压力测试表明它们的每项指标都很高；接种后的小鼠却冷静自若。关于是否应该为了避免患上创伤后应激综合征（PTSD）而给即将奔赴战场的士兵接种母牛分枝杆菌（士兵几乎肯定会受到心理创伤）的争论至今没有停歇。这听上去有些疯狂，尽管这项研究仍处于初期，但仍被同行们认为意义重大。大脑与行为研究基金会将其列为 2016 年所资助的十大科学成果（一共有 500 项成果）。[34]劳里猜测许多分枝杆菌可能有和他所研究的母牛分枝杆菌相似的作用，唯一确定的方法，是一个个测试这些细菌，而这就是他现在正在做的。他将我们从喷头中收集到的分枝杆菌加以培养，观察是否有和母牛分枝杆菌作用相同的菌株，一旦他成功了，就代表洒落在你身上的细菌也许可以帮你减压。

　　喷头是家中最简单的生态系统之一，普通喷头中一般只有几十最多几百种细菌，远远不到上千种。但尽管如此，劳里的研究也表明了要判定微生物是有益还是有害是复杂而困难的。一些种类的分枝杆菌会致病，而另一些则会让人心情愉悦，除非我们能确切地将二者区分开，否则研究结果无法让参与的志愿者（也无法让读者）满意。同样，这也不能令我们满意。科学就是如此苛刻。人们以为，科学家是因为好奇和从中得到的喜悦而投身科学研究，但这不是全部，有时也是出于挫败感。不知道答案让我们很沮丧，哪怕是沐浴喷头这么平常的事物，我们都没能研究透彻，这种巨大的挫败感，激励着我们返回实验室里潜心研究。一想到我们还有没参透的奥妙，就无法安然入睡。

那你到底应该怎么做呢？我无法给出答案，但我会跟你分享我的想法，一年后再来验证我说的对不对。我认为，尽管有些种类的分枝杆菌可能对健康有好处，但大部分还是有健康风险，尤其是对免疫受损的人群。我们越是努力去杀灭水中的微生物，致病性的分枝杆菌就会越多，因为消毒过程杀死了与之竞争的生物。实验表明，塑料喷头中的分枝杆菌数量比金属喷头中少，或许我可以猜测，有没有其他的细菌能以塑料为生，并且在与分枝杆菌的竞争中占上风（凯特琳在和喷头相连的水管中也发现了同样的规律）。最后我认为，最有益健康的洗澡水，应该是拥有包括甲壳动物在内的多种多样生物的地下水，水中的甲壳动物并不代表水不干净，反而说明水质良好。困难在于，蓄水层的形成需要时间、空间和生物多样性的共同作用，而且蓄水层还不能被污染。我怀疑，杜绝污染已经被大城市里的人们牢记在心，未来，人们会想尽办法杀灭水中的一切生物。不幸的是，这样一来我们反倒促进了那些我们并不喜闻乐见的顽强细菌（如分枝杆菌和军团菌）的生长。同时，我们会更深入研究天然蓄水层，进而发现不同蓄水层防止有毒物质和病菌沉积的效率存在差异。之后我们会尝试模拟天然蓄水层。一开始人们的设计或许并不完美，但我们会逐渐改进，设计出比现有净水方法更好的系统，其中的关键在于认识到生物多样性的作用（往往如此），向大自然这种高效的系统学习。至于用不用经常换喷头，我也无法下结论，不过我猜，你读完这一章肯定会换的。

# 第六章　真菌吃了你的房子

如果没有潜藏于黑暗中的怪兽，大海会是怎样的？

———维尔纳·埃尔佐格

　　大致而言，人是不喜欢那些在生存竞争中胜出的物种的，除非它可以作为人类的食物。如今人类主宰了地球，那些成功的生物无疑损害了人类的利益。它们捕食人类、抢夺人类的食物，或者大嚼人类辛苦建造的东西，比如房子。从人类开始建房屋时起，一些生物就试图把它们吃得一点儿不剩。在"三只小猪"的寓言中摧毁房子的是大灰狼，因为它想把小猪当美餐；在现实生活中，真正破坏房子的动物比大灰狼小得多，但危害同样巨大。至于威胁房子的是哪种生物，则取决于房屋的地点和建造方式。石头房子可以屹立上千年，这也是早期人类文明建筑能留存至今的原因。泥房子也可以有很长的生命，只要气候干燥。可惜人类大部分房子是用砍伐的树木建造的，而许多生物会以木材为食。比如白蚁就会蛀食木头，依靠肠道内的细菌来消化物质，但最具破坏力的还要数真菌。

在干燥的房屋里，真菌也许不是那么起眼；但一旦墙面或地面受潮，真菌就会开始疯长。它们沿着湿度梯度向上爬升，啃食木材。如果人们能听见它们，那么菌丝伸进木材细胞内形成道道裂隙的声音，听起来会非常恐怖。真菌靠菌丝来吸取营养四处蔓延，菌丝可以回缩并蔓延到其他地方，这样说来，它们真的会动，不过是以慢动作前进的。对真菌来说墙壁营养丰富，只要水分充足、时间足够，真菌可以"吃光"建造一栋木头房子的全部材料。它们吃木头，也吃茅草（真菌还和细菌争夺灰尘中的食物碎屑），要是给它们几百年的时间，真菌甚至能释放足以分解砖块和石头的化学物质。随着它们的繁殖，所有的破坏作用都被放大了，它们会更快分解木头和纸张，产生更多孢子、有毒物质，一切都呈几何级数增长。数量可观的真菌，甚至可以将整栋房子化为尘土，就像分解木材那样。那之前，真菌还会造成其他危害。误食真菌会造成严重后果，有些真菌会引起过敏和哮喘，还有纸葡萄穗霉（*Stachybotrys chartarum*），也叫黑霉。黑霉能在房屋里滋生，而且往往会对人类造成危害。

黑霉算是我们比较了解的真菌，可能你也听说过。发现家中长出黑霉，专业人士会建议你请公司来做除霉处理。这些公司会清除掉所有可见的霉斑。他们会一遍遍擦拭，甚至扔掉书本、处理衣服上的霉迹或将衣服扔进垃圾桶。人们和霉菌的战争片反复上演，细节和主角则不尽相同，其中的反派始终是霉菌，而霉菌究竟怎样造成危害的，人们却一直搞不清楚。

尽管用了几年时间阅读关于真菌的书、研究真菌，但在我遇见比吉特·安德森（Birgitte Andersen）之前，我对纸葡萄穗霉其实并不了解。比吉特是研究房屋中霉菌的专家。她的研究关注两个方面：哪些生物会以建筑材料为食，以及这些生物一开始是从哪里来的。这些在我们看来十恶不赦的生物，在她眼里却有趣迷人。她用了大量时间研究这种真菌。

我给她写邮件，想和她见面聊一聊。她邀请我去她工作的丹麦科技大学见面。我住在丹麦中部，骑车去拜访她。按丹麦的标准那天算是个"晴天"，也就是说，等我到她办公楼下把车停好时，我已经浑身淋得湿透了。裹在湿漉漉的衣服里，我感觉自己要发霉了，而我们要讨论的就是霉菌。尽管湿衣服很难受，但给这番谈话营造了完美的氛围。

她的办公室在科技楼二层。用先进的仪器设备解决实用性问题，正是科技的目的。比吉特是这栋楼里的异类，她热爱真菌，全身心投入真菌研究。她会培养真菌，用显微镜细心鉴定、拍照，并收录到丹麦常见和稀有真菌指南中。工作之余，她的兴趣爱好是做同样的事，只不过没有酬劳。她觉得真菌很美，而且每一种真菌都有其独特的美。拥有能培养和鉴定真菌技术和兴趣的人越来越少，而她两者都有。过去曾有许多和她有同样热情的同事，她可以走进他们的办公室和他们聊天："你简直无法相信我看到了什么！"可惜那些同事都退休了。和许多其他大学一样，她所在的大学聘请的那些能培养鉴定并且将生物——这里指真菌——记录下来的生物学家越来越少了。《科学家》（The Scientist）杂志上一篇文章甚至发问：那些能命名分类和培养野生物种的生物学家是否都已经绝迹了？

（结论是"确实如此"）[1] 这样的工作是必要的，因为大部分真菌还未被命名。但是给真菌分类、研究真菌的工作听上去不怎么激动人心，因此不大可能获得招聘委员会和基金会的青睐。比吉特站在大厅尽头，现在她是这栋楼里唯一会鉴定真菌的人，也是丹麦屈指可数的几个人之一。

当我拜访她的时候，诺亚和我还有伙伴们已经发动公众收集了来自 1000 多个家庭门槛附近的灰尘。通过测序解码 DNA，我们确定了每个样本中的细菌种类。之后我们同样检测了其中的真菌，结果发现，人们家中和房屋表面生活着数量惊人的真菌，共有 4 万种。[2] 单从数量上看，真菌种类比细菌少，但这一发现仍然令人震惊。全美只有不到 2.5 万种已被命名的真菌——包括蘑菇、马勃和霉菌。我们在人们家中发现的真菌种类大大超过了全美已经被命名的真菌总数。在家中发现的霉菌里有几千种还从未被命名。这些未命名的真菌，不仅反映出我们对家宅生物的无知，更反映出我们在其他方面的无知。而那些已经命名的真菌，则每一种都有自己独特的故事。因为真菌的生命周期往往依赖其他种类的生物，它的存在，往往预示着其赖以为生的生物的存在。有些真菌能感染葡萄，它们的存在，意味着周围有葡萄园。有些是某种蜜蜂的病原体（意味着周围生活着这种蜜蜂）。有些能寄生并且控制某种蚂蚁的大脑。[3] 在北卡罗来纳州东部，我们发现了块菌属（Tuber）的真菌，它们和树木的根形成共生关系。为了便于播散，它们长出能散发出与公猪身上信息素味道类似的块菌，被吸引而来的母猪会将块菌刨出来并且吃下。如果幸运的话，块菌会被猪排泄出来，落在森林中一棵还没有和其他块菌形成共生体的树附近。

关于房屋中的细菌，我们现在了解到：人类会将大部分的环境细菌隔绝在外（因为不利于健康），而任由自己被各种适应极端环境的细菌所包围，如喷头中的细菌和那些以食物或人体代谢废物为食的细菌。从表面上看，由于真菌、细菌和许多其他微小的生物都属于"微生物"，我们会猜测真菌的情况也同样如此。但实际上，真菌和动物的关系比和细菌的关系更密切，控制真菌危害的难题之一就是能杀灭真菌的化学物质，也会杀死人体细胞。而且，和细菌不同，不论是作为造成感染的病原体或共生生物，只有极少数真菌能在人身上生长。人类的身体对真菌来说过于温暖（所以有人认为很多动物就是为防止真菌感染才会演化成温血动物的）。[4]这样看来，房屋中真菌的情况会和细菌完全不同。研究结果也证明了这一点。

房屋中大多数的真菌都是从户外飘进来的。室内的真菌种类和户外很相似。不同地区不同房屋中真菌种类的差异，主要是因为户外真菌种类不同。[5]外部真菌对室内真菌种类的影响巨大，我们甚至只通过检测棉拭子上真菌的种类，就可以判断灰尘样本来自美国哪个地区，甚至定位到方圆50—100千米范围内。[6]你可以在你家中取样，把样本寄给我们，我们就能说出你住在哪儿（不过寄样本同时还得寄点钱，因为检查费用有点贵）。而对这几万种真菌来说，你避免与其接触的最好办法（或许是唯一办法）就是搬家。

除了这些从外面飘进来的真菌，我们还发现了一些更适应在室内生存的真菌，它们在室内更加常见。但我们所发现的真菌种类多不胜数，很难选择研究对象，也无从得知哪些擅长和人一起搬迁，并且在人们的家中蓬勃生长。为了寻找灵感，我再次把目光转向了国际空间站和俄罗斯空间站。我们知道，空间站里的真菌都是来自站内的，它们不可能是从窗户或舱口飘进来的。因为哪怕是真菌也不可能在空间站外的环境中长时间存活。[7]

我们对俄罗斯"和平号"轨道空间站上的真菌了解最多。自从它 1986 年发射升空以来，科学家反复采集样本，一共采集了 500 个空气样本和 600 个采集自空间站表面和内壁的样本。这些样本被就地培养或送回地球进行培养，虽然不是所有的样本都被送去培养，[8] 但结论却是明白无误的——"和平号"就仿佛一片生长着繁茂真菌的丛林，共有 100 种不同种类的真菌。1100 个样本中除了极个别之外都发现了真菌。[9] 这些真菌生机勃勃，代谢旺盛，一个宇航员描述"和平号"的味道闻起来像烂苹果（或许比国际空间站上的体味要好闻些）。更严重的是，"和平号"一度与地面中断联络，通信设备出现故障，后来才发现是线路外的绝缘层被真菌腐蚀造成了短路。[10] 换句话说，真菌比人类更好地适应了太空环境，并且繁衍生息，一代代传承下来。对于人类任何试图殖民火星的计划来说，这个故事都带有警示作用。在人类成功殖民、定居、养育后代之前，真菌早已经扎下根了。

一开始，人们以为和"和平号"比起来，国际空间站就算不是无菌，但起码真菌要少很多。"和平号"的确已经被真菌占领，但人们都知道"和平号"设施简陋、全靠胶带和宇航员梦想的力量支撑着，不至于解体，所以长满真菌也不奇怪。然而随着时间流逝，国际空间站上的微生物种类也越来越多，真菌也越来越多。到

2004 年，国际空间站上发现了 38 种常见真菌。这些真菌大部分属于"和平号"上发现的真菌的亚种，而后者又是人们家中发现的真菌的亚种。

这些宇宙飞船上的真菌，被研究它们的科学家称为"技术狂"（technophile），因为它们可以分解制作飞船的金属和塑料。[11] 这听起来更像是演奏合成乐器的男孩乐队的名字，不过科学家取这个名字，是为了说明它们很"爱"（phile）科技，"爱"到以此为食。[12] 已经证明，以空间站为食的真菌包括：青霉（*Penicillium glandicola*，面包霉菌的近亲）、曲霉菌属（*Aspergillus*）的真菌（用来制作清酒的真菌的近亲）和枝孢菌属（*Cladosporium*）的真菌。不过，空间站上的真菌也不全是"技术狂"。在"和平号"上发现了酿酒酵母（*Saccharomyces cerevisiae*，空间站里没有，这或许可以说明"和平号"上的宇航员过得更逍遥）。[13] 研究人员还发现了红酵母属（*Rhodotorula*）的真菌，红酵母呈粉色，常见于泥浆、浴室墙壁上，偶尔寄生在牙刷和人身上。[14] 从这些研究中我们可以看出，在空间站中和宇航员们共同生活的是那些适应室内环境的真菌。[15]

我们在人们家中发现了所有这些存在于空间站中的真菌。事实上，几乎每个采样的家庭中都发现了这些真菌的踪迹。房屋中住的人越多，越适合那些与人体和食物有关的真菌的生长。[16] 人们取暖或降温的方式，也影响真菌的种类，装有空调的房屋更容易有枝孢菌和青霉属的真菌。这些真菌生长在空调中（有些人对此过敏），空调开机时播散到房间和办公室内。[17] 如果你打开家中或车上的空调，闻到一股奇怪的味道，那就是真菌散发的气味。[18]

　　我们将花上几十年时间来分析房屋中真菌分布情况的数据，但有一个问题更迫切——关于空间站中找不到踪迹而人们家中也很少见的纸葡萄穗霉的谜题。纸葡萄穗霉显然会带来危害，但它在我们收集的样本中不见踪影。空间站中没有穗霉菌，或许是因为没有食物来源。就我所知空间站中没有木材，甚至连纤维素都没有，尽管纸葡萄穗霉或许能分解塑料，但这不足以维持它的生存。[19]可是我们采集的房屋样本中纸葡萄穗霉也很少，这不能解释为食物缺乏。[20]

　　我就这一问题向比吉特请教。我向她解释了我们的研究，没有特意提到空间站，但我心里想着在我们谈话的时候，空间站正在我们头顶的外太空飘浮着，那么遥远，但和地球上一样散布着真菌。比吉特一点儿也不觉得奇怪。"它的孢子比空气重，长在带有黏性的菌丝顶端。你怎么能采集到呢？"换句话说，纸葡萄穗霉没有飘浮在灰尘中，因此在灰尘中是找不到的。末了她还加上一句："你怎么能指望在灰尘里发现纸葡萄穗霉呢？"对啊，我们怎么会这么想呢？我又问她，如果纸葡萄穗霉不是从空气中飘进来的，它又是怎么进来的呢？为什么它溜进了人们家中，却被挡在了空间站外（而其他一些真菌却顺利在空间站里落脚）？"我们做了一个研究，你或许会感兴趣。"我们一边吃着从抽屉中搜罗出来的饼干和坚果（表面都散布着来自我们所呼吸的空气中的多种多样的真菌），一边听比吉特讲她的研究。研究重点是建造现代房屋的材料：石膏板、墙纸、木材和水泥。她对室内的空气不怎么关心，关心的是材料房屋的组成部分——砖块、石材、木头，特别是石膏板。

　　她发现，每种房屋材料都生长着特有的真菌——如果人们能仔细研究空间站的每种材料，说不定会得出同样的结论。在水泥上，她发现了和室外地面上同样种类的真菌，一些来自土壤的真菌组成的浆状混合物，其中还有科学家们最早研究的一些真菌。[21] 科学家们之所以研究这些真菌，是因为它们近在咫尺，生长在科学家的家里。比吉特发现了毛霉（*Mucor*），罗伯特·胡克在《显微术》一书中就记录了这种霉菌，而这本书很可能启发了列文虎克。她还看到了青霉菌，亚历山大·弗莱明（Alexander Fleming）当年在实验室（其实也是一栋建筑）中偶然发现青霉，并因此发明了抗生素。青霉菌生成抗生素，破坏与之竞争食物的细菌的细胞壁，引起细菌增殖过程中的裂解。人们用抗生素来杀灭诸如结核分枝杆菌等病原体以捍卫自身的健康。

毛霉、青霉这些来自土壤的真菌，同样是成功踏入空间站的真菌。[22] 它们既能在水泥地上生存，也能在空间站内生存，这说明，我们或许应该找到与它们和平共处的方法。它们通过了美国宇航局的防控措施，搭着便车进入了外太空，这意味着它们几乎可以到达任何地方。[23] 它们或许也是生长在人类祖先洞穴里的真菌；真是如此的话，那么人类所到之处，它们都如影随形，它们也属于那些假以时日就能侵蚀砖块甚至石头的真菌之列。它们可能也会侵蚀地板，只不过非常缓慢，或者生长在水泥表面（用菌丝黏附），以肉眼看不见的细小灰尘或水泥表面的粘胶和其他材料为食。[24] 这些真菌会给想要保护历史遗迹的人带来麻烦，但对普通人来说，除了说明如果时间足够真菌就侵蚀一切之外，没有太大的危害。

木头表面也生活着真菌。人类用木头建造房屋有着悠久的历史，大量房屋是由木头建造的。不过木头可以被生物分解。木头由纤维素和木质素构成。纤维素是纸的原料，木质素是起支撑作用的坚固的部分。许多细菌都能分解纤维素，但只有真菌和少数几种细菌能分解木质素。[25] 比吉特在木材表面发现的真菌，都能生成可以分解纤维素的酶类，有些还能生成可分解木质素的酶。[26] 木材和房梁上有真菌生长并不奇怪，我们能长期阻止不让它生长才奇怪。许多能分解木材的真菌都是从室外飘进来的，因此房屋中真菌的种类是由建造房屋的木材和附近生长的树的种类决定的。而其他一些种类，比如，干腐菌（Serpula lacrymans）是由人们带到船上并散布到各地的。[27] 在人类一次次用木材建造房屋时，它们紧密相随，满怀感激地追随着人类。

当比吉特开始研究石膏板、墙纸和贴有墙纸的石膏（表面再刷上漆）时，有了更有趣的发现：这些材料一旦受潮就会长满真菌，[28] 而且每 4 次就有 1 次会发现有毒黑霉——纸葡萄穗霉——的身影。这甚至还低估了潮湿房屋中发现黑霉的概率。因为她只从每个房屋中采集了少量样本，这说明黑霉在潮湿的墙壁上并不少见。它太常见了，只要是潮湿的墙壁，人们就会想到会长有黑霉，石膏和墙纸中水和纤维素的混合似乎成为纸葡萄穗霉生长的温床。这真是个了不起的发现，但是她仍要解释石膏板中一开始是怎么出现纸葡萄穗霉的。

纸葡萄穗霉不是从空中飘进来的。就我们所知，它也不是黏附在白蚁身上、藏在白蚁和其他昆虫体内侵入的。从理论上说，它有可能通过沾在衣服上而被带到室内。加州伯克利大学研究室内真菌的专家瑞秋·亚当斯（Rachel Adams）从她的亲身经历中了解到，许多真菌能黏附在衣服表面进行传播。在迄今关于室内真菌设计一项最严密的研究中，她发现她在大学办公楼的一间会议室里检测到的一种真菌，是实验室同事带来的。这位同事不久前去参加了蘑菇节，并且用手拿了马勃菌，[29] 真菌在这时搭了便车。不过比吉特关心的不是真菌通过衣服播散，而是通过建筑材料。

假如霉菌一直就在石膏板里面呢？假如在制作的时候霉菌就混进了石膏板里面，静静待在那儿，处于休眠当中，直到墙面变得潮湿，然后开始繁殖呢？这是十分大胆的猜测，接下来她会通过实验来加以验证。如果猜测成立，那将会将她推向价值数十亿美元的石膏板制造业的对立面。在着手研究之后，比吉特发现她不是第一个做出此类推测的人，早先的一篇文章也提出了这一想法，不过作者没有验证，[30] 而比吉特将要对其进行检验。

在美国，研究人员有一定的自由，但这种自由越来越受限制，这很大程度上是因为企业的巨大影响力。这并不是说研究人员不再发表有损政府和企业利益的、一些有风险的发现。而是说研究人员从好莱坞电影中学到要三思，研究与有权有势的商业巨头的经济利益相违背时有可能造成一些后果。[31] 或许她的许多丹麦同事在做这样的研究时，心里有着同样的担忧。维持现状关乎石膏板厂家的利益，当我问比吉特，对研究这些厂家生产的石膏板中的真菌所引起的后果是否担心时，她很淡然。她只是想弄清楚里面有没有微生物，是什么微生物。她的想法很单纯，她想找到真相，然后开始研究。

一开始，比吉特检测了来自丹麦 4 家不同建材超市的 13 块全新的石膏板。它们出自两个不同品牌，每个品牌下有 3 种不同墙板（防火型、防潮型和普通型）。她从每块石膏板上剪下多个圆形样本，浸泡在乙醇中（或为了保证效果，浸泡在漂白液或苯扎氯铵中），去除表面的微生物。然后将消毒后的石膏板在蒸馏水中浸泡70 天，让真菌生长。似乎全新、干燥的墙板中不可能有任何生物。整个实验耗费心力，还充满了不确定性——小心操作，枯燥重复，包括看似简单却每天都要进行的检查，检查每块石膏板上是否有真菌的踪迹。

终于有一天，她发现了真菌生长的迹象。真菌越长越多，她发现潜伏在新石膏板中的是名为 Neosartorya hiratsukae 的真菌。最新研究表明，这种真菌可能和帕金森氏病复杂的发病机制有关。这种真菌不可能是引发帕金森的唯一原因，但它的存在却仍让人担忧。所有的石膏板上，不管它属于哪种类型，来自哪家建材超市，或者由哪个厂家生产，都发现了这种真菌的存在。比吉特还发现了球毛壳菌（Chaetomium globosum），它是一种过敏原和机会致病菌。[32]样本中 85% 的石膏板中含有这种真菌。最后 50% 的样本上长出了黑色的纸葡萄穗霉菌。[33] 它们能量惊人，一旦开始生长就会布满石膏板，形成黑色的霉渍。这些还不是全部，在石膏板里，比吉特还发现了 8 种处于休眠状态的真菌。

现在是检验比吉特的时候了，她是否真的像她说的不担心石膏板生产企业的反应？她会将这些检验结果公之于众吗？这些结果说明生产企业会影响人们家中真菌的种类，有可能引起健康问题：纸葡萄穗霉菌与一些疾病有关，Neosartorya hiratsukae 真菌有可能致病。因为很难发现，人们很少在潮湿的墙壁上看到这种真菌，它会生成小小的白色子实体，颜色和石膏板很像。不论石膏板来自哪家建材超市，上面都发现了这些真菌，很显然这与石膏板生产企业有关。比吉特肯定会公布检验结果。"他们能拿我怎么办？"比吉特问我，"让我丢掉工作？那谁来鉴定这些真菌？"正因为她的工作，人们现在确信——真菌是隐藏在全新的石膏板中而进入家庭的。现在，比吉特正在研究在石膏板安装前杀灭其中真菌的办法，可能没有简单方法来杀灭已经安装的石膏板中的真菌。那些更有效的方法会毁坏石膏板，也会给人造成危害。另外，这些真菌必须有水才能生长，它们会静静地等待。

　　人们目前还不清楚石膏板里为什么会有真菌，不过，作为原料存储的可回收硬纸板也可能是真菌繁殖的温床。当这些纸板被粉碎，并且被掺加到石膏板中时，真菌会以孢子的形式幸存下来。比吉特设想，或许可以对纸板进行处理，不过目前还未能实现。所以，如果她说的是真的，那么人们现在用的石膏板仍然藏有真菌。不过，正如她所说，这不要紧，只要别让石膏板受潮就好了。

　　知道纸葡萄穗霉菌和其他一些产出大量孢子的真菌是如何来到人们家中的，还不足以让我们完全了解房屋中的真菌。尽管看起来比吉特已经证实了这些特定种类的真菌入侵的方式，但她并没有真正确定它们的演化史、原生地区和原生环境。纸葡萄穗霉菌的近亲是来自热带的漆斑菌属（*Myrothecium*）的真菌，但我们对后者几乎一无所知。人们猜测，纸葡萄穗霉菌和漆斑菌属的许多真菌还未被命名。在农村，人们在草堆中发现了纸葡萄穗霉菌，但同样，这更多地反映出人们选取的研究地点，而不是纸葡萄穗霉菌的生物学特性。前面提到土壤可能是指纸葡萄穗霉菌的原生环境，但这也只是模糊的推测，没有实际意义。除此之外，还有纸葡萄穗霉菌在野外是如何播散的、哪些生物在当中发挥了作用等问题。甲壳虫和蚂蚁或许参与其中，但这只是猜测，还没有人验证这两种或其他昆虫会携带霉菌孢子的研究。我们也不知道霉菌和房屋的关系可以追溯到哪个时期（如果能弄清楚世界各地的传统房屋或考古遗址上的房屋内发现了哪些种类的真菌将很有帮助，但同样也没有相关的研究）。另外我们并不清楚房屋中的真菌对人的危害有多大。为了弥补这些真菌所造成的破坏，人们花费了几十亿美元，房屋被拆毁，健康人变成病人，活在疾病的阴霾下，徒劳地四处求治，而医生告诉他们是因为接触了霉菌才让他们患病的。究竟是不是这样，目前仍无法确定。

　　因为显而易见的原因，没人做过将纸葡萄穗霉菌引种到房屋中观察它对住户影响的实验。也没人把房子打湿，看有没有（或何时开始有）纸葡萄穗霉菌生长，有没有人患病。不过纸葡萄穗霉菌可能会通过两种方式致病：毒素的毒害作用以及引发并加重过敏和哮喘。

　　我们知道和其他许多真菌一样，纸葡萄穗霉菌会生产大环单端孢菌素（macrocyclic trichothecenes）和蒽酮（atranones）两种化合物，还会生成溶血蛋白。在羊、牛和兔食用含有纸葡萄穗霉菌的饲料后，这些化合物尤其是溶血蛋白会导致白细胞减少症。据推测，这种蛋白还会导致婴儿肺出血。鼻腔内注射过纸葡萄穗霉菌孢子的小鼠会患病，其严重程度取决于接种的纸葡萄穗霉菌的种类。有一种产毒素更多的菌株会引起肺泡内细支气管和组织间隙发炎，伴随出血和渗液，简言之就是肺部会发炎并出血。[34]

但是，纸葡萄穗霉菌会产生毒素，并不代表室内的纸葡萄穗霉菌也是如此。最近她和同事研发出了检测灰尘中纸葡萄穗霉菌毒素的方法。通过这种方法，他们检测了丹麦的一所幼儿园教室里纸葡萄穗霉菌毒素的含量。结果表明，教室内纸葡萄穗霉菌越多，灰尘中的毒素越多。目前还不知道这个结论是否普遍适用，是有一定可能性。[35] 不过食用（或者像实验室的小鼠一样吸入）大量真菌才会致病。在纸葡萄穗霉菌旺盛生长并产生毒素的房间里，婴儿可能会因吸入大量真菌而患病，表现出和实验室小鼠以及中毒的家畜同样的症状。不过，迄今还没有相关的病例报道。*Neosartorya* 真菌可能比纸葡萄穗霉菌更容易通过毒素致病，但人们对它的研究更少（这种真菌比纸葡萄穗霉菌更多见，但它不容易被人发现）。这些复杂的情况让比吉特这样一位研究纸葡萄穗霉菌及其危害的顶尖专家都说，人们问她室内真菌毒素的危害让她很为难。借用她的原话来说："这个问题太复杂，很难证实。"

不过哪怕纸葡萄穗霉菌毒素只在极少数情况下会致病，它也会造成其他健康问题，吸入之后它会引起过敏。验血结果表明，相当高比例的人对纸葡萄穗霉菌存在过敏反应。这些病例中，人们可能是在户外接触到了纸葡萄穗霉菌，但在另一些病例中，人们可能接触了受潮的石膏墙上生成的霉菌。纸葡萄穗霉菌不是唯一会引起过敏反应的真菌。许多真菌，包括那些在房屋受潮时会滋生的真菌，都会引发过敏和哮喘。[36] 汉斯基、哈赫泰拉、赫尔岑，这些提出生物多样性假说的科学家可能会说，因为缺乏接触多样的环境细菌，免疫系统才更容易出现过敏反应。我认为或许的确如此。假如这种说法成立，那么在充斥着真菌或其他生物（比如蟑螂、尘螨）的房屋里，这些生物就成了过敏原。过敏原本身并不重要，而身体的原有疾病或者缺乏对多样性细菌的接触，才是引发了过敏反应的元凶。

如果生物多样性假说成立，我们可以想象到真菌的存在与过敏的关联是很复杂的，而且不能一概而论。的确如此，尽管一些研究表明，房间里的真菌或能诱发过敏的真菌数量较多时，住户更容易患过敏和哮喘，但大部分研究表明两者之间没有相关性。[37] 不过在哮喘或过敏出现后，积极减轻症状比查明发病的原因和时间更简单可行。研究证明了这一点。凯斯西储大学的卡罗琳·凯斯玛(Carolyn Kercsmar) 在她领导的一次研究中，招募了 62 名患有哮喘并且家中长有真菌的儿童。她把这些孩子和家庭随机分成 2 组，告诉其中 1 组家庭（对照组）如何控制哮喘，除此之外，不做任何处理。而在另外 1 组（干预组）中，除了指导家长控制哮喘外，他们还上门拆除受潮的木头和石膏板，换上全新的干燥材料，截断从外面渗进来的水，还有更换空调。采取这些措施后，干预组房屋中霉菌的浓度下降了一半，而对照组家庭中霉菌浓度不变。干预组孩子哮喘发作的次数明显比对照组要少。这种差异一直持续到研究结束后。研究结束后，干预组 29 个孩子中只有一个哮喘加重，而对照组的 33 个孩子里有 11 个症状加重。太好了，找到了一个简单的办法！[38] 这项研究规模很小，而且只涉及一个城市，但为将来如何解决这一问题提供了方向。

　　目前我们所能给出的建议是：房屋受潮后，你应该先想办法解决漏水问题，让房屋恢复干燥。如果你正在装修新房，尽量别用石膏板，特别是在那些常有水患或气候潮湿的地区，因为你不能保证石膏板中没有纸葡萄穗霉菌。另外，如果有支持这类研究的机会就积极参加吧。与此同时，国际空间站上的真菌仍然生长茂盛，这提醒我们，不管控制真菌的方法是什么，就像细菌那样，人类不可能从根本上消灭它们，这是 NASA 的科学家、俄罗斯宇航员和比吉特都同意的事实。

　　而对于在人们家中发现的上万种真菌来说，它们每个都和纸葡萄穗霉菌一样，有着精彩的故事，值得我们研究。此时此刻，你呼吸的空气中就有它们的存在，而我们对它们的了解少得可怜，其中几千种甚至还没有名字。或许你将来就是为它们命名的人。你可能会觉得几千种生物仍然没有被命名有些难以置信，但事实就是如此。这从某种程度上反映出我们对地球总体上的无知。人类才刚开始探索所居住的这个星球。大部分生物都没有被命名。就细菌来说，我们甚至还没踏入细菌世界的大门；就真菌来说，我们可能完成了 1/3 的命名工作，而接下来研究真菌生物学特征的工作还远未完成。而至于昆虫命名，如果一切顺利，我们可能会完成一半的工作。我们以往倾向于去研究对人有害的生物，而没有人去研究其他无害的生物。生物学家可能会去研究它们，但是如果有选择的话，生物学家们更愿意踏上森林中的小径，探索遥远的秘境（比如哥斯达黎加的生物站）。我们对身边那些无害的生物视而不见，在用问卷调查的方式研究地下室生物的过程中，我对此有着深切的体会。

# 第七章　远视眼的生态学家

与人同居之虫甚众……

　　　　　　　　　　　　——希罗多德

微风行船。蜜蜂酿蜜。蝼蚁载物。

　　　　　　——节选自《因辛纸莎草》15:1—4

大群的苍蝇涌进法老的宫殿和仆人的房间，散布到埃及各处，埃及就因苍蝇而破败了。

　　　　　　　　　　——《出埃及记》8:24

　　人类对身边的细菌和真菌视而不见、缺乏了解，可能因为它们实在太小了，而对动物的无知又是另一回事。动物的体型更大，可生态学家和生物学家却没有给予相应的关注，我相信这是有原因的。职业训练使生态学家都成了"好高骛远"的人，和身边的生物相比，他们更善于研究远方的生物。目光长远是好的品质，但如果对眼前的事物视而不见，则会产生负面作用。举例来说，科学家从纽约市周围的森林中采集了许多动物样本，而从市内采集的要少得多，而来自房屋内部的更少。这不是偶然。作为生态学家，我们受到的训练是去研究"自然"中的生物，而我们以为"自然"就意味着没有人类干预。这种偏见，甚至被带入了最重要的动物调查当中。北美最大规模的有组织的鸟类调查——种禽调查（Breeding bird survey）——就将美国城市化程度高的地区排除在外，其中就有我们居住的地区。结果就是，生态学家收集了北美最稀有鸟类栖居地的信息，却不了解家燕、鸽子、乌鸦这些常见鸟类的数目。对昆虫也是如此，更有甚者，当我开始研究北美穴蟋螽（北美灶马）后，对此有了深刻体会。

人类和北美灶马同住在一片屋檐下，已有很长的历史。人类先祖开始穴居生活时，遇到过很多动物。我们可以从洞穴里的残骸和穴壁上的爪痕中了解这段历史，而洞穴壁画上刻画的形象更是例证。其中有些是体型庞大的猛兽。试想，你爬进黑暗潮湿的洞穴深处，用一段木棍残留的火光来照亮，突然你发现或许先闻到面前站着一头洞熊（Ursus spelaeus）的气味。洞熊能长到最大的灰熊那么大。运气好你能把熊杀死，运气不好你就会变成熊掌下的冤魂。[1] 不过除猛兽以外，人类在远古也曾遇到一些小动物，其中或许就有臭虫和跳蚤，肯定也有灶马，这从一幅壁画上可以得到印证。

这些藏有壁画的岩洞是由三个小男孩发现的。1912 年，来自法国比利牛斯山脉的麦克斯与他的两个弟弟雅克和路易听说家附近有一条小溪流入地下山洞，邻居弗朗索瓦·卡梅尔（Francois Camel）建议他们顺着水流深入山洞里去探险。他们就乐呵呵地去了。三个孩子顺着溪流往下发现了一个个石室，直到钟乳石挡住了去路，这简直是孩子们梦中的奇遇，不过，石室前面再也没有路了。突然，一个孩子发现头顶上石室里的钟乳石上有一个窄小的洞，刚好能容小孩通过。三兄弟挤进洞里，又沿着通道爬行了一段。在通道末端，他们爬上了石头砌成的 12 米高的烟囱，烟囱又通向了另一个岩洞。岩洞——其实更像一个房间——里面装满了洞熊的骸骨。在一堆骸骨中还有两尊活灵活现的野牛塑像。

两年后,孩子们又发现了更多的山洞。1914 年,在山的另一面,他们看到地上有个洞口。下到洞里后,他们发现了一个长达 800米的山洞。在山洞里探索一番后,他们爬进一段狭窄的通道,通道末端连着另一个山洞。一走进这个山洞,史上最伟大的岩洞艺术映入他们眼中:一个头上装饰着鹿角的、半人半兽的萨满巫师形象。山洞的另一面墙上刻着一头狮子,作为供品的牙齿、木炭和骨头被嵌入了下方的泥土当中。

这个山洞里(后来被命名为"三兄弟岩洞",以纪念那三个男孩)一块骨头上有一只不寻常的动物——北美穴蟋螽(图 7.1)。[2]这说明我们的祖先(起码祖先里的一个人)已经观察到这些昆虫了。在之后 1 万年里,人类在洞穴和房屋中一次次与穴蟋螽相遇。[3]人类

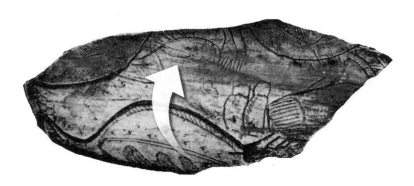

图 7.1 刻有穴蟋螽的野牛骨碎片。这件骨刻是在比利牛斯山中部"三兄弟岩洞"中发现的,是欧洲岩壁画中唯一关于昆虫的作品(艾米·阿瓦达巴伯 摄,略有修改)

房屋的地下室再现了和洞穴相似的环境，正好满足了一些种类的穴蟋蟀的需求。人类与穴蟋蟀的交往断断续续的，比种植作物的历史更悠久。但尽管如此——而且穴蟋蟀数量有时多得惊人——人们却没有仔细研究过它们。穴蟋蟀的例子，很好地说明了人类往往会忽视自己身边的事物，特别是最常见的那些。

大学时代，我读了苏·哈贝尔的书《来自不同目动物的抨击》(Sue Hubbell, *Broadsides from the Other Orders*)⁴，从那以后，我就对穴蟋蟀产生了兴趣。哈贝尔是一名科普作家，她没有接受过科学训练，只是在玻璃缸里养了些穴蟋蟀。她善于观察，富有耐心，而且充满好奇，这就够了——哈贝尔接二连三地发现了许多穴蟋蟀的生物学特性。我一直记得其中一些特性，但我印象最深的是，在她多年的研究之后，我们对穴蟋蟀仍然知之甚少。连一些最基本的东西，比如穴蟋蟀吃什么，我们都不知道。

我和实验室的同事决定继续哈贝尔未完成的研究，而且打算从一个简单项目开始——穴蟋蟀的普查。通过之前那些的研究项目，我们已经和几千名志愿者建立了联系，因此我们写信问他们家里地下室有没有穴蟋蟀。在一年半的时间里，我们收到了 2269 份回执，在这些数据的基础上，我们就能描绘出穴蟋蟀分布图。调查结果令人大吃一惊：和我们以为的分布情况存在很多矛盾之处。

北美原有的穴蟋蟀，大部分属于 *Ceuthophilus* 这一属，其下有84 种（目前已知，或许将来会发现更多）。在历史上，随着西式房屋在北美散布开来，穴蟋蟀也住进室内。在野外，大部分穴蟋蟀生活在山洞、森林的暗处，比如落叶底下。它们到处跳跃觅食，勉强维生。它们通过长长的触角，可以嗅到气味，感觉温度和湿度。由于习惯生活在暗处，它们的眼睛就像哈贝尔所写的，退化得像两颗小纽扣。人们通常认为，它们在野外是以飘进洞里或落到地上的零碎低营养物质、死去腐烂的小动物为食的。如果是这样，穴蟋螽就是生物链中重要的一环，特别是在洞穴中，它们可以靠一些其他动物不能吃的物质（比如难分解的有机物）来生存；而穴蟋螽本身又是其他动物的食物。[5] 穴蟋螽在室内也许扮演了类似的角色，它们消化地下室中一些不能吃的东西，同时自己又是蜘蛛、老鼠的美餐。

不是所有种类的穴蟋螽都搬进了人类家中，其中一些种类仍然只住在山洞里，说不定应该被列入濒危物种，不过起码有 6 种搬来了。20 世纪来自密歇根大学的西奥多·亨廷顿·哈贝尔（Theodore Huntington Hubbell）和他的学生特德·科恩（Ted Cohn）一道研究了这 6 种穴蟋螽的分布。哈贝尔和特德是少数研究穴蟋螽的科学家之一。哈贝尔写了一本关于穴蟋螽的专著，名为《穴蟋螽专论》（*The Monographic Revision of the Genus Ceuthophilus*），厚达 500多页。书中讲的是穴蟋螽的演化、地理分布和自然史，但读起来有点儿像《旧约》——讲的都是封地、领主和血脉传承的故事。除了那些穴蟋螽的狂热痴迷者，这本书让一般人读起来并不有趣，但它对我们的研究十分关键。书中明确指出：我们能在除去最寒冷地带外的整个北美的室外和室内发现穴蟋螽的踪迹；而有那么一两种穴蟋螽基本上到处都有，起码偶尔能见到。这意味着，假设我们要画一张穴蟋螽在室内的分布图，将会看到整个大陆每个地区都存在有穴蟋螽寄居和无穴蟋螽寄居的家庭，进而组成一个宽条带。然

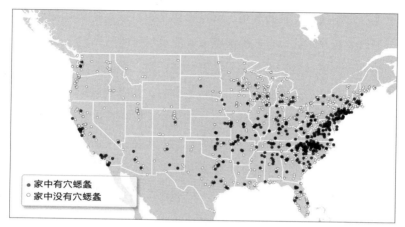

图 7.2　图中是人们收到以邮件形式进行调查后反馈的家中穴蟋螽的情况（劳伦·尼科尔斯 绘）

而，事实却并非如此（图 7.2），正相反，北美东部居民的地下室中，穴蟋螽很常见，但西北部却很少见甚至彻底绝迹，一定是哪里出了问题。

也许是人们不擅长观察自家房子里的生物，又或者是他们把穴蟋螽和蟑螂搞混了，要不然就是西北部的住户不敢去地下室查看，或者有些地区的地下室太少，不能给穴蟋螽提供栖居地，又或者是以上原因都有。结果，这些猜测都不对。

在此时，MJ·埃普斯（MJ Epps）加入了我的实验室，做博士后研究。MJ 的全名是玛丽·简（Mary Jane），不过我怀疑，只有在她惹了麻烦时，她父母才会这样叫她，她是一个天赋过人的自然史科学家和生态学家。她了解甲虫、真菌，也了解森林中的动物、植物。[6] 穴蟋蟊之谜看起来是个不错的项目，可以让她一试身手。我问她能不能找到穴蟋蟊分布背后的原因。MJ 和负责招募公众参与的利·谢尔（Lea Shell）一起，让人们在半夜里去给地下室蹦来蹦去的"穴蟋蟊"拍照。

2012 年 1 月至 2013 年 10 月，我们共收到 164 个家庭发来的照片。有些照片里显示的是捕虫胶上粘着十几只穴蟋蟊的尸体，有些照片里的昆虫无法辨认。不过，88% 的照片都指向了同一件事，也是一个出人意料的答案——照片中出现了一只或几只体型较大的日本穴蟋蟊（Diestrammena asynamora），人们知道美国有它们的分布，但不知道房子里也有。这样一来，我们终于找到了穴蟋蟊分布图如此反常的答案。地图之所以和我们理解的北美穴蟋蟊的分布不一致，是因为图中反映的根本不是美国本土穴蟋蟊的分布，而是一个外来物种的分布。它们的分布之所以和已知的分布不符，是因为它们是在地图完成之后才被引进美国的。

根据我们从博物馆收藏的标本、陈年的调查报告和论文中得到的信息来看，至少在 100 年前，日本穴蟋蟊就已经跨过重洋，从亚洲搬到了美洲。许多来自日本和中国温带地区的物种被引入了美国，它们都被冠以"日本"之名，是因为这些物种在日本有过更透彻的研究。未来，我们将能通过研究这些穴蟋蟊的基因组学，从而更深入了解它们的原产地、抵达北美的时间和迁移方式。不过研究还没有开始，因此我们无法重建出这些物种在北美传播过程中的细节。现有证据表明，在抵达美国后的很长一段时间内，它们只栖息在温室中（偶尔也在室外生活）。最近才开始登堂入室，进入民居。

图 7.3    波士顿地下室中的日本穴蟋螽 [ 彼得·纳斯克瑞奇（Piotr Naskrecki）摄 ]

自此之后，人们可能看到过它们的身影，其中应该也包括科学家。但它们的入侵就这样被忽略了。人们还不知道是什么因素促使日本穴蟋螽进入室内生活，或许是它们演化出了新的特性，能适应更干燥、寒冷的室内；也可能它们是挨家挨户从一个地下室跳到另一个地下室的（图 7.3）。

日本穴蟋螽并不是个案。通过进一步分析照片，我们发现，其中有些是另一种名为突灶螽（*Diestrammena*，*D. japonica*）的昆虫，从拉丁学名也可看出它同样来自日本。

在确定了大多数居民家中发现的穴螽的种类之后，MJ 想统计一下这些生物的总数量。她和当时还在读高中的内森·拉萨拉

(Nathan LaSala）一起，在我住的社区的 10 户居民家中取样。内森的任务是在有穴蟋蟋出没的房子附近设下陷阱（用大学生玩啤酒乒乓球游戏用的那种塑料杯）诱捕它们，陷阱离屋子的距离逐渐增加。我们想通过这种方法推算出穴蟋蟋的活动范围。希望附近的大学生们不会把杯子给拿走，或者更离谱地在杯子里小便（我也不知道为什么担心这个，但后来确实都发生了）。假如杯子不出意外，剩下的问题就是如何诱捕了。我对此毫无头绪，不过 MJ 有个办法。她就像现代版的"长袜子皮皮"*一样，咧开嘴笑着说："糖蜜就可以把穴蟋蟋引过来，这谁不知道呀！"（带着阿巴拉契亚口音而非瑞典口音）好吧，我就不知道。MJ 说的一点儿没错，她让内森用糖蜜做诱饵，这个方法真的成功了。不过离房屋越远，抓到的穴蟋蟋就越少。内森和 MJ 根据抓获的穴蟋蟋数量以及估算出来有穴蟋蟋房屋的比例，来推算北美东部的亚洲大型穴蟋的总数量（假设穴蟋蟋的生物特性能代表穴蟋属其他种类的特性，目前看来，这个假设是成立的）。最后的总数多达 7 亿只，我怀疑这还是保守的估计——将近 10 亿只大拇指大的昆虫就生活在人们的房屋中，而我们浑然不觉。

这个发现令人震惊。两种体型还不算小的昆虫在我们的眼皮底下住进了我们家里。那我们对那些体型更小的大多数昆虫和它们的播散情况又能有何种程度的了解呢？对此我不能肯定，不过看起

---

\* 20 世纪瑞典童书作家阿斯特丽德·林格伦的代表作《长袜子皮皮》的女主人公。她是一个岛国的公主，独自居住，性格叛逆，整天搞恶作剧，但她乐于分享，会花钱买一大堆糖果发给所有小朋友。——译注

来我们同样也没有意识到它们的存在。后来 MJ 还写了一篇关于穴蟋螽的论文。对我们来说，这一发现意义重大。我们和一种从来没有被研究过的昆虫——也是一种体型较大的昆虫生活在一起多年，却毫无察觉。我觉得我们就像那三兄弟一样，地下室就是我们偶然踏入充满神奇发现的山洞。于是像三兄弟一样，我们继续探索着。

有 10 亿只拇指那么大的日本穴蟋螽住在我们的屋檐下，却没有人意识到它们的存在，这个事实让我吃惊不已。这其中的原因不难想象：假如你是个普通人，在家里发现了穴蟋螽，你会觉得科学家知道这是什么；假如你是个科学家（但不是昆虫学家），在家里发现了穴蟋螽，你会觉得昆虫学家知道这是什么；假如你是个昆虫学家，在家里发现了穴蟋螽，你会觉得研究穴蟋螽的昆虫学家知道它是什么。可是，全世界只有两个专门研究穴蟋螽的昆虫学家，而他们家里正好都没有日本穴蟋螽。我开始怀疑这种状况——以为别人知道——在家里比在别的地方更普遍，因为在家里，我们更倾向于认为有人了解状况，更容易觉得事情还在掌控之中。如果我的猜想正确，那么家里不仅仅是进行科学发现的地方，而且是理想的发现场所，这些发现会间接影响到许许多多的人，因此意义重大。

问题是，怎样验证我说的"远视眼的生态学家"这一假说，或许，我可以看看博物馆收集的生物标本及其采集地点。我确实尝试了一番。我发现生态学家果真很少从人们实际生活的地方采集生物样本。即使他们在这样的地方采集了样本，也局限于特定的地区，比如过去 20 年在曼哈顿采集的样本几乎都来自中央公园，而且，这些样本都属于少数几种生物，主要是蜜蜂、蚜虫和土壤螨类昆虫。

不过这也可能是因为曼哈顿人口稠密的地区没有多少昆虫。一天晚上，我到朋友米歇尔·特劳特温（Michelle Trautwein）家做客。她和她丈夫阿里·利特（Ari Lit）都是我的好朋友。我们共进晚餐，边吃边聊。我正提起这件事，恰巧米歇尔是研究蝇类演化的专家。当时，我和实验室的同事们正要解开穴蟋蟊之谜。这也让我们想到，如果我们对罗利市或纽约市居民家中的节肢动物一一取样，不知道会有怎样的发现。我们手握酒杯，从一个窗台漫步到另一个窗台，查看周围的昆虫。我们发现了几种蜘蛛、一些死去的蝇类，甚至还看到了几种甲虫。我们谁都认不全所有这些生物，但心中自然会冒出"没关系，肯定有人知道"的想法。说不定我们自己也是"远视症"的受害者。我们可以查一查这些生物的种类。或者更进一步，我们可以在人们的房屋中取样，看看有哪些生物被遗漏了。按我们的猜想，肯定有几百种生物被忽视了。夜已深，我们为发现的昆虫所感，思考着宇宙的浩瀚，同时酝酿出了一个新的研究项目。时机正好，米歇尔正要在北卡罗来纳自然科学博物馆展开她的研究计划。我们可以给家里的节肢动物取样，看它们都属于哪些种类。我俩为昆虫干杯，回到彼此的伴侣身边，继续谈天说地。

　　酒后看似绝妙的点子，早上醒来后就不一定了。第二天，尽管我们的点子依然看着很不错，问题却也来了。首先，每个听过我们想法的生态学家都觉得这个项目很无聊，而我们试图招来当助手的研究生，都对研究遥远的雨林更感兴趣，他们几乎都拒绝了我们的邀请。我给一个朋友打电话，他建议道：要是我想发现一些生物，应该直接去雨林里找根木头，把它劈成碎片。"兄弟，别在窗台上和厨房里浪费时间了。我们一块儿去玻利维亚吧！"在我和米歇尔信心满满的时候，我们觉得他们都错了。可有时我们又觉得他们说的是对的。或许穴螽只是一个孤例？但不管怎样，我们还是会开始这个项目。

鉴别我们发现的生物可能是一个难题。我可以识别蚂蚁，而米歇尔是蝇类专家（她现在是加州科学学会蝇类研究主任），会鉴别蝇类。我们还可以找一些外援，让他们帮忙鉴定搜集到的样本。还剩下多少需要鉴别的生物呢？不过，为了防止遇到真正难以鉴别的生物的情况，我们还是拉来了马特·贝尔托内（Matt Bertone），他是昆虫学家中的昆虫学家，对于鉴别昆虫拥有极高的天赋，只要他能按自己的节奏慢条斯理地进行，鉴别昆虫对他来说就是一大乐趣（图 7.4）。他同意加入，不过此前也表示，我们可能不会有太多发现。项目进行中又有人加入，每个人都有各自擅长的领域和技能。由于没有志愿者，我们只能自掏腰包让团队成员上门，挨家挨户捕捉昆虫，计数、分类并且一一鉴别。或许我们有些小题大做了，在小小的家里能发现多少生物呢？有天晚上，我做了一个和项目有关的梦。在梦里，我们在 10 户家庭里采样，结果只发现了 6 条蟑螂腿、1 只宠物螳螂，还有 1 只像兔子那么大的跳蚤，谁都抓不住它。这个梦既不吉利，又令人费解。

研究团队到人们家中进行采样时，拖着各式各样的捕虫装备——罐子、网子、笔记本、吸尘器、手持镜头、便携显微镜、相机。除了没有表演吞火的演员和震耳欲聋、扣人心弦的鼓声，我们活脱脱就是个马戏团。[7] 要是我们能成功发现一些有趣的生物，这

图 7.4　马特·贝尔托内，昆虫学家、昆虫鉴定专家，他正在房屋的角落里搜寻节肢动物，同时给它们拍照（马特 摄）

个阵势就是一个盛大的开场秀。但如果我们什么都没发现，那可就是个浮夸的笑话了。

　　当时我正和家人在丹麦，我试图说服丹麦自然历史博物馆的工作人员在当地开展类似的项目。我的游说毫无效果，没人相信我们会有所发现。或许是作为对我不在罗利的惩罚，大家一致决定，第一个采样的就是我家。马特、米歇尔和其他团队成员爬上我家门前的台阶，开始工作。在那之后，他们又在罗利市 49 户人家和世界各地人家的房屋中进行了采样。

　　研究人员在人们家中——当然我家也包括在内——挨个房间搜寻。有时候搜寻工作甚至能持续 7 个小时。通常，房子里看起来都不大会有昆虫，但事实上几乎每个房间内都有生物的踪迹。它们潜藏在角落和下水道中。研究人员就差没有翻开书来搜寻蛛丝马迹了。窗台和灯具是死去昆虫的墓地，而床榻下和马桶背后的空间同样有昆虫栖身（有些可能不那么受欢迎）。团队成员每找到一只节肢动物，不论死活都会把它装进小瓶或小罐里。屋主带着惊奇，看着装有酒精的瓶子被越来越多的昆虫残肢所填满而由透明变成棕色。棕色瓶子是个好兆头，好像是（起码对我们来说是的，而主人心里可能五味杂陈）。计数和鉴别的工作要等回到实验室后再做，可能要花几个月。因为工作人员同时在不同的房间搜集，谁都没有看到所有搜集到的动物，因此很难了解全貌。

我写信给米歇尔询问项目进展。她回我说鉴定需要时间，又说要让马特仔细鉴别，那样他的效率更高。她叫我耐心点儿（她很了解我，知道我毫无耐心）。她在信里还说，搜集到的动物种类可能比我们预想的要多（实际上最后一共有上万种生物，不过当时我们都不知道）。每个搜集到的生物，不管它有多微小，或者只有残片，都要从瓶子中取出，做上标记，并挨个鉴别。在鉴别过程中，马特不看昆虫的全貌，而是看那些可以区分的特征。每种昆虫的特征各不相同：有些蚂蚁可以从触角的节数来鉴别，而鉴别叩头虫，需要细致观察雄虫生殖器的形状和上面的刚毛。[8] 有时候，这些方法都无法得出结论，马特就要把动物标本送给专门研究某种生物（比如蛾蝶）的分类学家去鉴别。而分类学家可能住在俄亥俄州、斯洛伐克或者新西兰，标本就必须寄过去，花费的时间也更长。对许多种类的昆虫来说，全世界可能只有一个相关专家。这时，马特就要给标本详细做好标记，包装好，然后寄去鉴别，整个过程可能要花好几个星期。要是专家手头的事太多，就更加遥遥无期（有些种类的生物，仍然没有鉴别完成）。许多分类学家在想到自己临终时刻时，都担心自己已在弥留之际，而身边盒子里还有大摞标本，再也没机会去鉴别了。[9]

终于，第一栋房子，也就是我家采样完毕。我家里有不下于100 种节肢动物。之所以说是"不下于"，是因为还有些昆虫，要么是因为没有相关专家，要么因为标本残破不堪（风干的翅膀、一对残肢、单只复眼），而无法被鉴别。100 种！简直不可想象——比大多数昆虫学家所估计的要高出 10 倍甚至 20 倍。而更令人称奇的是，我家的情况并不是特例。几乎所有采样的房子中都有至少100 种（分属于 60 多个类）节肢动物。有些家中的节肢动物更多，多达 200 种。而且罗利市也非特例，之后几年，在旧金山和瑞士的房屋采样过程中也发现了相似的生物多样性，随后在更大范围（强度有所减轻）的调查中，我们根据房屋灰尘中的 DNA 推断节肢动物的情况，也有同样的发现。[10] 而秘鲁、日本和澳大利亚房屋里生物的种类更多样。我们在人们家中发现了几千种节肢动物，仅在罗利市发现的节肢动物就属于 304 个不同的科。科（family）是分类单位，比属（genus）更大也更古老 ["属"比"种"（species）更古老，"亚科"（subfamily）比"属"更古老，"科"又比亚科更古老 ]。举例来说，所有的蚂蚁都属于同一个亚科，也就是蚁科（*Formicidae*）。我们在房屋中发现了和蚂蚁同样独特也同样古老的 300 多个科的节肢动物。就在人们眼皮底下的整个动物世界被忽视了。它们被忽视不是因为肉眼不可见，而是因为人们没有意识到它们的存在。你可以四下看看，不管你住的房屋或公寓密封得多么好，身边总会有节肢动物。仔细看看，它们就在那儿。我保证你可以找到。要是你愿意，你可以把书放下，找找看。如果是我，我会从窗台和灯具开始找。

很显然，你接着会问我们发现了哪些节肢动物。答案是其中有许多蝇类的生物，共有几百种，里面有很大一部分是从未发现的种类：家蝇（house fly）、果蝇（fruit fly）、小跑蝇（scuttle fly）、摇蚊（nonbiting midge）、拟蚊蠓（biting midge）、蚊子（mosquito）、小家蝇（lesser house fly）、幽蚊（phantom midge）、叶蝇（freeloader fly）、水蝇（shore fly），还有真菌蚋（fungus gnat）、毛蠓（moth fly）、麻蝇（flesh fly），或者大蚊（crane fly）、冬大蚊（winter crane fly）和食腐蝇（minute black scavenger fly）以及长足虻（long-legged fly）、粪蝇（dung fly）。如果你在家里发现了两只苍蝇，那很可能是两个不同的种类。如果你看到了 10 只，那它们可能属于 5 个种。种类第二多的是蜘蛛（家蛛、狼蛛、幽灵蛛、跳蛛、能喷毒液的蜘蛛，等等）。接下来是甲虫、蚂蚁、黄蜂和其他蜂类。就连千足虫都有不同种类，我们在人们家中发现了 5 个科的千足虫。在罗利市的房屋中，蚜虫也很常见，能在蚜虫体内产卵的寄生蜂也很常见，同时也有能在这些寄生蜂身上产卵的黄蜂。[11] 另外有一种能在蟑螂体内产卵的黄蜂，这种黄蜂体型很小，不会蜇人，但它能将针状的产卵器刺入蟑螂的卵荚中，在蟑螂卵旁产卵，黄蜂幼虫孵化后会以小蟑螂为食。看到这各种各样的生物，你就会理解安妮·迪拉德（Annie

Dillard）的那句话："柔软的蛋白质所能形成的千奇百怪的生命形态。"这些生物让我"惊讶于它们的存在，并开始去了解它们"，就像认识新来的室友一样，因为它们和我、和你住在同一片屋檐下（图 7.5）。

一开始，昆虫学家们声称房子里不可能找到许多昆虫。结果我们发现了上千种生物，他们又辩称，这些生物都只是从外边飞进来

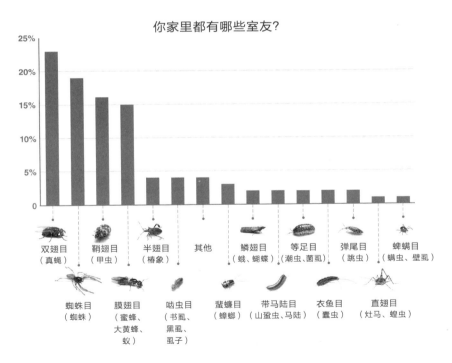

图 7.5 谁才是房子的主人？罗利市房屋中不同目节肢动物的分布比例（马特 绘，略有改动）

的。房屋就像一个巨大的灯光诱捕器，把本来生活在周围的动物都吸引过来。在我们做的一场报告中，有一个同行问道："房子里有这些生物到底意味着什么？它们对人没有任何影响。"学者们有时候真像负隅顽抗的忍者。问题是：怎样确定哪些生物是一直生活在室内的？第一种方法是，找出的上千种生物中，哪些是长期出现而非偶然能在室内见到的，这也是我们采用的办法。我们加倍努力地查找来自不同地区的研究结果，和我们的研究做对比。起初我们一无所获，后来终于找到了两个相关研究。第一个研究的是乌克兰鸡舍中生活的动物，研究人员重点观察了蜘蛛和蜘蛛网上捕获的小昆虫。乌克兰鸡舍内最常见的 7 种蜘蛛中，至少有 5 种也生活在罗利市居民的家中（研究人员找不到能鉴定的专家），表明这些生物很可能，是可以推断而来、各地都有分布而且生活在室内的物种。第二个是考古学家伊娃·帕纳伊奥塔克普鲁（Eva Panagiotakopulu）所做的相关研究。

伊娃是一位特殊的考古学家，她专门研究古代房屋中的昆虫。有的人想和墙上的苍蝇一样，做个冷静超脱的旁观者，而伊娃和她的同事们想弄清楚墙上到底有没有苍蝇。她的团队研究了古埃及、古希腊、英国和格陵兰岛上房屋中生活的节肢动物，从而描绘出和人们同住的生物，以及它们在世界各地迁徙的历程。因为不可能研究古代房屋中所有节肢动物，所以她只会研究那些能以成虫（如甲虫）或者蛹（如苍蝇）的形式保存下来的物种。通过研究动物这扇窗户，伊娃得以窥探古代人的生活，虽然研究方法不像研究现代人生活那么多样，但这扇窗却能跨越遥远的距离和漫长的历史。

伊娃和同事们在古代房屋中发现的物种，都与食物（吃麦子的甲虫、吃面粉的甲虫、吃麦子和面粉上生长的真菌的甲虫）、排泄物（屎壳郎和腐尸甲虫）和人类日常生活的边边角角有关。在古代房屋（比如在公元前 1350 年的埃及阿马纳）中发现的和谷物以及食物相关的几十种节肢动物，几乎每一种都能在罗利市的房屋中找到。许多和排泄物、人体有关的生物也同样如此。每一种经过研究人员仔细研究的生物都是独特的，但这种规律一再应验。这些生物从自然迁居到室内，找到了食物来源；随后又在无意中通过栖身于食物、建筑材料甚至人体上被传播到不同地方。家蝇、果蝇、印度谷螟、皮蠹甚至一些蟑螂都有这样的经历。在《圣经》的故事中，诺亚在方舟上搭载了狮子、老虎和一些其他动物。在现实中，我们带上了各种成双成对的昆虫。很快，这些昆虫就跟随着人类的脚步，抵达了不同的大陆。[12] 在波士顿的一所建于 1650 年的外屋中，人们发现了保龄球、瓷器、鞋子，还有不下于 19 种的来自欧洲的室内甲虫。[13]

通过比对我们在罗利市房屋中的研究结果和伊娃的发现，我们估计可能有多达 100—300 种节肢动物从远东或非洲抵达美洲，进入罗利市居民的家中（同时遍布于北美各地）。罗利市居民家中的其他甲虫，包括几种地毯甲虫，可能在殖民者抵达之前就生活在北美原住民家里了。其他一些生物的旅程则更加奇特——人蚤最早出现在豚鼠身上，后来可能是通过皮毛贸易从安第斯山脉传播到远东和欧洲。[14] 简言之，人们的家中有上百种生物，它们在室内生活的历史十分悠久，从而演化出适应室内生活的特征，不管我们有没有注意到它们的存在，它们都是人类历史的证明，比民主制度、排水设施或文学作品具有更强的预见性。

除了这些专门生活在室内的生物（在不同地区和时期能发现它们的存在），我们还在人们家中发现了上百种本来生活在户外的生物。大部分户外生物进入室内是为了觅食，比如窃叶蚁（*Solenopsis molesta*）。而另外一些生物，比如世界上最小的蟋蟀——蚂蚁蟋蟀（*Myrmecophilus*）是随着它们所寄居的生物而进来的。它们寄居在蚂蚁身上，因此在一些有蚂蚁的家中发现了它们的身影。与之相似，马特在一户有白蚁的家中发现了一种草蛉（bearded lacewing）的幼虫，这种生物很少见，它生活在白蚁巢中，肛门可以释放"毒气"，[15]专门臭晕白蚁，一次可以臭倒一片，然后大饱口福。自然有时候是很荒唐的。我们在室内发现的另外一些户外生物，比如多种节肢动物、在节肢动物身上产卵的黄蜂以及在这些黄蜂体内产卵的蜂类，都是迷路后误闯进来的。我们还在室内发现了蜜蜂、熊蜂（bumble bee）和独居蜂（solitary bee）。这些蜂类是无意中飞入室内的，但它们能提供关于人们住处和生活方式的信息。它们能反映后院的生物多样性，包括昆虫、植物和它们赖以为生的其他物种的生物多样性，而如果后院缺乏生物多样性，在室内没有发现这些蜂类，意味着周围也没有它们的踪迹。

关于我们发现的大部分节肢动物，我们不清楚它们吃什么，也不确定它们的原生地，更不知道它们的近亲有哪些。你在厨房里看到这些生物，就和我 21 岁时在哥斯达黎加热带雨林的树叶下发现新种昆虫没什么区别。在哥斯达黎加，可以肯定你所发现的生物还没有被仔细研究，甚至从未被研究过，你观察到的生物学特征都是全新的。而我们的研究结果也进一步表明，人们家中的生物也是如此。只有一个地方不同，那就是成千上万的科学家还有更多的普通大众可能都见过你在家中发现的生物，只不过谁都没有注意它们。最近研究人员在洛杉矶市区发现了 30 种新蚤蝇（phorid fly）。[16] 之后，他们再接再厉，在洛杉矶又发现了 12 种新物种。[17]北部的纽约市也发现了大量的新物种。人们在市内发现了一种新的豹蛙（*Rana kauffeldi*），接着又发现了新品种的蜜蜂（*Lasioglossum gotham*）和矮蜈蚣（*Nannarrup hoffmani*），[18] 后来又发现了新品种的蝇类。[19] 这些研究，虽说关注的都是生活在户外的生物，但和我的主要观点相一致：我们周围生活着大量不为人所知的生物，哪怕这些生物肉眼就可以看到，或许这样的生物更容易被我们所忽视。我怀疑，我们在人们家中发现的节肢动物中就有一些是新物种，不过为了确认，除了马特之外还需要研究特定种类昆虫的专家——比如研究毛蠓或石蜈蚣的专家来鉴别，而且往往还没有这种专家。

　　到目前，我从我们的研究工作中学到了一点：如果你在家里发现了不明生物，你应该好好研究、观察，别以为有人已经把它研究透了。你可以拍照或把它画下来，拿出放大镜和笔记本，记录下你所看到的东西。假如你发现了一些有趣的事，要像列文虎克那样做：利用手头的工具，想办法弄清楚这是什么生物、它在做什么。之后你可以给专家写封信。用来鉴定的工具比过去要先进许多，而且和专业人士交流的渠道也更丰富便捷。列文虎克凭一己之力，几乎每天都能发现新物种、新现象。想象一下，我们共同努力将会取得多大的成就。我们连最基本的问题，比如室内生活的某些生物谁吃谁都搞不清楚。你可以记录墙角的蜘蛛捉了哪些虫子，或者抓一只节肢动物，放在罐子里，看看它吃什么、怎么交配（科普作家哈贝尔就是用这种方法记录下家里幽灵蛛的求偶故事，而此前科学家从未目睹过这一场景）。我越来越确信一点：科学发现不仅隐藏在人们家中的生物中，而且在家中的可能性还不小。但哪怕是现在，我们做完了所有这些研究，在人们家中不断取得新发现后，当我和米歇尔·特劳特温说起我的想法时，她还会问我："你能肯定这不是因为哪里都可能搞出发现，而我们研究的恰好是室内吗？"我想我还是不敢肯定，但这或许正是一个更重要的问题：我们对周围的生物如此缺乏了解，甚至无法排除一种可能——在这些生物中能产生最伟大的科学发现。

昆虫学家都以为人们家里不会有多少昆虫，而且可能大部分都是害虫。但实际上，真正的害虫，比如携带通过粪口途径传播的病原体的家蝇、引发过敏的德国小蠊、蛀食房屋的白蚁和引起瘙痒的臭虫，在我们研究的家庭里其实都很少见。和岩洞中的三兄弟一样，我们发现，我们闯入的房里充满了未解之谜。我们发现了各种各样的小动物，它们展现了动物们的一段既迷人又崇高的古代生活史。

这些在人们家中活跃的小动物身上，我发现了美。你可能对此不以为然，我也不能把我的想法强加给你。你可能会问，我为什么要这样看呢？我们谈论的这些动物，在大部分人看来都很讨厌甚至恶心。这个问题让我想起自然历史学家、研究蛇类的生物学家哈里·格林（Harry Greene）书中的一篇文章。[20]他探讨了关于蛇的类似问题。格林以哲学家康德的理论为基础，[21] 提出自然（可以指蛇、蜘蛛或其他任何动物）拥有两种不同的美：自然可以是美的，也可以是崇高的。美是我们在看到红雀的鲜艳色彩、听到山雀鸣叫或看到鲸鱼跃出水面时所体会的感觉。美是受感官和文化影响的一种体验，但它与智识无关。有一天，我在显微镜下看到了印度谷螟翅膀上的鳞片，我觉得它很美，前门屋檐上的蜘蛛网，甚至蚊子的触角都会带给我同样的感觉。而崇高则不太一样，它是超出对昆虫或鸟儿的单纯观察之外的美的感受，并能产生在更广泛理解之上的观察。繁星罗列，会让人觉得星空很美，而只有在意识到宇宙之壮阔，点点星光都来自和太阳同样伟大的恒星之后，你才会体会到星空的崇高。一开始，岩洞的美吸引了三兄弟，而对岩洞在人类早期艺术创作历史上地位的理解，激励三兄弟尤其是路易把余生献给了岩洞研究。同样，印度谷螟的翅膀很美，想到同样的印度谷螟也曾生活在哥伦布的某艘船上，飞舞在古罗马的谷堆中，出现在古埃及，会让我们体会到这种小昆虫的崇高之感。一想到生活在人们家中的每一种生物都有类似的故事等着我们去发现、理解，也同样在我们心中唤起崇高之感。我觉得，那些未知之物和宇宙的广度一样富有力量、激动人心。自从我第一次踏上哥斯达黎加热带雨林中的小径，并漫步其中，我一直这样觉得。在我看来，人们家中生活的节肢动物的美和崇高，和其他任何地方的节肢动物一样，足以让我们去关心它们、观察它们，甚至在必要时保护它们。你可能还是不同意我的看法，你或许会想，这些生物对人类有什么好处呢？你不是一个人，别人也有同样的疑问。

# 第八章　那些有用的虫子

小蜘蛛，你别怕
我偶尔才
打扫
　　——小林一茶《俳句精选：芭蕉、芜村和一茶的俳句》

　　当我和同事还有实验室的工作人员开始撰写关于穴蝨和其他节肢动物的论文时，大家都很激动。我们发现了那么多的生物，简直都可以想象，这需要几百个学生花几十年的时间来研究。带着满腔热情，我们期盼着论文写好并刊登出来后会引发公众极大的兴趣。我们想象着成千上万的 8 岁孩子会受到启发，在自己家中开始观察，研究那些从未被研究过的生物。我们的期望实现了一部分。我希望公众的热情未来会持续下去，现在我们实验室有一个工作是设法让孩子和公众能更方便地对周围生物进行观察研究，进而做出更多贡献。不过也有别的声音，有人问我们："怎么才能消灭这些虫子？"还有更多人问的是："这些动物有什么用？"

　　生态学家听到这个问题肯定有些恼火，就像讨厌脚气一样。

作为生态学家，我们明白生物无所谓好坏，它们的价值也没有区别——它们只是和我们一样生活在这个世界上。如果不考虑人类的喜好和需求，一头蓝鲸、蓝鲸身体内的绦虫、绦虫体内的细菌、细菌身上的病毒，它们的价值都是相同的，它们的存在都是演化的结果。对于像阴虱或肤蝇这样生活在人体皮下并通过两个呼吸管一样的孔来呼吸的昆虫也同样如此。无所谓好坏，只是存在。

我们不会问这样的问题（至少不会这样问），并不代表其他人不会以别的方式提出类似问题。比起无视这个问题，我们可以换个提法："这些生物对人类来说有什么用？怎样从生态学和演化生物学中找到答案？"我只是稍微改变了说法（还有些拗口），但如此一来，科学家能更有针对性地回答这个问题。研究证明，许多在家中发现的生物确实为人类做出了贡献。

前面我已经谈过家中的生物在直接促进健康方面对人类的价值，还有一些生物因为对特定工业的影响而间接造福于人类。厨房和面包房中很常见的地中海粉螟（*Ephestia kuehniella*）会被苏云金杆菌（*Bacillus thuringiensis*）感染。这种病原体最早是在德国（确切地点是图林根州）的地中海粉螟身上发现的。后来，科学家发现它可以用来杀灭农作物害虫。有机种植的作物可以用喷洒活菌的方式来防虫。进一步研究发现，这种细菌的基因可以被转入玉米、棉花和大豆的基因组内。转基因作物可以自己生成杀虫物质。地中海粉螟身上细菌的基因，是价值几十亿美元的农业发明的关键，从这个角度看，这种昆虫对人类是大有帮助的。

人们家中有十几种青霉菌（*Penicillium fungus*）。正是在对其中一种青霉菌的观察基础上，人们才发现了抗生素，挽救了数百万条人命。而第一种降脂药（他汀类药物）也是从某种青霉菌中提取出来的。小家鼠和大家鼠都是生活在人们家中的生物，有利的环境促进了它们的广泛分布，它们和果蝇一起在实验中作为动物模型，研究人体生理机制和药物的作用，正是有了它们，我们不用再做人体实验了。果蝇、小鼠和大鼠是"好的"，因为有了它们的帮助，人类可以在不伤害同类的前提下进行医学研究。通过研究，这些动物帮我们揭开了人体的奥秘。

　　我还可以举出更多例子，可是在我思考这些生物的用处时，我想或许还能做得更多。我可以在实验室里系统研究这些生物的用途，就从我们在地下室里发现的外来穴蝱开始。我的设想是，从穴蝱的生物学特性来推断它能在哪些方面做出贡献。

　　当穴蝱和蠹虫等地下室生物搬进人们家中，它们对洞穴的适应能力依然保存完好。它们能以那些看似无法食用的有机质为食。地下室的蠹虫据说就能消化植物纤维、沙子、花粉、细菌、真菌孢子、动物毛发、皮肤、纸张、人造纤维、棉花等，这些食物好像是各种文明社会产物的大杂烩。地下室里的穴蝱吃得应该也差不多。[1] 这些食物不仅和某些生态系统中的食物来源一样不含氮和磷元素，也缺少容易消化的碳元素。植物和能进行光合作用的细菌，可以固定空气中的碳，而这些碳形成大部分生态系统中食物链的底端。岩洞和地下室缺少阳光，固定下来的碳很少，因此其中含有的碳也很少（除非有蝙蝠住在里面并产生了排泄物，有些岩洞中就是这样，希望你的地下室里没有）。在缺少容易消化的碳和其他营养物质的情况下，生活在岩洞中的生物演化出对营养物质需求较少的身体结构。岩洞生活让动物放弃了视力（构成眼睛十分消耗能量）、丧失了色素（色素也很耗能），拥有轻而多孔的骨骼（如果有骨骼）或薄薄的外骨骼。在我思考穴螽的潜在价值时，有了一个想法：如果穴螽、蠹虫和其他穴居动物在失去的身体构造之外获得了一些特殊能力呢？这样它们就能吸收来之不易的食物中的每一点能量，比如，它们可能靠肠道细菌来分解自身的消化酶无法消化的化合物。

如果穴螽的肠道中真有这样的细菌，我们或许可以开发出它们的工业用途。我们可以分离这些细菌，找到在实验室里培养的方法，物色一些企业，让它们用细菌来分解塑料之类难以分解的垃圾，甚至从中提取能量。这听起来似乎希望渺茫。不过管他呢，反正我有终身教职，可以一直研究下去。

为了验证我的想法，我们要统计一下这些昆虫身上携带的细菌种类。应该有三种类型的细菌。第一种，生活在昆虫肠道或外骨骼上的细菌可能是偶然获得的，对昆虫没有益处，不过这些细菌仍随着昆虫的活动播散开来。家蝇一落地，它带有黏性的腿毛上就沾满了细菌。这些细菌在苍蝇进食时被带入肠道中。这些搭顺风车的乘客随着苍蝇活动被带到苍蝇落脚、触碰、排泄、反刍的地方。[2] 不过，这些细菌不是我们要研究的目标。

第二种依赖昆虫的细菌和宿主发展出长期的亲密关系，许多这样的细菌一旦离开昆虫宿主，就失去了生存能力。[3] 它们的遗传物质简化到只剩下对昆虫宿主来说最必要的基因，仿佛变成了昆虫的一部分。弓背蚁（*Camponotus*）依靠名为 *Blochmannia* 的细菌获得食物中没有的维生素。[4] 不过，尽管这些昆虫宿主——不管是象鼻虫、苍蝇还是蚂蚁体内的细菌——很有趣，但它们在工业上没有价值，因为几乎无法体外培养并加以利用。

我们打算重点研究第三种细菌。我们考虑的是那些在某种程度上能和昆虫共生但仍然可以独立生存（比如可以在实验室的培养皿和工厂的培养桶中生长）的细菌。在这一大类中，我们研究的是能独立分解难以分解的含碳化合物的细菌。我们想找的是一些在昆虫中很常见而其他地方很少见的细菌，还没有被其他的科学家所发现，既不是随处可见又不算稀有——恰到好处。

现在，我们只需用难以分解的化合物来培养穴蠢肠道中的细菌。人类已经生产出许多较难分解的化合物。有时，这些化合物（包括塑料）是为专门用途设计的。而当人们将其大量丢弃时，就会带来麻烦，海面偶尔发现的塑料垃圾小岛就是这样形成的。有一些难分解的化合物是工业生产的副产品。如果穴蠢能分解其中任何一种污染物，就算是给人类造福了。

我是一名受过基础生态学和演化学训练的生物学家，但我不知道如何开启这个项目，所以需要一些建议。我给在隔壁大楼的植物和微生物生物学系工作的埃米·格伦登（Amy Grunden）发了封邮件。她专门研究自然界微生物在工业难题上的应用，比如，她曾经研究过深海喷口附近的微生物在清除农药和化学武器带来的污染物方面的工业应用。[5] 我问她对我的项目有什么意见，她说："当然有，你怎么不看看穴蠢身上的细菌能否分解'黑液'呢？"听她说完，我偷偷查了一下"黑液"是什么。

所谓黑液，就是造纸业产生的黑色废水。洁白平整的打印纸以树木原料制成，生产过程中会产生废水，其中含有木质素、碱和溶剂。木质素是一种复杂的含碳化合物，能为木材提供硬度（也是木结构房屋不易腐烂的原因）。因为黑液中含有碱和溶剂，它的碱性和碱液一样强（pH 值接近 12）。黑液有毒，在美国不能合法直接排放到周围环境中，造纸厂一般是焚烧处理，因此造纸厂附近总有股臭鸡蛋味儿。埃米觉得，如果能找到可以分解木质素的细菌，应用前景应该不错，我们立刻开始研究。埃米实验室的博士生斯蒂芬妮·马修斯（Stephanie Mathews，后来她作为博士后和我们一起工作，现在是坎贝尔大学的副教授）的任务是用穴蠹和白腹皮蠹（Dermestes maculatus）的幼虫做实验。白腹皮蠹以腐肉为食，但也能消化一些难以分解的含碳化合物。斯蒂芬妮的搭档是 MJ，MJ 很了解昆虫，斯蒂芬妮熟悉细菌，研究过程看似很完美，却遇到了一些现实问题。

埃米没有提醒我的是，寻找能分解黑液木质素的细菌难度有多大。在已知上亿种细菌中只有少数几种能分解木质素，最多也就 6 种。

真菌可以将木质素分解为稍小的、容易吸收的含碳化合物。科学家把真菌引起的木质素的降解称为"白腐"（white rot），这种真菌也被称为"白腐菌"（white rot fungi）。森林中树木的分解就是依靠白腐菌完成的。尽管白腐菌在自然界中作用巨大，但工业应用却很困难。白腐菌会长出蘑菇，生成网状菌丝，生长缓慢，很难处理，尝试利用白腐菌分解木质素获取能量，或者清除黑液这类废弃物的科学家，最后都宣告失败了。细菌可能更好操作，但 6 种能分解木质素的细菌也都有这样那样的困难。到这时，还没有任何人找到能分解黑液中的木质素的细菌或真菌（但是后来，斯蒂芬妮在她博士阶段的研究中做到了）[6]。

他们开始进行实验，我期待他们能做出重大发现。不过，要是当时再多想想，我应该就能意识到成功的机会不大。事实上，我根本没想太多，所以我也从没想过这事儿希望渺茫，MJ 也不知道，斯蒂芬妮更是一直信心满满，所以我们就这么尝试了。

斯蒂芬妮的进度很快，短短几个月就有了结果。她用几种不同化合物来培养从昆虫肠道提取的细菌。她把关键的化合物和皮氏培养皿（高中的实验就用过）中的琼脂混合。第一组培养皿中含有纤维素，第二组中含有木质素，其他培养皿中含有另外的微生物营养成分。每个培养皿上都接种了一滴浆状的穴螽或白腹皮蠹的残骸。

斯蒂芬妮为我们展示了培养结果——在以纤维素为营养来源的培养皿上生长着多种细菌，因此它们是可以分解纤维素的，纤维素是造纸和生产石膏板的原材料，玉米秆也主要由纤维素构成。纤维素既是废弃物，也是生产生物能源的重要原料。这些细菌能分解纤维素，意味着它们有将废弃纤维素（比如玉米棒、卫生纸等）转化为生物能源的应用潜力。其他生物也有这种本领，其中一些已经找到工业化应用，不过，这些细菌可能比工业上已经使用的微生物转化速度更快、效率更高。这真是个激动人心的发现，虽在意料之中，却仍然很有价值。

基于我们在民居中发现的穴螽的生物学特征，[7]我猜想：穴螽肠道中生活的微生物，至少有一部分是能消化木质素的。当时，我还不知道人类在寻找能分解木质素的微生物方面经历过的坎坷，不尊重历史的人是注定要被历史打脸的。历史告诉我们，要找到能分解木质素的细菌很不容易。但是我们发现，的确有一种穴螽肠道里的细菌能分解木质素。实际上，这种细菌仅仅以木质素为能量来源就够了。白腹皮蠹体内也有 5 种菌株（分属于两个种）可以分解木质素。很久以后，我才意识到这项发现真正的意义。在一只穴螽和一只白腹皮蠹身上，我们团队的发现，使得已知能够分解木质素——也许是自然界中最常见的化合物——的细菌菌株数量翻倍，种类增加了 30%。这些细菌中，至少有两种是全新发现的，其中就有我们要重点讲述的一种拉氏西地西菌（*Cedecea lapagei*）属细菌。简单概括一下：我们在北美各地家庭的地下室里发现了一种不为人注意、体型较大的外来穴螽。在它们的肠道里，我们发现了一种能分解木质素的新种类细菌。

斯蒂芬妮还试着用浸泡在碱液中的木质素来培养这些细菌。想象一下你泡在碱液缸里啃木头片的情景，木片简直无法下咽，皮肤也会脱落。碱液的碱性太强，会杀死绝大多数细菌。根本不可能有细菌幸存，更别说生长繁殖了。不过，还真有细菌做到了。斯蒂芬妮发现了能在如此严苛的条件下生存的细菌。她的初次尝试，就完成了几乎不可能的任务。这太棒了！事实上，包括拉氏西地西菌在内所有能分解木质素的细菌，都能在碱液中分解木质素。拉氏西地西菌可分解黑液中的木质素和纤维素，利用这些废弃物大量繁殖，并转化成能量。

通过对穴螽的生物学特征的了解，我们发现了很可能能将废弃物转化为能源的细菌。在白腹皮蠹身上也同样如此。发现能分解黑液的新物种的概率很小，非常小，可能只有百万分之一，最多十万分之一。而发现三种能分解黑液的物种，概率就更小了。不过这样计算好像我们成功靠的都是运气似的。的确很幸运，但我们也是凭着对穴螽的了解来推测哪里能发现要找的细菌，我们成功了。我们对自然历史的了解有了回报，对生态学的了解有了回报，对洞穴生物可预见的演化趋势的了解，同样有了回报。

埃米、斯蒂芬妮和我继续研究如何高效地大量培养这些细菌，以达到工业化应用的规模。我们和其他同事合作，成功分离出西地西菌（Cedecea）分泌的能分解木质素的化合物。我们还找到了编码这些酶类化合物的基因。我们正试着将这些基因转到实验室常用菌种体内，好让这些细菌在可控状态下大量分解木质素（不过实验刚进展到早期阶段）。请大家继续关注，我们的研究正在渐入佳境。至于家中的生物对人类来说有什么用，答案要等我们研究完才知道。

我们在穴螽和白腹皮蠹的肠道里发现了能分解木质素的细菌，我觉得这很好地回答了穴螽对人有何作用的问题。这并不是说地下室里的穴螽和白腹皮蠹比之前更有价值了。但作为物种，这些生物的确有可能为人类社会造福，前提是这些生物会持续存在下去而且要被我们研究。当我就我们的研究工作做演讲时，人们想知道，我们是不是无意中从家中上千种生物里挑选了两种对人有益的呢？而这两种生物特别容易出成果？为了弄清楚，唯一的办法就是研究其他节肢动物，看看它们有没有用途，而这正是我们所做的。我们已经开始系统研究那些较熟知的家中生物以及它们的可能用途。

接下来，人们显然应该继续在昆虫身上寻找能降解工业废弃物的细菌。比如，书虱（book lice）体内可能就有能分解纤维素的全新酶类，这些酶类将会对生物能源领域大有裨益。这一假设不难验证。[8] 类似的，蛾蠓的幼虫栖居在下水道中，以食物残渣为食，总是能在潮湿和干燥交替的极端环境（下水道）中生存（图 8.1）。最近研究发现，两种与洞穴环境相关、家中常见的古老昆虫——蠹虫（silverfish）和石蛃（bristletail）体内也有能分解纤维素的特殊的酶类。[9] 我们可以研究它们，也可以研究其他甲虫。我们在某种白腹皮蠹的体内发现了两种有价值的细菌。科学家可以更彻底地研究这种皮蠹，也可以研究它的近亲，其他种类的皮蠹。仅仅在罗利市居民家中就生活着十几种皮蠹，每种皮蠹体内可能都生活着独特的微生物，但从来都没有人研究过。我可以肯定，一些蠹虫的肠道中就生活着可能颠覆整个行业的细菌。以此为研究对象，科学家的整个职业生涯应该都不会枯燥。

不过，在发现了节肢动物的其中一种用途和价值后，我还想去探索其他完全不同的用途。但盲目地开展其他研究是不理智的。好在我们不再盲目，而且学到了三个教训。第一，不要想当然地以为有人已经研究过这种生物，不管它有多么常见。第二，如果你想找到一种生物的用途，掌握相关的生物学知识就很重要，这样才能推测出可能性。这也意味着，我们目前还无法研究大部分人们家中生物的用途，更别说自然界中的生物了，因为我们不知道大多数节肢动物吃什么，对它们的生物学特征更是一无所知。第三，也是我特别想告诉学生们的：假如连环境生物学家和演化生物学家都不去研究这些生物的潜在价值，那就没有人去研究了。这虽说只是一种假设，却也来自我与环境生物学家长期共事的经验。

在走路上班的时候，我观察着自己遇到的每种昆虫，想着它们会带给人类怎样的启迪。我的学生、博士后还有合作者们也在思考同样的问题。比如，我们会想节肢动物身上带切割和清扫功能的构造，能否启发人们设计出新的切割器和刷子。谷盗（grain beetle）的下颚可以穿透相对于它们体型坚硬无比的种子，这是由于它们的下颚就像被金属加固过，特别适合切割东西。[10] 这些虫子的下颚的形状和构造，可以启发我们设计新的切割工具。还有刷子，大部分

图 8.1　蛾蠓就是这样一种在家中很常见但几乎没有被任何科学家关注的小昆虫。蛾蠓的成虫很可爱，幼虫其貌不扬，但体内很可能携带能分解纤维素甚至木质素的微生物（马特 摄，略有修改）

节肢动物的腿或其他部位都长有刷毛，可用来清洁眼部和身体。[11]从昆虫的刷毛得到启发，设计出工业生产线上用的清洁刷或日常用的梳子，这也不是不可能。用以蚂蚁腿上的刷毛为灵感设计的梳子来梳头发，应该会很酷吧，要是我还没秃就好了，唉。

　　我们也在研究家中的节肢动物，以寻找新的抗生素。人类开发抗生素的速度，已经赶不上细菌对现有药物产生耐药性的速度。也许我们可以从家蝇这些节肢动物入手。家蝇产下的卵携带着产酸克雷伯氏菌（*Klebsiella oxytoca*）等细菌。这些细菌能生成化合物，杀灭真菌，让幼虫在和真菌争夺食物的过程中胜出。这些细菌可能会生成对人类控制真菌有益的抗生素，不过目前还没有这方面的研究，[12]这挺值得尝试的。说到寻找新的抗生素，值得研究的远远不止家蝇。许多蚁类的第一胸节上有毒液腺，能生成抗生素。几十年前，研究人员开展了一系列研究，试图分离出发现于澳大利亚的一种新型巨型斗牛犬蚁（*Myrmecia spp.*）所分泌的抗生素。[13]这些化合物有望作为抗菌药物应用于临床。读研的时候，我曾经想要跟进这项工作，后来之所以没去，是因为我以为有人已经在做而且已经完成了。15年过去了，相关的研究还是没有完成。和来自北卡罗来纳自然科学博物馆的阿德里安·史密斯（Adrian Smith）、亚利桑那州立大学的克林特·佩尼克（Clint Penick）以及其他合作伙伴一起，我们开始研究罗利市所分布的蚂蚁，找出那些可能生成抗生素的种类。一开始，我们以为那些能形成庞大的蚁群或生活在土壤中的蚂蚁（在土壤中可能会接触到许多病原体）是最可能生成强力抗生素的。但事实并非如此，能产生强效抗生素的是水蚁属（*Solenopsis*）

的蚂蚁，比如火蚁和贼蚁（*Solenopsis molesta*）。贼蚁在厨房里很
常见。我们发现，贼蚁所产生的抗生素，能有效杀灭和耐甲氧西林
葡萄球菌密切相关的细菌以及其他同属的细菌。[14] 这也意味着在不
久的将来，厨房中的蚂蚁将很可能挽救被致命性皮肤感染折磨的
人们。

　　另外，最新研究显示，人们后院里（其实室内也有）的一些常
见昆虫的身体构造有些利于特定细菌的繁殖，有些则不利于细菌存
活。蝉和蜻蜓的翅膀上都有微小的纳米柱结构，能撕裂细菌的细
胞膜。受此启发，人们现在生产有类似结构的建筑材料以达到抗菌
效果，因为细菌不可能对此产生抗性（不管细菌怎么演化也抵抗不
了）。我们想知道，能不能反向思考，即从节肢动物身上获取灵感，
研究出有利于有益细菌生长的结构。许多蚂蚁的外骨骼就有类似的
功能。受蚂蚁的启发，我们期待能开发出外穿的"益生服"。目前
已经取得了一些进展，但还远未成功。毕竟我们只有十几个人——
要是加上朋友会稍微多点——我们只能做到这个地步。设想一下，
如果有许多人投身到研究身边昆虫的应用中来，将会怎样？设想一
下，有研究机构以此为唯一研究目标又会怎样？我期待会有这么
一天。

　　在家中生活的节肢动物和昆虫里，那些对人类最有价值的，很
多都不招人待见甚至让人害怕，比如蜘蛛（图 8.2）和黄蜂。这些
动物在屋子里和房屋周围发挥了重要的生态作用，蜘蛛会捕食害
虫，黄蜂也是。黄蜂还可以帮植物传粉。不过，黄蜂和蜘蛛也是开
发新工业应用的极好目标。如今，人们已经从蜘蛛丝得到启发，尝

图 8.2  北美老百姓家中最常见的无毒蜘蛛——北美草蜘蛛（*Agelenopsis*），趴在罗利市一户人家的门框上（马特 摄）

试生产出相似的商业材料，满足人类需求；同时人们也仿造蜘蛛编织卵袋和织网的方式，从内部一层层地建造房屋。不仅仅是蜘蛛丝启发了我们，蜘蛛吐丝用的套管结构，也有可能启发我们设计出3D 打印的新方法。在 3D 打印还没发明之前，蜘蛛就已经开始这样做了。我觉得要是把十几个研究蜘蛛的动物学家、十几个工程师和建筑师在一间屋子里关上一周（再放进几只蜘蛛），肯定会产生许多新发明创造。

在我们实验室里，黄蜂已经被证实是新发现的源泉。和穴螽一样，我们是应他人之邀才开始研究黄蜂的潜在价值的。2013 年 10月，北卡罗来纳州科学大会的组织者乔纳森·弗雷德里克（Jonathan

Frederick）问我们能不能找到一种新酵母来酿造大会用的啤酒。当时在实验室做博士后研究的格雷戈尔·雅内迦（Gregor Yanega）是研究蜂鸟鸟喙生物机械学的专家，他提议我们可以从黄蜂入手。他的猜测基于两个理由：对黄蜂生物学特性的了解以及最近一篇证明葡萄种植园中的黄蜂可以将身上的酵母转移到葡萄上的论文。[15]葡萄园中的酵母在黄蜂的肠道中过冬，等到葡萄再次挂果，飞来飞去的黄蜂无意中就把这些酵母带到了一颗颗葡萄上。当葡萄被收获后，酵母会协助启动发酵过程。现在看来，在人类开始酿造啤酒和葡萄酒以前，酿酒酵母的原生栖息地就是黄蜂的肠道和身体。现在人们还可以看到这些黄蜂，它们在葡萄园周围的房屋和建筑上筑巢。我们是先从黄蜂那里借来酵母才开始酿酒的。格雷戈尔觉得我们可以再多借一些。

在黄蜂身上寻找祖先们未曾发现的新酵母，这个主意很好，可实施起来太困难。谁来收集黄蜂？更别说去找它们身上的酵母了。幸运的是，当时安妮·马登（Anne Madden）刚好加入了我的实验室。她研究黄蜂多年，读博期间，她常常一连几小时倒挂在谷仓的房顶或靠近屋檐的梯子上，好把黄蜂正在嗡嗡出入的蜂巢割下来。她把蜂巢飞速扔进袋子里，再骑着摩托车背回实验室。她之前也研究酵母很多年，尤其是工业用酵母。如果有谁能在黄蜂巢中发现新的酵母，那应该只有安妮了。

她开始在黄蜂身上寻找新酵母，果然有收获。在黄蜂和其他蜂类身上，安妮发现了100多种酵母，其中一种就是在她的波士顿公寓门廊上筑巢的黄蜂身上发现的。这些酵母的功效令人惊叹。有了这些酵母，人们在一个月内就能酿成以前要用几年来酿造的酸啤酒。[16] 你现在已经可以买到用这种酵母酿造的啤酒了。多亏了安妮的研究，在其他黄蜂身上发现的相关酵母，能用来发酵制作有独特香味和口感的面包。安妮认为，研究工作成效显著的一个可能的原因是，黄蜂也利用酵母产生的味道来寻找蜜源。[17] 黄蜂通过闻酵母来找蜜，我们从黄蜂身上找酵母。这种关系是双赢的，我们希望未来和所有昆虫都能建立起这种关系。

总体而言，寻找家中生物的价值相对容易，对其加以研究并且应用于商业要更困难些，但也不是不可能，耐心和资金就可以克服技术层面的困难。这也让我们疑惑，为什么我们没有取得更多的成就，为什么我们没有编出身边常见的每种昆虫用途的目录呢？我认为有三个原因。

就像我在第七章说的，首先，我们似乎对身边的生物视而不见，根本注意不到它们的存在。我们必须要意识到它们才能去研究它们，发现它们的用处。其次，尽管一个世纪以来环境生物学家和演化生物学家一直说要发现生物的"潜在经济价值"，却没有真正付诸行动。他们以为其他人会去做这项工作。环境生物学家似乎是从美学角度，甚至简单地从存在的角度来评价一种物种。这种思维方式，使得他们不关注物种的应用价值。如此一来，就形成了在业内同事认为我研究昆虫很古怪，而研究昆虫生物学的同事又觉得我和业界合作难以理解（或者更糟）这样一种局面。工作不被朋友认可那就进行不下去了。生态学家和应用生物学家都不看重在环境学和工业应用两者交叉领域所做的工作，这也引出了我们的第三个原因。

大部分相关研究都是随机选择物种，一个个地试。这种做法是错的，有时甚至要付出沉重的代价。人们花费了几百万美元在哥斯达黎加雨林中挨个搜寻可能治疗癌症的物种。这个方法其实不对。我们应该在生物学知识的指引下展开搜寻，用我们掌握的关于物种的生态学和演化学的知识来预测，哪些物种最可能有特殊用途。如果能克服以上三点，我们就可以将生态学和演化学知识相结合，大大加快系统寻找物种用途的进程，提高利用自然造物的能力，如此一来，或许我们会更加重视自己身边的生物。现在，如果有人问我穴螽有什么用，黄蜂、蚊子有什么用，我会先想想这种生物的特点，在思考之后提出假设，一回到实验室就开始着手验证。

当然，要让这一切能够实现，我们必须对周围物种的生物学特征有所了解，因此我们应该开始研究生活在房屋中的几千种节肢动物（还有几万、几十万种更微小的生物）。人类几乎生活在地球上各个地方，深入研究人们家中的生物，也意味着对生命的了解又进了一步。不过，我们的任务依然很艰巨。我怀疑，人们研究得比较透彻，能推出其潜在用途的节肢动物只有不到 50 种（更别提细菌、原生生物、古生菌和真菌了）。当你看到昆虫在房子周围飞舞的时候，用心观察，问问自己"我能发现它的什么用处"，而不是"这种虫子有什么用"。充分利用演化给我们的启示，是人类自身的责任，而不是自然的责任。保护我们身边的物种，让它们在被我们发现用途时依然存活，这也是人类的责任。

不过，就算在思考过家中生物的价值，意识到多亏小虫子人类才能畅饮佳酿之后，一听到家里有各种节肢动物，还是先想着怎么才能干掉它们，你也不是第一个这么想的了。图坦卡蒙法老的墓里有一把陪葬的苍蝇拍，他的臣民肯定很清楚，不管法老的来世如何，不管他会有怎样的荣华富贵，苍蝇肯定是会有的。[18]古埃及人也用苍蝇拍和植物来驱赶蚊虫。[19]世界各地的人都找到了驱虫的方法。在和那些真正会带来危害的个别生物的斗争中，人类在关键战役中都取得了胜利。集中收集垃圾和生活污水，也防止了那些携带病菌的、喜爱腐臭的生物的滋生。蚊帐将传播疟疾的蚊虫阻挡在外，挽救了生命。但从更广泛的意义上说，人类和昆虫的战斗依然胜负未卜，同时还产生了一些意想不到后果，这很大程度上是因为，那些人们拼命要消灭的生物，能很快地演化和适应。

# 第九章　蟑螂都是你养的

别老是和同一个敌人交战，否则你将教会他你的所有战术。

——拿破仑·波拿巴

我几乎可以肯定（和我起初的想法截然相反）生物不是（这跟要我承认犯了谋杀罪一样艰难）一成不变的。

——查尔斯·达尔文

读到这里，你可以学着对身边的生物感兴趣，知道大部分节肢动物都有其独特之处，但我们对它们了解不多。这些生物非但不是害虫，反倒会帮人类控制真正的害虫。你也可以对它们发起战争，现代人用的武器是化学杀虫剂。不过要当心：如果你决意要发起化学攻势，你要知道敌我双方并不是势均力敌的，力量相差悬殊。昆虫通过自然选择不断演化来应对人类的新式化学武器。人类的攻势越猛烈，它们的演化速度就越快。昆虫的演化速度超过了人类对其机制的理解，更不用说与之对抗了。这样的故事在历史上一再上演，特别是在那些人类最想消灭的昆虫身上，比如德国小蠊（*Blattella germanica*）。

1948 年人们首次使用氯丹（chlordane）来杀灭家中的害虫。

它效果神奇，能置害虫于死地，人们认为它会是害虫的克星。不料，1951 年得克萨斯州的科珀斯克里斯蒂城就发现了对氯丹产生了抗药性的德国小蠊。事实上，这些蟑螂比实验室里的品种对氯丹的抗药性要强 100 倍。[1]到 1966 年，已经出现了对马拉硫磷（malathion）、二嗪农（diazinon）和倍硫磷（fenthion）等杀虫剂都耐药的德国小蠊。不久之后，又发现了对 DDT 杀虫剂完全耐药的德国小蠊。每次人们发明出新的杀虫剂，只要几年，有时甚至只要几个月，就会出现对它们产生了耐药性的德国小蠊。有时，对已有杀虫剂的抗药性还会使它们对新杀虫剂也产生抗药性。这意味着战争还没打响就已经结束了。[2]一旦出现了有抗药性的德国小蠊，它们就会扩散开来，而只要人们还在使用旧的杀虫剂，它们就会肆无忌惮地生长繁殖。[3]

蟑螂和人类发明的杀虫剂之间针锋相对的斗争令人称奇。一代代的蟑螂快速演化出躲避、分解甚至利用杀虫剂的新本领。不过和我办公室隔壁大楼里研究人员的发现比起来，这些反应都不算什么。这一切都得从 20 多年前美国西海岸的加州说起，故事有两个主角——名叫朱尔斯·西尔弗曼（Jules Silverman）的昆虫学家和名叫"T164"的蟑螂家族。

朱尔斯的工作是研究德国小蠊。他在加州普莱森顿的高乐士公司技术中心（Clorox Company Technical Center）工作。[4]该技术中心和其他科技公司差不多，唯一区别就是他们生产的是杀虫装置和杀虫剂。朱尔斯专门研究怎么消灭蟑螂，特别是德国小蠊。德国小蠊只是那些搬到室内和人住在同一屋檐下的蟑螂中的一种。一次会上，一个蟑螂专家对我一口气说出这些蟑螂的种类："美洲大蠊

(American cockroaches)、东方蜚蠊（Oriental cockroaches）、日本大蠊（Japanese cockroaches）、淡赤褐大蠊（smoky-brown cockroaches）、棕色大蠊（brown cockroaches）、澳洲大蠊（Australian cockroaches）、褐斑大蠊（brown-banded cockroaches），另外还有好几种。"[5]地球上有几千种蟑螂，其中大部分都不在家里，也无法在家里生活，[6]不过这最讨厌的十几种，天生具有一些能力，能在室内繁衍。比如这些蟑螂里有好几种都能单性生殖[7]——雌性能独自繁育后代。[8]尽管那些生活在室内的蟑螂都有些特殊的适应能力，利于和人类共存，但德国小蠊的配备是最齐全的。

在野外生活的德国小蠊很孱弱，会被其他动物吃掉或活活饿死。幼虫经受摧残和折磨，无法存活。因此，地球上任何地方都没有生活在野外的德国小蠊。它们只在有人类生存的地方，才拥有顽强的生命力和旺盛的繁殖力，或许，这正是我们如此讨厌蟑螂的原因。它们喜欢我们所喜爱的居住条件——温暖宜人，湿度恰当，它们喜爱我们爱吃的食物。[9]它们甚至和我们一样会觉得孤单。[10]不管人是因为什么原因而对蟑螂深恶痛绝，但我们其实没什么好怕的。蟑螂的确会携带病菌，但就和邻居或孩子身上携带病菌没两样。迄今还没有人因为蟑螂传播病菌而染病的报道，但每时每刻都有人因为其他人类传播的病菌而生病。德国小蠊的最大危害在于，当它们密度较大时会形成过敏原。为了解决这个实际问题和人们臆想中的其他危害，我们耗费了大量的资源以试图消灭它们。

很难说清人类和蟑螂的战争是什么时候开始的，因为在考古遗址中蟑螂的尸体无法保存完好（至少相对于甲虫来说）。而且，和研究蟑螂的生物学特性相比，人们更愿意研究如何杀灭它们。已知的与德国小蠊亲缘关系最近的品种是两种亚洲蟑螂，它们都主要生活在户外；它们都善于飞翔，以树叶残渣和其他小昆虫为食，在有些地区被农民和科学家认为是农业益虫。[11] 起初，德国小蠊的生活习性可能也和这些野外的种类相似。后来，它和人类一起转移到室内生活。[12] 之后，这些蟑螂变得不会飞，繁殖速度加快，也更喜欢群居，它们在其他方面也发生了改变，成了最适应在人类所喜好的条件下生存的昆虫。就这样，它们四处播散开来。

德国小蠊大致是在七年战争（1756—1763）期间传播到整个欧洲的，当时人们携带容器横贯欧洲，这些容器足够大，能容纳不少蟑螂藏身。而究竟是谁促进了蟑螂四处传播，人们并不清楚。[13] 现代分类学之父卡尔·林奈（Carl Linnaeus）认为它们来自德国。林奈是瑞典人，瑞典人曾和日耳曼普鲁士人作战，因此他觉得给这种连他都不喜欢的生物取名"德国小蠊"有很好的讽刺意味。[14] 到 1854 年，纽约已经出现了德国小蠊。如今它们随着不同种族的人，乘坐着船、汽车和飞机四处迁移，从阿拉斯加到南极洲都有它们的身影。[15] 空间站上现在还没有蟑螂，反倒让人觉得奇怪。

在房子和车里的温湿度随着季节变化而波动的地区，德国小蠊和其他种类的蟑螂同时生活在人们家中，[16] 其中有些蟑螂，或许自从人类搬进岩洞开始就跟我们老祖宗打过交道了。[17] 而在安装了中央空调的地方，德国小蠊更是成了一方豪强，其他蟑螂都变少了。比如，直到几十年前，德国小蠊在中国的很多地方都不常见，但随着人们给北方运输车装了暖气，车里对德国小蠊来说也足够暖和了，它们随之往北传播；而人们给南方运输车装上了空调，车里也变得凉爽，德国小蠊随之往南传播。到达当地后，德国小蠊在中国北方和南方的居民楼里都找到了足够暖和或凉爽的落脚地，开始大量繁殖。随着中国乃至世界上大部分地方的居民楼都安装了中央空调，德国小蠊传播范围越来越广，数量也越来越多。[18]

　　早在 25 年前，朱尔斯在高乐士公司的时候，德国小蠊已经出现了爆发的势头。他负责研发杀灭蟑螂的药物，当时市面上最有效的是毒诱饵。你应该听说过蟑螂诱饵，就是涂了杀虫剂的小糖块。有了蟑螂诱饵，我们就不用在整间屋子里喷杀虫剂了。理论上说，可以用任何蟑螂喜欢的糖来制作诱饵：果糖、葡萄糖、麦芽糖、蔗糖或者麦芽三糖（maltotriose）。美国人用得最多的是葡萄糖，它的价格便宜，对蟑螂的诱惑力也大。生活在美国的德国小蠊对葡萄糖已经习以为常。它们的食物中有 50% 来自碳水化合物，其中大部分热量来自葡萄糖，而人类自身通过食用大量玉米糖浆也摄入了大量葡萄糖。我们用"吃完饭就吃甜点"来哄骗孩子好好吃饭，也用同样的甜食来诱杀蟑螂。

　　在高乐士公司工作期间，朱尔斯意识到他的朋友、野外昆虫学家唐·比曼（Don Bieman）投放毒诱饵的公寓里发生了一些奇怪的事。这间公寓的编号是"T164"，唐在这间公寓里投放了毒饵，但蟑螂没有死，[19] 它们活得好好的。他又投了些毒饵，它们还是没事。可当唐把公寓里的蟑螂带到实验室，它们一碰到毒诱饵上同样的毒药（氟蚁腙/hydramethylnon）就当场暴毙。能毒死蟑螂的毒药在公寓里头却杀不死它们。唐告诉朱尔斯，他觉得那些蟑螂好像对诱饵避之唯恐不及。回到实验室,朱尔斯一一测试了诱饵中每种成分对 T164 公寓里的蟑螂的吸引程度。最有可能的是,蟑螂开始避开那些毒药。但是实验表明,蟑螂在实验室里并没有避开那些毒药,也没有避开诱饵中的乳化剂、黏合剂和防腐剂。那就只剩下诱饵中的糖了——葡萄糖,也就是玉米糖浆。如果它们真的不吃糖那就太奇怪了,这意味着它们会拒绝糖这种蟑螂和大多数动物都喜欢了几百万年的食物。但事实就是这样,这些蟑螂看到葡萄糖会躲开。不仅仅是不爱吃葡萄糖,而且它们对葡萄糖深恶痛绝。不过,它们还是会被果糖吸引。朱尔斯猜想,或许这群德国小蠊(后来人们称它们为 T164)是学会了不吃葡萄糖(图 9.1)。聪明的蟑螂真是所向无敌(或许几十亿只同样聪明的蟑螂除外)。

朱尔斯验证了蟑螂会学习的假说。如果蟑螂会学习,那么这些蟑螂的后代——肉乎乎、苍白、无助、初出茅庐的小蟑螂——应该会被传统诱饵所吸引。这些蟑螂的子孙刚出生还来不及学习。他通过实验来检测这些蟑螂会不会受到葡萄糖的诱惑。结果是它们没有被吸引。这些蟑螂不是学会的,它们生下来就不喜欢葡萄糖。唯一可能的解释就是这种对葡萄糖的厌恶是遗传的,是通过演化形成的。朱尔斯设计了简单的遗传学实验,看看这种厌恶是怎样遗传的。他把讨厌葡萄糖的蟑螂和仍爱吃葡萄糖的蟑螂进行交配,再让产生的后代和那些爱吃葡萄糖的蟑螂杂交。实验表明,虽然不是100%,但控制厌恶葡萄糖的基因确实是显性遗传的。

让我们设想一下,有一群蟑螂住进了一栋公寓楼。随着时间推移,蟑螂的数量会成倍增长。每 6 个星期,雌蟑螂就能产卵 1 次,

图 9.1　T164 家族的蟑螂大嚼花生酱，却小心翼翼地避开了富含糖分的草莓酱（劳伦·尼科尔斯 摄）

1 个卵荚中最多能有 48 个虫卵。按照这个速度，哪怕每只雌蟑螂都只能活 12 个星期，只够产卵 2 次，1 年后，蟑螂的后代数量也能达到上万只。[20] 如果人们在公寓里到处都撒下毒诱饵，所有蟑螂都被毒死，那也就不会发生演化了。没有哪种基因会被选择遗传。故事到此结束，直到又一群蟑螂住进来，人们又开始诱杀它们。但如果有蟑螂幸存下来，它们的幸存与一种基因编码的性状有关，而其他阵亡的蟑螂没有这种基因，使用毒诱饵就会对这些幸存的蟑螂和它们的基因有利。朱尔斯相信 T164 这群德国小蠊正是如此，几个或者几组基因使得它们不喜欢甚至厌恶葡萄糖。他认为含有葡萄糖的诱饵促进了这群德国小蠊的演化，而存活的蟑螂最后使诱饵失效了。

　　随后，朱尔斯收集了世界各地的蟑螂样本，测试它们对葡萄糖的喜好。在使用毒诱饵的国家和地区中，从佛罗里达到韩国，蟑螂都演化出了厌恶葡萄糖的特征，而且它们是各自独立演化出这项特征的。他试着在实验室中再现这一过程，看看能不能人工促进演化。他用涂有杀虫剂的葡萄糖来喂养蟑螂，在实验室观察到的现象和实际生活中相似：只需区区几代，蟑螂就能演化出厌恶葡萄糖的特性。朱尔斯就此写了一系列的论文。[21] 他发明了一系列用果糖制作的诱饵，并申请了专利。[22] 朱尔斯以为他的发现或许能启发演化生物学家，来和他一起研究德国小蠊快速演化背后的机制。

不过，尽管杀虫公司对朱尔斯的发现有所回应，用他新发明的果糖诱饵来对付蟑螂，演化生物学家们却选择视而不见。究其背后的原因，朱尔斯心里也很清楚：他无法解释德国小蠊演化出厌恶葡萄糖的特征的机制，有哪些基因参与其中，这些基因的作用是什么，甚至这种演化为何如此快速并且能一再出现。不过，他知道只要假以时日，一切都会水落石出，因此他一直保留着最早研究的德国小蠊的后代，期待有一天能派上用场。看来每个人喜爱的收藏品都不一样，有人收集水晶，有人收集蟑螂。

朱尔斯一边等着关于德国小蠊的新发现，一边开始研究其他的害虫和它们的演化过程。2000 年他换到北卡罗来纳州立大学工作，接下来 10 年他都在研究一群阿根廷蚁（*Linepithema humile*），这些蚂蚁在美国东南部蔓延，从人们的后院到高楼大厦都有它们的身影。他还研究矮酸臭蚁（*Tapinoma sessile*）。[23] 整整 10 年他都没有研究蟑螂，除了继续喂他那群蟑螂——T164 公寓蟑螂的后代。对这些蟑螂的研究曾引出他最重大的发现，只是这些发现未被学界重视。

从某一角度来说，德国小蠊的故事很特别，再也没有第二种这样的生物了。但在另一些方面，它只不过是发生在那些居家生物身上的故事的一个例证罢了。演化的结果很神奇，富有创造性，有时甚至很离奇，但也不是完全不可预知的。这种规律性在于，演化总是趋向于在不同生物体上产生相似的功能结构。昆虫、蝙蝠、鸟和翼龙，都各自演化出了羽翼。人类演化出了眼睛，而鱿鱼和章鱼身上也独立出现了眼睛的结构。植物世界中演化出了各种树木，带有刺和果实；而另一些特殊构造，比如为蚂蚁打造的带有小小果肉的种子，也在许多植物上出现了。蚂蚁会采集这些果实，搬回巢中，吃掉果肉，把种子丢在一边，种子就会生根发芽。在不同植物上独立演化出这种依靠蚂蚁传播的果实，至少发生了100次。[24] 了解生物所面临的机遇和相应的挑战，是预测演化会朝哪个方向发展的关键。在人类家中，生物面临的机遇包括以皮肤碎屑或人类食物为食，还有房屋可以提供庇护；而困难则是怎样登堂入室，并且在人类的猛烈攻势下幸存。

在特定的条件下，一些生物会快速对杀虫剂产生适应性：这些生物拥有较高的基因多样性（或者有整合其他生物基因的能力）；杀虫剂几乎杀灭了所有（有少量幸存者）的目标生物；反复（甚至长期）对这些生物使用杀虫剂；与之竞争的生物以及危害目标生物的寄生虫和病毒都会消失。德国小蠊完美地满足了这些条件，而对于我们积极地想要铲除的绝大部分家中生物来说，情况同样如此。因此，在人类家中的生物演化得最迅速，但这些演化很少是往对人类有利的方向进行的。

臭虫、虱子、家蝇、蚊子和其他一些常见昆虫都对杀虫剂产生了耐药性。只有当人类作出能体现我们理解演化规律的选择时，自然规律才能为人类造福。可惜事实并非如此。如此一来，日常生活中，自然选择往往更可能对人类造成危害，这种危害累加的速度超出了我们的理解，也超出了我们应对的能力。简而言之，人类和害虫之战，害虫一次次获胜，研究耐药性的演化生物学家忙得焦头烂额。自从朱尔斯发现厌恶葡萄糖的德国小蠊以来，他们有大堆的工作要做，就算不亲自研究德国小蠊也有的忙了。

棘手的地方是，害虫能一次次地产生耐药性，而耐药的个体一旦出现，就会取代易感的个体而蔓延开来。在遥远岛屿上演化形成的特性，往往不会播散出去。吸血雀只在一个岛上生活，科莫多巨蜥也只生活在5个岛上。可一旦某户人家家中的害虫对杀虫剂或者其他的药产生了耐药性，它就会很快散布到使用同样甚至不同杀虫剂的家中。在农村，这种播散可能会慢一些，可是在城市里，公寓和房屋更密集，人、箱子以及车、船、飞机等交通工具的移动更频繁、迅速，而且这些交通工具本身和室内环境也越来越像，物种的播散也更快。考虑到城市化是人类发展的趋势，这种播散能力自然也不可阻挡。尽管生活在城市中的人往往缺少人际交往，孤独感和疏离感日益上升，但耐药的害虫们可不孤单，它们从未中断联系。它们来来往往，仿佛形成了一条河流，一条因人而生的河流，从敞开的窗户和门下的缝隙淌过。[25]

尽管那些我们讨厌的害虫会很快产生耐药性，其他的生物却不大可能。这带来两方面的问题。首先，生物多样性减少，而生物多样性是生态系统的基石。最近的研究表明，过去 30 年里，德国原始森林中的生物量减少了 75%。还不确定减少的具体原因，但许多科学家都认为，很可能和杀虫剂的使用有关——农田、后院和家中都使用了杀虫剂。其次，最可能成为杀虫剂的受害者的恰恰是那些益虫，比如授粉的昆虫和捕杀害虫、被生态学家称为"害虫天敌"的节肢动物。[26] 不管你喜欢还是讨厌蜘蛛，要知道，它们就是家中害虫的天敌。[27] 消灭屋子里的蜘蛛（这正是人们用各种杀虫剂的目的）就是跟自己过不去。

我们小时候听过一个故事：一个老太太不小心吞了一只苍蝇后，赶紧又吞下了一只蜘蛛。故事的结局并不美好（剧透：老太太一命呜呼）。另一个故事的结局稍微好点儿。1959 年，南非研究员斯泰恩（J.J.Steyn）想找到减少房屋和其他建筑物当中苍蝇的办法。家蝇和人类的关系源远流长，它们随着西方文明的传播而播散到了绝大部分人类足迹所到之处。但家蝇会带来很大危害，特别是在卫生条件很差的地区。它们的危害远超过蟑螂，会携带能引起腹泻的多种病菌，每年能导致 50 多万人死亡；而且和德国小蠊一样，它们可以很快地演化。到 1959 年，南非的家蝇已经对 DDT、六氯环己烷（BHC）、DDD、氯丹、七氯（heptachlor）、狄氏剂（dieldrin）、异艾氏剂（isodrin）、硝滴涕（prolan）、迪兰（dilan）、林丹（lindane）、马拉硫磷、对硫磷（parathion）、地亚农（diazinon）、毒杀酚（toxaphene）和除虫菊酯（pyrethrin）都产生了抗性。这些苍蝇几乎是百毒不侵了，不过它们仍然不是蜘蛛的对手。

斯泰恩从《非洲儿童百科全书》（*The Afrikaans Children's*

*Encyclopaedia*）中得到了重要灵感，可能他当时正在给孩子讲这本书吧。书里说，非洲一些地方的人们会专门把一种群居的蜘蛛（穹蛛属 /*stegodyphus*）带回家里养，帮忙捕捉苍蝇和其他害虫。这种方法最早是聪加人（Tsonga）和祖鲁人（Zulu）发明的。祖鲁人甚至在盖房子的时候使用专门的树枝，以便于蜘蛛织网。[28] 这些蜘蛛可以形成大规模群落，有足球那么大，搬动起来很方便。

斯泰恩想知道能不能复兴传统，利用蜘蛛来捕捉人们家中的蚊虫，同时也捕捉羊圈和鸡窝里的苍蝇，这些地方的苍蝇容易大量滋生，并且传播疾病。他做了一些尝试，实施起来也不难：把厨房里的蜘蛛网用一根固定在钉子上的绳子挂起来。蜘蛛网安好之后，有效地控制了苍蝇的数量。人们还把蜘蛛网引入到医院里，那里的苍蝇的数量也大大减少。斯泰恩在鼠疫研究中心的动物房里重复了这个实验（胆子真大），3 天内，研究中心里苍蝇的数量减少了 60%。冬天的时候，蜘蛛活动减少，捕捉的苍蝇也要少一些，但冬天苍蝇本来就不多。

在研究的基础上，斯泰恩写道："为了协助防控苍蝇传播的疫病，应该在集市、餐馆、挤奶房、酒吧、旅店后厨、屠宰场和奶牛养殖场等公共场所引入蜘蛛群落，特别是在所有有条件的厨房和公共厕所内安放。在奶牛棚中安放蜘蛛网后，还可以提升奶牛的产奶量。"[29] 他幻想着有一天，人们屋子里都有一个个足球大小的蜘蛛窝，苍蝇和苍蝇传播的疾病几乎绝迹，祖鲁人和聪加人利用蜘蛛的传统智慧能够再次为人类造福。

斯泰恩并不是唯一如此期待的人。在墨西哥生活着另外一种群居蜘蛛——杀蝇蛛（*Mallos gregalis*）。它们也会形成巨大的群落（多达上万只）。墨西哥原住民也把这种蜘蛛带回家，帮助捕捉苍蝇。[30] 和南非一样，这也是当地人的传统生存智慧，后来被西方科学家所发掘。杀蝇蛛甚至曾被引入法国来捕捉家蝇。但是在负责的科学家休假期间，饲养蜘蛛的工人照顾不力，首次实验以失败告终。想到家里挂着密密麻麻的蜘蛛网，这个场景可能让你发毛，但实际上，我们之前取样的每个家庭中，不管是在罗利、旧金山、瑞典、澳大利亚还是秘鲁，都有蜘蛛的身影。蜘蛛在我们家中帮我们捕捉害虫，这是确定无疑的，问题是家里有没有足够的特定种类的蜘蛛，能出色地完成任务。[31]

蜘蛛并不是唯一能用于害虫防治的虫子，许多独居黄蜂只捕食特定种类的蟑螂，不过它们的招数和蜘蛛大不一样。这些黄蜂体型不大，也不会蜇人，而是忙着搜寻某些种类蟑螂的卵荚。黄蜂能嗅到卵荚的气味。一旦找到后，它会轻轻敲击卵荚，确定卵荚中有活蟑螂卵。接着，它会用产卵器刺穿卵荚，在里面产卵。孵化后的小黄蜂会吃掉蟑螂幼虫，在卵荚上钻个洞，像刚孵化的小鸡一样破壳而出。针对得克萨斯和路易斯安那居民家中的一项调查显示，26%的美国大蠊卵荚中都有蜚卵啮小蜂（*Aprostocetus hagenowii*）寄生，另一些卵荚中则有另一种名为旗腹姬蜂（*Evania appendigaster*）的黄蜂寄生着。[32] 我们在罗利市没有发现旗腹姬蜂，但蜚卵啮小蜂很常见。如果你在家中发现了有洞的卵荚，其中孵出来的很可能是黄蜂而不是小蟑螂。它们或许正在家中四处飞舞，身形小巧轻盈，帮我们消灭害虫。很多研究者都尝试把寄生蜂引入家中来控制蟑螂的数量。这些努力都取得了某些成效（尽管相关报道也很少，这个领域就是这样）。当然，能在防控害虫方面出力的益虫不只有蜘蛛和黄蜂，在另一项研究计划中，研究人员尝试用球孢白僵菌（*Beauveria bassiana*）这种真菌来清除臭虫。喷洒到房屋中的真菌孢子静静等待着，一旦有臭虫经过，它们就会附着到臭虫角质层的外脂肪层上。定植成功后，真菌会穿透臭虫的角质层。进入体内的真菌大量繁殖，不仅能包裹内脏，释放出毒素，还可以使得臭虫无法获取营养，进而致其死亡。[33]

人们最担心的是为了消灭蟑螂而引入室内的黄蜂，会不会在我们身上产卵，而黄蜂的幼虫会在体腔内孵化，啃食我们的身体，再从七窍中（或者钻个洞）飞出来。这种担心是多余的。这些黄蜂个头很小也很安全，它们是人类的盟友。同样，我们担心蜘蛛会咬人，会吃人，这也是瞎担心，蜘蛛在多数情况下也是益虫（图 9.2）。

每年世界范围内都有上万起关于"蜘蛛咬人"的报道，而且数字还在上升。但实际上蜘蛛很少咬人，几乎所有的"咬伤"，都是耐甲氧西林葡萄球菌感染形成的伤口，而被病人自己和医生误诊。如果你怀疑自己被蜘蛛咬伤了，让医生给你化验一下，看是不是 MRSA 感染，细菌感染的概率要大得多。蜘蛛很少咬人的原因之一在于蜘蛛的毒液几乎只用在捕捉猎物上，而不是用于防卫。对蜘蛛来说，遇到危险时，逃跑比主动攻击要更容易。甚至有这样一项研究，研究人员用假手（用 Knox 明胶做的）反复戳 43 只黑寡妇蜘蛛，看看戳多少下蜘蛛才会去咬手指。结果蜘蛛根本不咬。只被假手指戳一下，没有一只蜘蛛会咬上去；被反复戳了 60 次之后，也没有

图 9.2　群居丝绒蜘蛛（*Stegodyphus mimosarum*）正在捕食苍蝇［彼得·
F. 加梅尔比（Peter F. Gammelby）摄］

蜘蛛咬手指。唯一一次黑寡妇蜘蛛咬了假手指，只是因为它被连着
戳了 3 次。被两只假手指连着戳 3 次后，60% 的蜘蛛就会咬。即
使蜘蛛真的咬了，也只有一半情况会释放毒液，也就是说这 50%
的咬伤不会造成严重后果，只是会有点疼。[34] 对蜘蛛来说，毒液是
很宝贵的，它们可不想浪费在人身上，要留着捕杀蚊子和苍蝇。[35]

　　为了杀灭居家昆虫而用的化学杀虫剂，反倒是一次次给人类带
来危害。在房屋和后院周围喷洒杀虫剂，给那些有抗药性的昆虫制
造出了被生态学家称之为"天敌缺失"的环境。而我们的目标本应
该与之相反，让这些害虫的天敌无处不在。比如，蟑螂诱饵本来是
用来对付蟑螂的。我们希望蟑螂吃掉诱饵而不是捕食它们的昆虫。
可蟑螂通过演化出相应的机制，避开了人类精心设下的陷阱。直到

2011 年，蟑螂如何演化出这种特性，仍是一个未解之谜。当时朱尔斯的工作重心已经转移了，不再继续研究蟑螂和蚂蚁，开始花大量的时间研究水生昆虫。他改造了实验室，在里面放了许多大水箱，里面养着石蛾（caddisfly）和藻类。他开始教水生昆虫的相关课程，一头扎进了水生昆虫的世界，开启了另一段职业生涯。不过他还喂养着那些蟑螂，继续在文献中查找可能解开蟑螂演化之谜的线索。在这条求索之路上，他应该会很快找到同伴。

朱尔斯在北卡罗来纳州立大学一栋年代久远的办公楼里工作，办公室的窗户上挂着空调和取暖器。这些空调不是给人用的，而是给昆虫学家所研究的昆虫准备的，好让它们能舒舒服服地生活，其中就有朱尔斯的蟑螂。这些昆虫大部分是家居害虫，为了饲养它们，研究人员必须创造出和现代家居环境相似的条件，温度恒定，湿度变化也不大。对这些昆虫来说，其生活的环境是人为控制的。昆虫学家饲养的昆虫各不相同。在研究昆虫所造成的动物病害的昆虫学家韦斯·沃森（Wes Watson）的实验室里，你可以找到在奶牛眼睛里生活的苍蝇和在牛粪里钻来钻去的甲虫；在研究蚊类生态学的昆虫学家迈克尔·赖斯凯德（Michael Reiskind）的实验室里，随着墙壁的震动（墙壁确实会震动，特别是有火车经过的时候），吸血的雌蚊振翅而起，旋而又歇落下来。不过，虫子最多的还是研究家居害虫信息传递机制的专家科比·沙尔（Coby Schal）的实验室，在他的实验室里，在含有血液的膜上爬满了臭虫，五六种蟑螂密密麻麻地挤作一团。

和朱尔斯一样，科比也研究蟑螂，特别是德国小蠊。科比是化学生态学家，在他看来，大自然就是化学信号发挥作用的过程，生物利用这些分子来传递信息。具体说来，他专门研究蟑螂所产生的化学物质以及它们是如何交流的。他发现了许多分子，其中就有信息素（pheromone），野生雌蟑螂会用信息素来吸引雄性。他在野外释放信息素（甚至拿在手中）时，雄蟑螂就会朝他飞扑而来，最后失望而归。[36] 在朱尔斯和科比共事之前，他早就听说了科比的研究成果。在他发表的第一篇关于蟑螂的论文中，他就引用了科比的文章。不过尽管他们曾经在同一所大学工作，两人并没有合作研究过蟑螂。他们只合作研究过阿根廷蚁、矮酸臭蚁，可能是因为刚好两人都忙着别的合作项目，也可能是因为朱尔斯没想到科比的研究恰恰就是能帮他解开他最关心的蟑螂之谜的关键。出于种种原因，两人并没有就蟑螂研究进行合作。

2009 年，一个日本博士后和田胜俣绫子（Ayako Wada-katsumata）加入该系。博士后研究员往往都有导师能用得上的特长，也有更多的时间进行研究，因此通过他们工作，可以建立起沟通的桥梁。绫子正是这样，她的专长成为科比和朱尔斯两人研究工作的桥梁，并且促使朱尔斯做出了职业生涯中最重大的发现。

绫子专门研究蟑螂等昆虫的大脑对尝到、闻到的东西会有怎样的反应。在来到北卡罗来纳州立大学之前，她研究的是蚂蚁分享食物会不会触发大脑中与快感有关的分子（的确会）。她也研究在求偶和交配过程中蟑螂的感受。求偶时，雌蟑螂和雄蟑螂会在黑暗中找到彼此。雌蟑螂会释放一种化学信号，并通过空气传播散布到整个房间，吸引雄蟑螂。气味分子从吊柜里、橱柜下飘出来，飘到各个角落，顺着台阶而上。没有光的情况下，雄蟑螂循着雌蟑螂的气味也能发现"她"。[37] 雄蟑螂和雌蟑螂会邂逅，这时雄蟑螂会闻到雌蟑螂产生的其他分子。作为回应，它会准备一份甜蜜诱人的求婚礼物，就像饱含糖和脂肪的糖果。雌蟑螂根据对礼物的满意度来决定是否交配。当绫子开始研究蟑螂时，人们已经弄清楚了蟑螂求婚礼物的成分，不过还不知道其引发的雌蟑螂大脑的具体变化。为了弄清楚这点，绫子把蟑螂舌样感受器上的味觉神经元和电脑连接起来，通过给雌蟑螂和雄蟑螂投喂不同的美食，观察它们的变化。在这个实验中，绫子扮演的是提供礼物的雄蟑螂的角色。她发现雄蟑螂和雌蟑螂都觉得礼物很美味，不过礼物引发的雌蟑螂神经元的反应更强。雄蟑螂在孤单低落时，会吃掉自己准备的"礼物"，吃得也算开心，不过那份满足感远远比不上雌蟑螂。

在北卡罗来纳，绫子的工作和她在日本的研究几乎是相反的。她不再研究蟑螂对交配这件让它们热衷的事情的反应，而要研究 T164 蟑螂对避之不及的葡萄糖的反应。朱尔斯相信 T164 蟑螂演化出了对葡萄糖的味道产生厌恶的能力，在两人讨论之后，科比也有同样的看法。有一种貌似荒诞的可能，对 T164 蟑螂来说，葡萄糖触发感受器上的"苦味"神经元而不是"甜味"神经元，而这种蟑螂在自然选择的过程中获得了优势。这些蟑螂一尝到葡萄糖，脑中就发出了警告："苦的！快跑啊！"人们已经证明普通德国小蠊（科学家称之为"野生型"蟑螂）的甜味受体对葡萄糖和果糖都有反应。那 T164 蟑螂也是这样的吗？绫子正是要找出这个问题的答案。仿佛要揣摩蟑螂的心思一般，她要搞清楚它们到底是怎么想的。

这项工作耗费了她大部分的上班时间。每天早上吃过早饭，她就赶到实验室开始一天的工作。她抓住一只蟑螂，把它塞到一个小小的锥形筒里，蟑螂的头可以从小的那一端伸出来，圆鼓鼓的身体则从另一端伸出来。

把蟑螂固定好之后，绫子就会在显微镜下观察蟑螂口中的毛发样感受器。她把电极的一端连到单个感受器上，另一端连到电脑上。连着电极的感受器周围有细长的小管，里面装有水和葡萄糖（或其他用来测试的食物）。根据电脑屏幕上显示的脉冲的强度和频率，绫子就可以判断她喂给蟑螂的食物——不管是果糖、葡萄糖还是其他的东西——触发的是感受器上的"甜味"或"苦味"的神经元。快速的脉冲表示触发的是"苦味"神经元，蟑螂感觉到了苦味。如果是频率缓慢一些、波幅大一些的脉冲，表示触发的是"甜味"神经元；蟑螂感觉到了甜味。整个实验过程相当烦琐，绫子逐个检测了 2 万只蟑螂，每只蟑螂身上 5 个感受器，2 万只蟑螂中有一半来自 T164 家族，另一半是野生型。

研究工作耗费了 3 年多。在这几年里，绫子和这些蟑螂四目相对，给它们做检测，蟑螂也看着她。她给蟑螂喂食，蟑螂在吃饱喝足之后，会用显示在屏幕上的微小脉冲反映它们的喜好。她把实验结果存储在电脑上再备份下来。她测试了厌恶葡萄糖（T164 家族）的德国小蠊和热爱葡萄糖的普通德国小蠊。给一只蟑螂的所有感受器挨个做测试需要一整天时间。实验需要耐心和毅力，当耐心和毅力都耗尽，绫子赖以支撑的或许是别的东西。这一切都是因为朱尔斯、科比和绫子都相信，T164 德国小蠊演化的关键，可能和它们尝到葡萄糖之后大脑的变化有关。

绫子的研究正在缓慢进展，其中并没有决定性的时刻。最后，实验结果越来越明了，已经没有继续测试的必要。就和她在日本研究的蟑螂会把同类释放的性信号视为甜蜜的气息一样，T164 德国小蠊和野生型德国小蠊都认为果糖是甜的，野生型德国小蠊也觉得葡萄糖是甜的。这都在预料之中。但是朱尔斯始终带在身边，作为他与过往生活纽带的 T164 德国小蠊觉得葡萄糖是苦的。[38] 这就是他最重要的发现。

这怎么可能？唯一的解释就是 T164 号公寓当时用葡萄糖制成的毒诱饵毒性太强，绝大多数蟑螂都被毒死了。活下来的是那些拥有特殊的基因，觉得葡萄糖是苦的、完全不吃的蟑螂。这只要发生一次就够了，而这一事件就衍生出了整个 T164 家族。时间的流逝让蟑螂的演化变得更复杂，其中也有不确定性。绫子通过实验证明，幸存的蟑螂不仅变得厌恶葡萄糖，而且在用果糖做诱饵的地区，蟑螂能通过演化感受到果糖是苦的。这意味着蟑螂的演化是可以预测的，人类活动所引发的演化也是可以预测的。现在人们还不清楚，究竟有哪些特定基因的基因型被选择，从而使 T164 蟑螂将葡萄糖感知为苦味。

绫子回到实验室里继续研究。朱尔斯把照顾珍贵的 T164 蟑螂的重任交给了她。他开始考虑退休了，而绫子的职业生涯才刚刚开始。这些蟑螂将是留给她的宝贵财富。绫子最近正在研究对葡萄糖的厌恶是怎样影响蟑螂的交配的（图 9.3）。这结合了她来北卡之前的研究工作和在科比和朱尔斯指导下的工作。科学研究费时费力，困难重重，可能需要整个职业生涯才能揭开背后的奥秘，得到包含所有来龙去脉、细枝末节的完整答案。简言之，最终结论就是厌恶葡萄糖的蟑螂更难以交配。雄蟑螂努力吸引雌蟑螂，但是雄蟑螂的求婚礼物含有葡萄糖，因此对雌蟑螂来说，它尝起来是苦的。如此一来，雌蟑螂就不会和雄蟑螂交配，而把它甩在一边。这也不能怪雌蟑螂，雌蟑螂更有可能不和这些厌恶葡萄糖的雄蟑螂交配，因此，对这些雄蟑螂来说，要在保持性吸引力和保命之间进行取舍。从理论上说，这意味着在家里使用葡萄糖制作的诱饵，对厌恶葡萄糖的蟑螂有利，但它们交配的难度更大，因此也更难繁殖出一大堆小蟑螂。不过，实际情况是，尽管雄蟑螂的吸引力打了折扣，但它仍然能繁衍出数以百万计的后代。

乍看之下，T164 德国小蠊的故事只对了解蟑螂自身的演化有帮助，或展现出聪明而有毅力的科学家是如何解开难解之谜的。不过正如军事家会通过分析历史上的战役来为未来做准备，我们也可以从回顾人类和蟑螂的斗争史中照见人类的未来。

演化生物学家很少讨论和预测遥远的未来会是怎样的。我怀疑这不是因为他们耻于预测，而是因为未来完全取决于整个人类的命运。他们知道每种生物最后都会灭亡，人类也不例外。他们也知道，即使人类灭亡了，物种演化也仍将继续，一直如此。[39] 偶尔的灾难可能会打断演化的进程，就像过去一样，但演化仍将不可避免地向着生物更多样、生命形式更丰富的方向发展，历史上每次大灭绝或大变革后莫不如此。即使人类不在了，未来仍然会遵循演化生物学

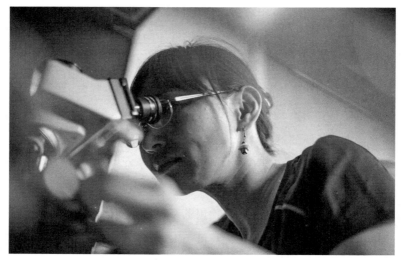

图 9.3　和田胜俣绫子在显微镜下观察蟑螂（劳伦·尼科尔斯 摄）

的基本规律而展开。这种观点中透着一丝恐惧，即对人类灭亡的恐惧，但同时也有一丝慰藉，这种慰藉来自一种认识——知道哪怕人类消失生命仍将继续，而且会出现全新的生命形式（当然我们是看不到了）。

至于人类依然存在的未来会发生什么，这就更复杂了。这很大程度上取决于我们的决策，以及人类的发明创造。尽管人类毫不知情而且行事草率，但其实我们掌控着地球上大部分的演化进程。由此可知，如果我们仍采用和过去几百年一样的做法，未来将变得多么糟，那太容易预测了。而过去 1000 年、1 万年甚至 2 万年来，人类的做法从未改变——用越来越厉害的武器消灭眼前一切会带来麻烦的、令人不快的生物。

　　这样的一幅未来图景不难想象。新式杀虫剂促进产生了从习性上和化学特性上抵抗力都更强的病原体和害虫，而那些可能对人类有益的生物，则成了附带牺牲品，甚至可能会被赶尽杀绝。害虫会产生抗性，可是其他构成生物多样性的生物却不会。人类在无意中牺牲了丰富多样的野生物种——包括蝴蝶、蜜蜂、蚂蚁、飞蛾等——换来的是少数几种有抗药性的生物。它们的外骨骼上有防护层，使杀虫剂无法渗入体内，体细胞当中也有载体，能阻止杀虫剂分子进入（或用特殊的脂质小体来存储进入体内的毒素，中和毒性）。就像蟑螂那样，它们可能也会变得清心寡欲，放弃那些做成诱饵捕杀它们的食物甚至性信息素。这种过程已经出现了，将来所需的时间将会缩短，并且会越演越烈，扩散至全球。人类生活的空间越相似、越能调节温度、生活越舒适，这些生物就越容易在室内生存。

　　在加拉帕戈斯群岛上，达尔文清楚观察到了物竞天择的进程及其后果——生物的演化，最后产生的是完全不怕人的动物，在我们家中发生的事情与之恰恰相反：出现了一支懂得如何躲避人类和人类攻击的微型军队。室内的害虫仍将继续昼伏夜出，它们会利用所有我们不在的、看不到它们的时间（只有看到虫子我们才会想打死它）。从某种程度上说，这种改变已经发生了。臭虫是从人类穴居时期的蝙蝠蝇演化而来的。蝙蝠蝇只在白天活动，蝙蝠睡觉时它们就开始吸蝙蝠的血；而臭虫则变成昼伏夜出，在人类睡觉时吸血。许多种类的蟑螂和老鼠也变成了夜行动物。动物会也将通过演化变得能从日趋狭窄的缝隙里钻进室内。我们的房间封得越严实，这些动物就会变得越小。如今我们在室内所观察到的几千种生物，每种都有独特的故事，其中的大多数对我们并没有危害，而在未来，很可能这些生物都会从室内消失，作为替代，生活在我们周围的是成千上万的德国蟑螂、臭虫、虱子、苍蝇和跳蚤，它们小如草芥，抵抗力强，四处躲藏，而这一切都是人类自己酿成的苦果。它们仿佛一支微型军队，包围着我们，当我们开灯时，它们便挥动无数细小的长腿，四散而去；一旦我们离开或关上灯，它们就又聚集起来，重新占领我们的房间。

# 第十章　猫主子们都干了什么

> 我无法向你解释。我无法向任何人解释我的体内发生了什么。我自己都无法理解。
>
> ——卡夫卡《变形记》
>
> 猫若故去，举家剃眉。
>
> ——希罗多德

对于那些居家生物，人类一般是尽可能消灭它们，就像我们对蟑螂那样，不过有的动物不在此列，而且它们的地位崇高——家庭宠物。宠物对人类有益，它们的陪伴让人们更幸福、健康，而我们喂养它们作为交换。我们爱抚它们，带它们散步，花的时间甚至比带孩子玩的时间更多。在充满了不确定性的世界中，宠物毫无疑问是有意义的，对人只有好处，起码，在我们意识到那些将宠物当成顺风车的小生物之前是如此。一想到那些小生物，事情突然（又）变得复杂起来。

大多数人一想到宠物，都会想起自己养的动物，比如养的第一只或曾陪伴自己经历风雨的动物伙伴。不过，对于我这样的生态学家来说，我想到的是第一份工作：研究甲虫。当时我18岁，刚上大学。

我申请了一份观察猿猴的实习工作，但是失败了，所以我又申请了一份观察甲虫的工作，这次成功了。于是我开始帮堪萨斯大学的研究生吉姆·丹诺夫-博格（Jim Danoff-Burg）做研究。[1]吉姆当时研究的是和光胸臭蚁（*Liometopum*）共同生活的甲虫，这种蚂蚁能散发柑橘味和杏子味，一旦受到刺激（蚂蚁生物学家用棍棒戳它们时，它们总是处于受惊状态）还会发出类似蓝奶酪的特殊气味。这种蚂蚁在沙漠的地下构建庞大的巢穴，翻开石块或者在刺柏、矮松丛的根部就能找到它们。在夜里不用手电，光凭气味就能发现它们，前提是你不怕同时发现一条响尾蛇。

出于某种实用的目的，和光胸臭蚁一起生活的甲虫变成了它们的宠物。这种甲虫拥有从臭蚁那儿获取食物和庇护的能力。臭蚁可以生成特殊的物质，用来安抚同伴，比如在危险解除后，这种物质可以让蚁群安定下来。甲虫可以生成类似的物质，可以安抚蚁群，就像抚摩爱犬能让人心情平和、愉悦一样。这些甲虫还会在蚂蚁身上蹭来蹭去，就像蹭着人腿撒娇的猫，或用爪子推你要求爱抚的狗一样。通过这种方式，甲虫身上带上了蚂蚁的气味，闻起来也像蚂蚁。闻起来像蚂蚁这点很重要，这样蚂蚁就不会吃掉它们。蚂蚁几乎会吃掉一切闻起来不像近亲（而远亲，比如别的蚁群的蚂蚁，会被毫不留情地吃掉）的活物。等安抚好蚁群，同时让自己不被发现以后，甲虫就会到处爬来爬去，偷吃零零碎碎的食物。有些种类的甲虫甚至会让蚂蚁心甘情愿地喂养自己。它们会端坐在蚂蚁面前，举起"前爪"讨要食物。

甲虫会分走蚂蚁的部分食物，这多少会对蚂蚁有些影响。不过，就像人类社会早期豢养的狗和猫一样，它们的食物也是蚂蚁吃剩下的。甲虫还会以蚁巢垃圾堆上滋生的虫子和病原菌为食，这对蚂蚁有益。我和吉姆决定验证一下，看看供养这些甲虫对蚂蚁来说是好是坏。[2] 我们把两组蚂蚁分别放进有甲虫和没有甲虫的胶卷盒里，统计它们能存活多久。这个实验的挑战在于：我们要边开着吉姆的车四处跑边工作（寻找有蚂蚁和甲虫生活的地方）。有甲虫的胶卷盒中的蚂蚁似乎活得更久一些。我们猜想，可能是甲虫能安抚蚂蚁，让它们不至于常常惊慌失措，消耗能量。这样一来，蚂蚁总是处于惊吓当中也不难理解了。它们挤在胶卷盒子里，坐在一辆破旧的丰田卡罗拉上，在沙漠当中穿行，周围全是自己散发出的绝望气息还有花生酱味儿。这个实验表明，至少在某些条件下，甲虫可能会给蚂蚁带来好处。

　　研究甲虫和蚂蚁的实验并不容易，不过，跟研究人、宠物比起来还是简单多了。把人和狗关在一个大罐子里，看看是有狗的人活得长，还是没有狗的人活得长，这样的实验是不可能被批准的（至少现在是不会了）。精确测量宠物猫和狗（或者是宠物猪、宠物雪貂甚至宠物火鸡）对人类健康的好处难度很大。为残疾人服务或者嗅闻癌症的职能犬对人类的贡献显而易见。不过那些普通的家养宠物呢？极少数研究表明，养狗可以减压、舒缓情绪、排解孤单，养猫也有同样的效果，不过没那么明显，这和我们所设想的甲虫对蚂蚁的影响类似。这也是作为宠物的动物，狗、猫甚至猪和火鸡越来越多见的原因。有一项研究甚至表明，与不养狗的人相比，养狗的人在心脏病发后恢复健康的可能性更大；而养猫的人比不养猫的人更难恢复。[3] 不过这样的研究较少，都属于相关性研究，研究对象数量不多，而且也没有考虑狗和猫对人的其他影响。就像苍蝇和德国小蠊一样，宠物会携带可能致病或者对健康有益的小生物，都不在这些研究的考虑之内。

刚地弓形虫（*Toxoplasma gondii*）是猫可能会携带的一种寄生虫。[4] 不论是从通过宠物传播给人这种方式，还是对人的利弊难辨这两方面来说，弓形虫都很具有代表性。人们对弓形虫的研究始于 20 世纪 80 年代。格拉斯哥的科研人员研究了感染弓形虫的家鼠。它们发现，和没有感染的老鼠相比，这些老鼠异常活跃。他们怀疑这是弓形虫引起的，为了验证这个猜想，他们让老鼠在滚轮上跑圈。研究团队中一个名叫 J. 海（J.Hay）的学生负责计算圈数。实验的前三天，没有感染的老鼠跑了 2000 多转。这个数字已经很大了，这些老鼠一点儿也不老实，然而感染过的老鼠跑了 4000 多转。而且随着实验进行，两组老鼠的差距越来越大——到第 27 天，感染过的老鼠跑了 13000 转，没感染的老鼠却只跑了 4000 转。实验提示感染弓形虫的老鼠大脑肯定发生了某些改变。研究人员更进一步提出假说，感染的老鼠异常活跃是为了利于弓形虫的存活而发生的适应性改变；或许是弓形虫使得这些老鼠更活跃，这样它们就更容易成为猫的猎物。弓形虫一生的最后阶段只能在猫身上完成。[5] 不过研究团队的研究到此为止。他们发表了相关的文章，让其他研究者来验证这一假说。假说本身就非比寻常，10 年后，弗莱格·雅罗斯拉夫（Flegr Jaroslav）的研究让事情变得更加离奇了（图 10.1）。

弗莱格出生在布拉格，也在那里工作。为了寻求在演化生物学

图 10.1　弗莱格在他的办公室里［安娜玛利亚·塔拉斯（Annamaria Talas）编导的纪录片《我们身上的生命》中的剧照］

领域的发展，他沿着学术生涯的必经之路前行，进行出色的研究，取得博士学位，甚至获得了非常难进的查理大学的教职。在查理大学，他开始研究寄生虫。他一开始研究的是引发滴虫病的阴道滴虫（*Trichomonas vaginalis*）。1992 年，他对弓形虫产生了浓厚的兴趣。他研读了 J. 海关于异常活跃的老鼠的研究论文。他相信，正如 J. 海所假设的，弓形虫的确操纵了这些老鼠来实现自己的目的。他相信在世界各地千家万户的家中，这样的场景正在上演，老鼠从藏身的炉灶下钻出来，被猫按在爪子下面，而这一切都有利于弓形虫的存活。我很难说清为什么弗莱格一下子就认定 J. 海的假说是对的，更难解释为什么他马上就想到了。也许他也像那些兴奋的老鼠一样，被弓形虫感染了。

　　他开始挨个列出自己行为反常的地方。他真切地觉得自己就像感染了的老鼠。我并不是说他比别人在跑步机上跑得更快，而是说他的一些做法会给他带来生命危险，假如他是一只老鼠，他会死得比别的同类更快，如果他生活在野外，说不定会被猫科动物给吃掉。也许除了让老鼠更活跃，弓形虫也让它的宿主更缺乏危险意识，也许弓形虫对他产生了同样的影响。有一次在库尔德斯坦，子弹从他身边呼啸而过，而他毫不害怕。在布拉格，他一点儿也不怕来来往往的车辆。他在车流中穿行，周围尖厉的刹车声和刺耳的喇叭声响成一片，他就像那些不顾死活跑到外头的感染老鼠一样。而在苏联时期，他也从不忌惮公开发表反对意见，尽管事实表明这样做的代价将是监禁甚至更惨。这一切该如何解释呢？他开始觉得，自己一定是感染了弓形虫，不再是他自己了，就像《变形记》中的格里高尔一样被操纵了。

有了这个想法，他马上做了弓形虫检测。结果发现他的血液中确实含有弓形虫抗体。这说明他曾经感染过弓形虫，他开始考虑他的哪些行为是自己决定的，哪些是弓形虫导致的冲动。这个想法本身——他可能成了弓形虫的傀儡——从某方面来说就很大胆，而这正是弓形虫影响的特点。这样的假设，很可能会让他被同行孤立。坦白讲，整个假说本身就很不可思议。不过，他生活的地方是布拉格，种种疯狂的想法在此早已有之。

弗莱格对弓形虫产生兴趣时，科学家们对弓形虫已经有了进一步的了解。就像 J. 海和他的同事们所说的，弓形虫会感染家鼠。不过它也会感染其他啮齿类动物，如褐家鼠（*Rattus norvegicus*）和黑鼠（*Rattus rattus*），[6] 还能感染壁虎、猪、绵羊和山羊。这些动

物通过无意中吞下含有弓形虫卵囊（oocyst，由古希腊语词 oon 和
cyst 组成，oon 是卵，cyst 是袋状、囊状物）的土壤或水源而被感染。
在宿主体内，一出古希腊剧目，或者说用希腊语命名的剧目：《弓
形虫跌宕起伏的一生》就此拉开序幕。在胃液中消化酶的作用下，
卵囊的壁被溶解，释放出孢子体（sporozoite，在希腊语中，sporo
是种子，zoite 是动物），到达宿主的肠道。孢子体进一步侵入肠黏
膜上皮细胞，发育成速殖子（tachyzoite，tachy 在希腊语中意为"快
速"），速殖子快速裂解增殖，直到上皮细胞死亡并裂解，释放出
的裂殖子随血流传播，侵入宿主身体其他组织。最终，宿主的免疫
细胞作出反应，开始发动攻击，而此时弓形虫变成另一种名为缓殖
子（bradyzoite，brady 在希腊语中是"慢"的意思）的形态，潜伏
在宿主体细胞中，比如大脑、肌肉和其他组织内，耐心又缓慢地等
待着宿主动物被吞入腹中。

　　弓形虫之所以愿意等待，是因为只有在猫的肠道内它才能走完
一个完整的生命周期。刚地弓形虫是一种寄生虫，[7] 和其他许多寄
生虫一样，它只有在特定的条件下才能交配并生成卵囊。在土壤或
者啮齿动物、壁虎、猪、奶牛的体内（有时弓形虫也会跑到这些动
物体内），它不能交配，也不能生成卵囊。弓形虫很挑剔，只有在
猫科动物的肠道上皮细胞内，它才能交配繁殖（它们觉得网恋太难
了）。至于猫的种类没有要求，但必须是猫科动物。人们在 17 种
猫体内都发现了交配的弓形虫。从这个意义上说，弓形虫的生命周
期非常依赖一系列按特定顺序发生的特殊事件。这是寄生虫的一个
重要特征。

当雌雄弓形虫在猫的肠道相遇并交配后，就会生成更多的卵囊。这些卵囊顺着猫的粪便，排出肠道，污染周围环境。一小坨猫粪当中就含有 2000 万个卵囊。它们和种子一样具有顽强的生命力，可以静静地等上几个月甚至一年，直到被老鼠或者别的动物吃下去。地球上大约有 10 亿只猫，也就是说，假设有十分之一的猫感染了弓形虫并且将其播散，就会有多达 300 万亿个卵囊等着被吞进肚里。保守地说，地球上弓形虫卵囊的数量大约是银河系中星球数量的 760 倍，这些蠕动的小虫仿佛一个庞大的星系。[8]

在有大量小鼠、大鼠和猫的地区，比如古美索不达米亚平原上人们的谷仓附近，弓形虫完成生命周期的机会很大。不过，能通过使得中间宿主（比如小鼠和大鼠）更容易被最终宿主猫吃掉，从而增加自身繁殖的成功率，这样的弓形虫将具有优势。J. 海从一定程度上确定或推演出了这一切，而他的直觉在随后的研究工作中也得到了证实——弓形虫的确操纵了老鼠。

人类往往通过接触到猫的粪便而面临感染弓形虫的风险，在怀疑自己受到感染时，弗莱格就知道这一点。正如我在前面提到的，弓形虫的卵囊通过猫的粪便排到土壤或水中，等着开启新一轮的生命循环。但是在人们家中，卵囊最后被丢进了垃圾桶中，有时候数量巨大。[9]如果孕妇无意中吃下这些卵囊，它们就会在胃中释放出来，寄生在肠道上皮内，并且通过裂解增殖，随后进入血液循环到达其他的组织。糟糕的是，寄生虫会不加选择地侵入母体和胎儿的血液循环，从而感染胎儿。胎儿的免疫系统还没有发育，胎儿体内有从母体中获得的抗体，但是没有类似炎性 T 细胞（inflammatory

T cells）这样的免疫细胞。通常炎性 T 细胞可以部分地控制弓形虫所造成的危害，因此对胎儿会造成一些问题。弓形虫可以在发育中的胎儿体内肆无忌惮地繁殖，造成智力低下、耳聋、癫痫和视网膜病变（陈旧性感染对胎儿几乎没有影响，因为这时寄生虫更可能存在于母体的肌肉细胞或神经细胞内，而不在血液中）。这些病变发生率并不高，但也不是完全没有。[10] 在对弓形虫长年累月的研究之后，人们得出了结论：在野外，弓形虫通过寄生在小鼠、大鼠和猫体内完成整个生命周期，而在偶然情况下，会通过猫粪感染孕妇，造成危害。

不过弗莱格也知道，感染孕妇和人类的弓形虫的形态和感染小鼠、大鼠的是相同的。至少从理论上说，如果弓形虫能寄生在神经细胞中，那就会在人身上造成和老鼠同样的影响。一旦侵入大脑，从理论上说，它就有可能操控人的行为。这听起来太魔幻了。老鼠的脑袋小，说不定会被不起眼的寄生虫所控制，可人类的大脑体积庞大。发达的前额叶以及在此基础上产生的思想，是人类的本质特征，正因如此，人类才能学会用火、制作奶酪、发明电脑。我们能形成复杂的想法并加以表达，做出决策并付诸行动。人类可不仅仅是由生化机制所支配的，人类如此聪明而又自主，才不可能被小小的虫子所控制。大概几乎所有人都是这么想的，除了弗莱格。

对于弓形虫这样的寄生虫来说，找到它对人类影响的研究方法十分困难。问题在于，在研究病原体或药物对人体的影响时，我们一般通过用小鼠或大鼠制作动物模型来研究。为了不用人体做实验，我们用老鼠来代替。在分类学上，啮齿类动物所属的啮齿目和人类所属的灵长目比较接近。因此，人体的细胞、生理甚至免疫系统都和老鼠很像，如果某种物质对老鼠会产生作用，那它就很可能对人产生同样的影响。有意思的是，我们可以就猫和狗对人健康的益处展开讨论，却没有讨论过家鼠、褐家鼠或者苍蝇的贡献。这些家中常见的生物，每一种都曾在不经意间随着人类漂洋过海，到达地球的各个角落，它们已经成为我们研究人类自身生理的关键。我们通过研究这些动物来了解自己，照见自己。就弓形虫来说，一个问题在于，我们已经知道它对老鼠的行为变化有影响（不管这种变化是不是适应性的）。老鼠会更活跃，只是很难想象这也会发生在人身上。怎么办？我们可以治疗那些隐性感染（免疫系统显示曾经感染了弓形虫）的患者，但我们没有杀灭在宿主体细胞内缓慢生长的弓形虫形态（缓殖子）的方法，我们甚至无法鉴别体细胞内有弓形虫的患者和免疫系统已经将其清除、体细胞内不存在弓形虫的患者（但这些患者仍有抗体，表示曾经感染）。另一个问题是，弗莱格没有多少研究经费。不过他有工资，也有很多时间。他决定采取传统的方法，比较未感染和感染人群的差异。相关性不能说明因果关系，不过这仍然是一个开始，一扇刚打开的窗（哪怕模糊不清），透过它，我们可以看见未知的图景。

　　弗莱格所做的相关性研究并不简单，幸好花不了多少钱。他想要研究人群的行为，他们的性格特质得分，躲避风险的意识，有多大可能会遇到风险行为所带来的麻烦（比如车祸）。他像早年的推销员一样，挨家挨户宣扬他的理论，说服别人做血液检测。他没有在整个城里到处做问卷调查，而是选择了更简单的方法（在他执教的系里找研究对象。就像他在论文中写的，调查对象主要是查理大学理学院的教职工和学生。他让他的同事——包含 195 名男性和 143 名女性——回答《卡特尔 16 种人格因素量表》（Cattell's 16 Personality Factors survey）中的 187 个问题。这项测试是 20 世纪 40 年代设计的，用来评估包括热情、活力、冒险、控制欲等 16 项性格特质的得分情况，在全世界应用广泛。除弗莱格和他的合作伙伴（他俩都参与了问卷）外，所有的参加者在填写问卷前都不知道自己是否感染了弓形虫。此外，每个参加者还做了弓形虫皮肤检测。每个参加者皮下都注射了弓形虫抗原，如果 48 小时后由于免疫反应，注射部位出现小团块，说明受试者曾感染过弓形虫。[11] 检测并不能说明受试者的体内仍有弓形虫，甚至不能证明弓形虫曾经侵入体细胞内，而只是说明受试者曾接触过一定量的弓形虫，引发了身体的免疫反应。1992—1993 年，这个实验历时 14 个月终于完成。尽管弗莱格的同事觉得他人很怪，但仍同意参与研究（因此也透露了他的许多生活细节）。

　　通过分析数据，弗莱格发现像他这样感染过弓形虫的受试者和未感染者存在某些差异。感染者冒险的可能性更大——在"敢为性"（social boldness）一项上得分较高——因此更倾向于不顾规则，快速决策，而这些决策可能会带来风险。总体而言，不管是男性还是女性，感染者和未感染者的性格特质都有一些区别。通过对数据的进一步分析，揭示了人类社会的重要特点。由于研究对象都是弗莱格的同事，因此研究结果解释了他生活圈里的一些现象。比如，他的同事中有 29 个教授的弓形虫检测呈阴性，他们大部分是能深思熟虑、谨慎决策的领导者。其中有 10 人是部门领导、副院长或院长。相反，感染过弓形虫的教授中，只有 1 人曾经担任过一定职务（部门领导）。[12] 随后的研究也揭露了相似的规律。例如，弗莱格发现感染者遭遇车祸的概率是未感染者的 2.5 倍（随后土耳其研究者的两项独立研究、墨西哥和俄罗斯科研人员的研究也都得出了同样的结论）。[13]

弗莱格受到了鼓舞，[14] 他更加坚定地宣扬自己的观点。他的确找到了一些证据，不过他也知道其他人会怎么反驳。他们会说，感染者一开始就和未感染者不一样，或者爱冒险的人本身就更容易感染弓形虫。他不能排除这些可能性，不过他想不出为什么爱冒险的人会更容易感染一种只通过猫粪传播的寄生虫。爱冒险的人养猫的可能性或不小心吞下猫粪的可能性更大，这似乎太牵强了。[15] 不过话又说回来，他自己的观点也很不合常理。

我们不确定人最初感染弓形虫是起于何时。有一种可能是：直到农业起源之前，人类感染的可能性都很小。随着农业的出现，人类开始储存粮食。这些粮食储备给昆虫和老鼠提供了食物。粮食就是财富，而老鼠在糟蹋人类的财富。[16] 老鼠的数量不断增长，相应地，猫也越来越多，人们驯化了猫来为自己长久服务；而猫一旦被驯化后，人类接触到猫粪的概率也增加了，接触弓形虫的概率也增加了。[17] 人们在塞浦路斯一处公元前 7500 年的墓穴中发现了被埋葬在墓主人身边浅坑中的猫。猫的尸身完整，没有被煮熟过。它的身体巧妙地蜷成团，就像许多古代文化中人们摆放死者的尸身一样。猫不是塞浦路斯岛上的原生动物，这只猫（或它的祖先）应该是和人一起坐船来到岛上的。墓主人有珠宝和首饰等随葬品，说明他生前有钱有势。这处墓葬显示出长久以来人类对猫就有一种敬畏之情，至少是某种欣赏和肯定。[18] 这只猫说不定已经被驯化了（不过光凭残骸无法下结论）。

人类和弓形虫最早的相遇，可能就是在塞浦路斯岛这样的早期农业定居点发生的。墓主人和他的猫可能都被感染了。还有一种可能就是，人类和弓形虫的接触可以追溯到更早的史前时期。以狩猎采集为生的祖先可能会无意中吞下一些泥土进而被感染，就像老鼠一样；也有可能因为吃生肉而被感染（吃下有寄生虫的猪肉、羊肉等生肉从而接触到寄生虫，这是另一种感染途径）。人类的祖先也常常被大型猫科动物捕食，因此我们还帮了弓形虫的忙，让它能抵达最爱的终宿主体内。人类祖先尤其是幼童落入大型猫科动物口中的概率可能比我们想的要大。不过即使后一种推测成立，随着农业的出现和猫被驯化，人类接触并感染弓形虫的可能性也随之增加。不管怎样，假如弗莱格的假说成立，那弓形虫影响人类行为也就很有历史了。换句话说，弗莱格研究的不仅是弓形虫对人类当下的影响，而且是它对人类祖祖辈辈的潜在影响。我们不由得猜想，成吉思汗会不会感染过弓形虫，还有哥伦布呢？

多年来，弗莱格思考着弓形虫对人类多方面的可能影响以及对人类行为的影响，与此同时，一些生物学家继续默默地研究寄生虫对啮齿类动物的影响。乔安妮·韦伯斯特（Joanne Webster）就是其中之一，她是研究动物传播疾病的专家（她自称为动物源性流行病学家）。和弗莱格一样，她也决定跟进 J. 海的研究。不过区别是，她是以实验的方式进行的。J. 海的实验以家鼠为对象，韦伯斯特研究的是褐家鼠和大鼠。和在家鼠体内一样，弓形虫在褐家鼠的血液当中无性繁殖，并播散到身体各处，进入心脏等肌肉细胞和大脑神经细胞中。在神经细胞中，弓形虫形成包囊，并且能以包囊的形式持续存在，直到宿主死亡。通过一系列严密设计的实验，韦伯斯特证明感染弓形虫后，大鼠也和感染的家鼠一样变得活跃。[19]大鼠也不再惧怕通常会让它们吓破胆的猫尿味，这样一来，就像过度活跃的家鼠一样，它们也更容易被猫吃掉。[20]神奇的大自然既能让蚂蚁爱上甲虫，也能让老鼠自动投入猫张开的大嘴中。

韦伯斯特慢慢地明白了弓形虫是怎样造成这些变化的。一旦进入神经细胞后，弓形虫就生成了多巴胺的前体，[21]它和其他物质以及某些未知的机制协同作用，使得老鼠更活跃，不怕猫尿，也更有可能被猫吃掉。老鼠既可以生活在室内，也可以生活在野外，因此家猫和野猫都是弓形虫的宿主。[22]

韦伯斯特的研究启发人们开始研究多种寄生虫，而不限于研究刚地弓形虫是怎样操纵宿主行为的。这种操纵行为很普遍，比如真菌可以控制蚂蚁、寄生蜂会操纵蜘蛛、绦虫会控制等足目动物，等等。不过，除弗莱格以外，包括韦伯斯特在内所有研究弓形虫的科学家都没有关注弓形虫可能对人产生的影响。

韦伯斯特的工作使得她有可能研究弓形虫对人的影响。帝国学院医学院是她任教的学校之一，每周她都会和研究人类疾病的同事们共事。但是对这些同事来说，弗莱格的相关性研究不太有说服力，而韦伯斯特如果去做其他类似的研究也会如此。韦伯斯特不是非得说服同事这项研究值得尝试，或者有继续下去的价值，但如果她能得到同事的认可，会有很大的帮助。容易赢得尊敬，同样也会轻易失去认可，这是学术界的立足之本。同行不认可你的研究，你将会失去他们的支持，失去合作和将来寻求帮忙的可能（但研究者几乎总少不了别人的支持）。与此同样麻烦的是，韦伯斯特自己也不是百分之百肯定。她受到的训练是用实验的方法，在实验室中验证假说，而弓形虫对人类行为产生影响这一假说无法用实验来验证。她不能在不违背伦理的情况下让人感染弓形虫，一旦弓形虫侵入细胞，根本没有有效的治疗方法（因此她无法进行治疗并观察产生的影响）。随着研究工作的深入，韦伯斯特找到了一种可能。弗莱格提出，弓形虫不仅仅会影响人的行为，而且会影响心理健康。在弗莱格的研究工作的基础上，来自史丹利医学研究中心的心理医生富勒·托里 (E.Fuller Torrey) 和约翰·霍普金斯大学医学中心的儿科教授罗伯特·约尔肯（Robert Yolken）提出，弓形虫感染可能是导致精神分裂症的原因之一，甚至是唯一原因。[23] 精神分裂症和弓形虫感染都见于特定的家族内部，但又不完全是遗传性的（它和人们住宅的关系反而比和基因的关系更密切）。而且，有时控制精神分裂症状的药物，能杀灭人体细胞内的弓形虫。在这些研究的基础上，韦伯斯特有了一个想法。她怀疑治疗精神分裂症的药物，会不会是通过抑制甚至杀灭弓形虫来发挥作用的。

　　她发挥专长，做了一个实验。在实验中，她让 49 只大鼠通过口服方式感染了刚地弓形虫；另外 39 只大鼠作为对照组，也接受感染处理，但它们口服的其实是盐水。感染组和对照组大鼠每组都进一步分为 4 个小组。其中一组没有任何治疗,一组接受丙戊酸(一种稳定情绪的药物）治疗，一组接受氟哌啶醇（抗精神分裂药物）治疗，最后一组接受乙嘧啶治疗。乙嘧啶是一种能杀灭寄生虫的药物，在某些情况下也能杀灭弓形虫。接着她把老鼠一只只地放进面积为 1 平方米的方形围栏中。围栏的四角分别散布着 4 种不同气味中的一种。其中一角是浸润了 15 滴老鼠尿的木屑，这是老鼠自己的气味。一角是浸了 15 滴水的木屑，水对老鼠来说无害。一角是浸了同样多兔子尿的木屑，选择兔子的尿是因为兔子应该对老鼠没有任何影响，老鼠既不怕兔子，也不会被兔子吸引。最后一个角放的是浸了猫尿的木屑（韦伯斯特在名牌大学工作，虽然她做出了重大发现，但还是日复一日地在实验室摆弄着各种尿液）。围栏布置好后，单只老鼠被放进去，韦伯斯特自己或团队其他人就会观察并记录老鼠在每个角落所待的时间。同样的过程被一遍遍地重复，他们一共观察了 88 只老鼠，总时间长达 444 个小时。统计实验数据的时候发现，数据竟然写出了 260462 行。韦伯斯特分析数据后发现，没有感染的老鼠更多地挤在散发熟悉和"安全"的鼠尿味或兔子之类无害动物气味的角落里。它们聪明地避开了所有有猫尿的区域。被感染且没有得到治疗的老鼠表现就不一样了，它们跑进有猫尿气味角落的次数更多，而且会待在那儿不走，似乎完全不明白猫尿味代表潜在的危险。神奇的是，感染了弓形虫但接受了抗精神分裂或杀灭寄生虫药物治疗的老鼠，表现得和没有感染的老鼠更像。和没有接受治疗的老鼠相比，它们不大跑进猫尿区，就算跑去了待的时间也不长。套用一个意味深长的词，这些老鼠被"治愈"了。[24]

2006 年，韦伯斯特发表了关于精神分裂症、治疗精神分裂症的药物以及弓形虫的论文。这项研究很有说服力，不过实验仍然是以老鼠而非人类为对象的。因此有必要在人身上开展研究，相关性研究还不够有说服力（起码她觉得不够）。做实验研究这条路是走不通了，不过还有一种选择，就是纵向研究。可以通过长期随访，观察感染了弓形虫的个体是不是比未感染者（其他情况相似）更易患上精神分裂症。这不是韦伯斯特擅长的研究方式，她不做纵向研究，不过如果有人真的做了，那会是一项巧妙的实验，会把韦伯斯特的研究再推进一步，最终引起医学界的关注。很难想出在哪里能找到合适的数据，符合条件的数据不仅要包含人群不同时间点的健康数据，还要有相应的血样，而美国军方可能是极个别拥有此类数据的组织之一。

美国军方会收集所有新兵的健康数据，还会采集他们的血样。瓦尔特里德陆军研究所的流行病学家大卫·尼布尔（David Niebhur）决心研究这些数据，看看精神分裂症是否真的和弓形虫感染有关。他翻阅了军方的数据库，找出了 180 名在 1992—2001 年因被诊断为精神分裂而强制退伍的士兵的资料。他和同事又从数据库中给每个诊断为精神分裂症的士兵相应找出了 3 名没有精神分裂症的士兵作为对照组。对照组的士兵在年龄、性别、种族和部门方面和患有精神分裂症的士兵没有差异。研究人员检查了军方采集的士兵血样，尝试验证那些患有精神分裂症的士兵发病前就感染弓形虫的可能性是否比对照组更大。结果表明的确如此，患有精神分裂症的士兵弓形虫检测阳性的可能性显著大于没有患病的士兵。[25]

尼布尔和他的同事们发现，感染过弓形虫的士兵比未感染者将来患上精神分裂症的概率要高 24%。要是你曾经感染过弓形虫，你患上精神分裂症的风险就比没有感染过的人要高 24%。较长的时间跨度，让尼布尔的研究工作更有说服力，而其他人对此研究的重复结果也是如此。关于寄生虫的研究论文越来越多，到目前有 54 项关于精神分裂症和弓形虫感染关系的研究，其中 49 项研究都有相关证据表明，弓形虫感染会增加精神分裂症发病率。[26]

现在回想起来，弗莱格的研究思路是对的。弓形虫会像影响老鼠大脑一样影响人的大脑，而且其他的灵长类动物也会受其影响。最新研究表明，人类的近亲黑猩猩感染弓形虫后，会被猫科动物特别是豹子的尿味所吸引。[27]感染了弓形虫的人，至少是感染后的男性和未感染的男性相比，觉得猫尿味很好闻的可能性更高。[28]

弓形虫的感染率很高，其中有些感染是吃了没煮熟的肉所引起的，这些肉的细胞里隐藏着蠕动的弓形虫，但绝大部分人依然是通过接触猫而感染的。弓形虫的感染有多常见呢？ 50% 以上的法国人有隐性感染表现。它可以很大程度上解释国民的行为举止：并不是文化因素使得法国人爱喝酒、吃肉和抽烟，而是弓形虫感染导致他们无视风险。不过我怕法国人太骄傲，特此说明，其他国家弓形虫的感染率也很高：40% 的德国人曾感染过弓形虫，20% 以上的美国成年人也感染过，全球范围内有超过 20 亿人曾感染过弓形虫。[29]

弓形虫的故事本身就很有意义。弓形虫很可能是最常见的人体寄生虫，至少是那些会对人影响深远的寄生虫中最常见的。我们实验室也研究螨虫，螨虫感染比弓形虫感染更常见。我们取样的所有成人都有螨虫感染，[30] 但螨虫似乎对人无害。在所有会危害健康的寄生虫当中，长期被忽视的弓形虫是最常见的。不过，老鼠、猫、弓形虫和猫身上其他寄生虫的故事，也是一个重要的教训，让我们了解了养宠物并不简单。人们似乎约好了一样，急切地下结论说：家中的昆虫和微生物都令人讨厌，而宠物才是我们的良伴。但是当我们引猫入室之时，猫体内的弓形虫也随之而来。弓形虫并不是猫身上唯一的乘客，另外十几种被研究更少的寄生虫也藏在猫主子的体内登堂入室。仿佛是为了不让爱猫人士——不管是普通女性，还是谜一般地喜爱猫尿味的男士——觉得自己与众不同，其他宠物体内也同样携带着寄生虫。

在过去的 1.2 万年里，人类饲养各种各样的动物作为宠物——猫、雪貂、狗、荷兰猪或宠物鸭。每种动物身上都有其他生物，猫身上有弓形虫，荷兰猪会传播跳蚤，至于狗，亲爱的狗狗，那可真算得上虫子、昆虫、细菌和其他各种生物寄居的大杂院了。

7 年前，我有了一个想法：让实验室的学生将每种家养动物身上寄居的所有寄生虫登记成册。我其实是想列出每种动物身上的所有寄生虫。梅瑞狄斯·斯彭斯（Meredith Spence）负责登记狗身上的寄生虫。我想先让她把狗身上的寄生虫登记完，然后其他学生可以研究猫身上的寄生虫，还有学生负责研究兔子。但现实是，仅仅狗身上的寄生虫一直都没研究完。梅瑞狄斯花了一年时间来统计狗身上的寄生虫，然而，过了两年、三年。最后，她从北卡罗来纳大学毕业去了动物医院工作，后来又回来读研，现在博士都快毕业了，还在继续统计狗身上和体内的寄生虫。[31] 这个名单就是这么长。其中有一些寄生虫在我们意料之中，比如跳蚤和跳蚤携带的巴尔通体（Bartonella），[32] 还有各种丑陋可怕的寄生虫，比如棘球绦虫（*Echinococcus*）属的绦虫。

从分类学上讲，狗是食肉动物，它们和猫一样都属于食肉目动物。不过，我们知道狗不是弓形虫的终宿主。对弓形虫来说，尽管狗和猫的肠道结构很类似，但远远没有猫的肠道合它的胃口。每种寄生虫都有自己的偏好，狗身上的寄生虫可一点儿也不少，比如棘球绦虫就觉得狗的肠道很适合它生活。狗是棘球绦虫的终宿主，终宿主这个词有点学术，换句话说，狗的肠道是"它们交配、繁殖和寿终正寝"的地方。

人们才刚开始了解棘球绦虫。我们目前对它的了解，也就和我们在 80 年代对弓形虫的了解差不多。许多绦虫以食肉动物为终宿主，比如狗、猫或鲨鱼，但对于究竟选哪种食肉动物，有时却很挑剔。成年的棘球绦虫爱寄生在狗身上。人们可能会想，既然猫和狗都是食肉动物，那棘球绦虫应该也能在猫身上进行繁殖。但答案是不能（就像弓形虫也不能在狗身上繁殖一样），对这种特定的寄生虫来说，狗的肠道环境刚刚好。

棘球绦虫在狗体内交配后，产下的卵会随狗粪排出体外。它们静静地等待着。食草动物在吃草时也会无意中吃下些狗粪，这是自然界鲜为人知的真相之一。这些食草动物往往是山羊或绵羊，在没有山羊和绵羊的地区，就是鹿或者沙袋鼠。在食草动物的胃里，虫卵会孵化，孵化出的幼虫会播散到全身，以蚴囊的形式生活在内脏器官甚至是骨髓当中。食草动物死亡后，当狗吃掉含有蚴囊的肉就会被感染。同样，人也可以通过食用羊肉而感染棘球绦虫幼虫。就像在羊体内一样，幼虫也会在人体内形成蚴囊，但在体内蚴囊会不断长大，甚至能长到篮球大小。因为吃了有寄生虫的羊肉而感染，还算是"体面"些的感染方式。而因为不小心吞下点儿含有虫卵的狗粪而感染就很恶心了，不过这种感染方式比我们认为的要多得多，比如主人让狗狗舔自己的脸。世界就是如此真实不堪，生长着光怪陆离的生物。

棘球绦虫的故事引发了一些疑问：这种寄生虫会不会操纵被感染的羊或人，然后让它们（他们）更喜欢狗呢？爱狗人士之所以喜欢狗，是不是受到寄生虫的影响？没有人知道答案，而在日常生活之外，早应该搞清楚的怪事也正在上演。

狗身上的一些寄生虫和病原体，比如狂犬病，在大部分地区都很少见，而只在一些特定的地区（或特定时间）很常见，起码在当今社会是这样。棘球绦虫是梅瑞狄斯编写的狗寄生虫列表上最常见的寄生虫之一，在许多地区都很常见，但它的发病率没有犬心虫（*Dirofilaria immitis*）高。梅瑞狄斯现在之所以研究犬心虫，正是当初的统计工作给她的灵感。犬心虫是一种线虫，它可以侵入狗的心脏和肺动脉并寄生于其中。犬心虫大量繁殖后甚至会阻碍血液的正常流动。美国有多达1%的狗感染了犬心虫。而在另一些国家，有50%以上的狗感染了这种寄生虫。犬心虫寄居在蚊子体内，通过叮咬感染犬只。在叮咬的瞬间，犬心虫会快速移动到蚊子的口器上，并进入到叮咬后留下的伤口当中。它们从伤口钻入皮下组织，在肌肉中移动，进入血管，并随血流到达心脏。此时犬心虫已经过多次蜕皮，变成成虫。这些"浪漫的"虫子选择在狗的心脏里交配。人们没有详细地研究过犬心虫的演化，其他许多种类的丝心虫也是同样。目前，梅瑞狄斯专注研究蚊子在传播中的作用，短期内不会分心于研究犬心虫的演化史。因此，对于有兴趣的同行来说，这是一个绝佳的研究项目（我猜我们周围此刻就生活着许多靠蚊子传播的、还未被命名的新种丝心虫）。犬心虫一般不危害人类的心脏，这种病例很少见（每年大概几百例），所以碰到这种情况，医生都会围过来和病人拍照留念，目前只发现过一例在人心脏里交配的犬心虫病例。它们在人体漫游的过程中，大部分会被困在肺动脉中动弹不得，然后死去。而在更罕见的情况下，犬心虫会因为卡在眼部、脑部或者睾丸的血管里而死。不过，我再次声明这种情况极其罕见。[33]

但人感染犬心虫却并不少见。许多人（也许是大部分人）体内都有抗犬心虫的抗体，这表明他们曾经被携带犬心虫的蚊子叮咬过。犬心虫钻入人们（可能也包括你）的皮下，人体免疫系统会将其消灭，而被犬心虫骚扰过的人，丝毫没有感觉到异样。但最新研究表明，即使是单次感染也可能影响人的免疫系统，和未感染者相比，感染者更容易产生抗体，增加患哮喘的风险。换言之，蚊子叮咬会带来寄生虫，尽管寄生虫会被免疫系统清除，但也会留下后患，增加日后打喷嚏、咳嗽、喘鸣的风险。[34] 而我们之所以会被携带犬心虫的蚊子叮咬，很大程度上是因为养狗。你周围有犬心虫是因为周围有狗（在有狼出没的地区也有犬心虫，不过狼的数量比狗多的地区是极少数）。就算你自己不养狗也可能被犬心虫感染，周围有狗就足够了。狗身上还携带着另外 20 种常见寄生虫，这是它们和野狼祖先以及外面世界联系的证明。更重要的是，梅瑞狄斯的编目表明，人们至少能在宠物狗身上发现几十种寄生虫。

我觉得弓形虫、棘球绦虫和犬心虫的生物特性十分奇妙又令人着迷。不过，我和你们一样不想被感染。养猫或养狗着实会增加感染的风险，幸好这些感染造成的严重危害——精神分裂、绦虫或睾丸里有死去的犬心虫——在大部分地区都很少见。另外有些风险可以通过主人的干预来避免，比如治疗犬心虫的药物就能控制犬心虫的数量（不过同时也会使它们更快产生耐药性）。而其他一些危害，比如弓形虫感染，就没有更好的治疗办法了，起码目前还没有。

我不打算回答如何评估养宠物的好处和危害这类问题，因为这最终取决于我们居于何处，以何种方式生活。在有些地方，猫仍然帮人抓老鼠、看守粮食；在有些地方，狗仍然帮牧羊人放羊、保护羊群。不过在现代社会，猫和狗的工作往往是给人类做伴。它们作为人类伴侣的价值，随着我们对陪伴的渴求程度，甚至是人的孤单和落寞程度而增加。住在城市里的人越多，人与周围的联系越少，它们越可能发挥作用。同样，随着人类生活的环境日趋城市化，与大自然的联系越来越少，狗和猫也越有可能给人带来另一种好处——让人们接触到有益的微生物。

在北卡罗来纳的罗利市和达勒姆市调查 40 户居民家中微生物的情况时，我们首次意识到了宠物对家中细菌的有利影响。在调查中，我们询问参加者家里有没有养宠物。人们家中细菌种类的差别有 40% 是由是否饲养宠物所决定的。[35] 宠物的影响非常巨大，狗的影响来自在养狗人士家中更常见的一些土壤微生物。我们以为这是狗从户外带进来的，但最新研究表明，许多哺乳动物的皮毛中就生活着土壤微生物。[36] 哺乳动物皮毛中生活的微生物和土壤中的微生物可能有一部分是相同的。除了土壤细菌之外，狗也会在家中散布来自唾液的细菌和少量狗粪中常见而人大便中少见的细菌（因此更容易区分）。

收集到上千户家庭中的数据后，我们可以分析猫对家中的细菌组成是否有影响。答案是肯定的。因为某些未知的原因，养猫家庭中某些细菌包括和昆虫有关的细菌都更少见。[37] 可能是驱虫项圈、药水或粉剂等猫用杀虫药杀灭了这些昆虫，同时也杀灭了昆虫体内的细菌（尽管我们曾以为在狗身上也是如此）。又或许是猫把昆虫给吃了（细菌也被吞了下去），不过猫仍然将上百种细菌引入了人们家中。和狗一样，大部分细菌都寄居在猫的身体上——皮肤、毛发、粪便和唾液中。猫唯一没有携带的细菌只有土壤细菌。这可能是因为猫体型更小，也可能是因为猫会舔自己的爪子。我们不太确定。

我怀疑在人类历史上大部分时候，猫和狗携带的大多数细菌就算对人有影响，也是负面影响，就像寄生虫一样。但人类如今的处境和以往早已不同。现在，正如生物多样性假说里所提出的，因为缺乏一些细菌从而患病的可能性，和感染细菌、寄生虫而患病的可能性是一样大的。对那些环境中没有多样细菌的孩子来说，和猫狗所携带细菌的接触，能起到和嗅闻阿米什人房屋中包含多种生物的灰尘同样的效果。近期研究表明，养狗会降低人们尤其是生于有宠物家庭中的儿童患过敏、湿疹、皮炎的风险。一篇最全面的文献综述表明：和宠物共同生活的儿童更少患上特应性皮炎。[38] 在欧洲开展的一项类似研究也得出了同样的结论：养宠物会降低主人患过敏症的风险，在有些地区这种作用更显著。[39] 各项研究表明，养猫会起到和养狗类似的作用，不过影响要弱一些，一致性也稍差。[40]

　　在人们远离自然生态多样性的地区，狗和猫可能对人的免疫系统有好处。它们从两方面发挥了作用：第一，猫狗身上的细菌或许弥补了人所接触到的生物多样性不足的问题。我们的生活和生物多样性脱离太久，就算碰一碰狗爪子上的泥都会有帮助。第二，孩子肠道中来自猫粪和狗粪的细菌，可能无意中发挥了益处。在养狗的家中，孩子捡掉在留有狗粪的地上的食物吃，或者被刚闻过另一只狗屁股的狗"亲吻"而吞下了狗粪中的细菌。[41] 狗带给人的可能不是一般的细菌，而是给我们重获失去的肠道细菌的机会。有充分证据表明缺乏特定肠道细菌，会带来一系列健康问题（比如克罗恩氏病和炎症性肠病等）。假如这个"食粪"假说成立，那无法获取所有必需细菌的剖宫产婴儿，[42] 将从和狗的接触中获益更多。现实中的确如此。我们还可以推测，在孩子可以通过其他途径（比如和双手脏兮兮的兄弟姐妹玩耍）而接触到粪便细菌的家中，狗的作用可能就不那么明显了，这也是事实。对有兄弟姐妹的孩子来说，狗减少他们患过敏症和哮喘的作用不那么显著。总之，现有证据表明，狗通过让我们接触到多种多样的土壤细菌和重获失去的肠道细菌而对人有益，但这是因为，人们现在居住的环境几乎完全与自然隔绝，甚至狗身上的一点点泥土和粪便都能弥补一些多样性。结合前面我们讲到的棘球绦虫和犬心虫，养狗到底是好是坏，似乎取决于狗身上的到底是细菌还是寄生虫，如果是寄生虫，具体要看是哪一种。有时候，当我们试着去做些简单的决定，想让生活更好一些，生物多样性的复杂之处就会跳出来和我们作对。

　　事实上，我们还不清楚养狗或养猫的总体影响，更别说雪貂、猪或乌龟这些宠物了。要搞清楚猫狗会不会让我们更健康，其实并不容易，这样你大概就能明白，为什么从家中或者身体上几十万种外源性细菌中找出对人类有益的种类也是困难重重了。但人们并没有放弃尝试。实际上，在 20 世纪 60 年代，医生们很快就在全美国的婴儿身上、医院里以及人们家中移植各种有益菌了。

# 第十一章　一起培养有益菌

现在，我们将进一步讨论生存竞争问题。

——达尔文

甜蜜的花儿长得慢，杂草蹿得快。

——莎士比亚

人类一向渴求进步。我们假设这些进步都是科技进步，并认为过去是落后的，未来会比现在更先进。不过对于人和周围的生命尤其是家中生物的相处方式来说，情况却不是这样。我们消灭了有害病原体，这是了不起的进步，但是我们也走向了另一个极端：把有益微生物也杀死了。而且，我们无意中将自己家打造成了害虫们生长的温床——墙壁上有真菌，淋浴喷头中潜伏着细菌，德国小蠊在门缝下爬行。与此同时，其实一直都存在一种不同的方式、一条不同的路。多年以前，我们就应该找出促进有益生物在家中生长的方法。这听起来似乎有危险，但并不比我们现在打造的生活环境更险恶。而且这一方法曾经被实验过：人们在美国各地婴儿的皮肤上移植了有益细菌。这一举措真的发挥了大用。

一切都开始于 20 世纪 50 年代末，一种名为 80/81 型金黄色葡萄球菌（*Staphylococcus aureus type* 80/81，以下简称金葡菌）的细菌在美国各地医院飞速蔓延。[1] 到医院看病的病人都可能被传染，他们回家后又会传染给家人。这种细菌对婴儿的危害特别大，正如当时一项研究中所指出的，"它造成的潜在严重感染比其他细菌都要多"。[2]

80/81 型金葡菌生长在人的鼻腔或肚脐中，因此很难清除。它对当时的主流抗生素青霉素有耐药性。青霉素在 1944 年首次投入临床使用。虽然它并不能杀灭所有细菌（比如要杀灭结核杆菌，得等到链霉菌生成的名为链霉素的抗生素问世），不过它对部分金黄色葡萄球菌菌型是有效的，直到 80/81 型出现。青霉素无法杀灭 80/81 型金葡菌，[3] 更糟的是，这种细菌的传播速度快得令人害怕。

1959 年，纽约的长老会韦尔康奈尔医院和其他很多美国医院一样，育婴室里有大量 80/81 型金葡菌滋生蔓延。在这一点上，这家医院没有任何特殊之处。唯一特殊的地方是这家医院里有两个人——海因茨·艾兴瓦尔德（Heinz Eichenwald）和亨利·希尼菲尔德（Henry Schinefield）——决心找出对付这种细菌的办法。[4] 艾兴瓦尔德是康奈尔大学医学中心的儿科医生，希尼菲尔德是他们部门新来的助理教授。两人的合作将开创出一种全新的疗法和管控室内微生物的方式。

两人在长老会医院的育婴室勤勤恳恳做研究。每天下班前，他们都会查看育婴室里有没有 80/81 型金葡菌感染病例。他们可能也说不上来到底要找什么，不过一见之下就会明白。他们的工作单调乏味，但这种单调变成了一种日常，最终带来了新发现。

首先，有一名保育员去过所有感染病例最多的育婴室，而后来检测证明，她的鼻腔中带有80/81型金葡菌（以下称她为保育员80/81）。可以说，保育员80/81走到哪儿，感染就扩散到哪儿，很显然她就是传播感染的源头。医院育婴室中的感染很多，被感染的保育员也很多。大多数医院都选择解雇感染的保育员，所以她的影响也就到此为止。一开始事件的发展就是如此。就像希尼菲尔德和艾兴瓦尔德后来说的，保育员80/81也被"解雇"了。不过，在这家医院里的故事还没完。

保育员80/81一共接触过68个婴儿，其中37个婴儿是在刚出生的时候，31个是在出生24小时后。在她照顾过的37个刚出生的婴儿中，有1/4感染了80/81型金葡菌。而31个1天大新生儿中没有感染病例。他们的鼻腔中生活着其他的细菌，包括无致病性的其他种类的金葡菌。这些新生儿的身体和遭遇为什么不一样呢？为什么保育员80/81照顾过的出生24小时内的婴儿都感染了，而仅仅比他们大1天的婴儿却都没有感染？艾兴瓦尔德和希尼菲尔德在比较了两组婴儿的资料后，对背后的原因有了一种预感，而预感既能成事，也能坏事。[5]

对于观察到的规律，他们设想了两种解释。第一种也是更符合常规的解释是，年纪的增长增加了婴儿的抵抗力，使得它们更不容易感染。大一点儿的婴儿抵挡住了病菌。在细菌入侵之前，免疫系统就将其清除了，我们姑且称之为"抵抗力假说"。科学家们就算觉得某个假说是老生常谈、不合时宜，也不该把它排除在外，不过他们的确会这么做。艾兴瓦尔德和希尼菲尔德对抵抗力假说的看法就是这样，觉得它毫无新意。

第二个假说更大胆，甚至有些离谱，不过也更新奇有趣。他们猜测，对大一点儿的婴儿来说，其他细菌定植的可能性更高。"好的"葡萄球菌会抵抗病原体（比如 80/81 型金葡菌）的侵入，就像会产生某种力场一样。如果这种"细菌干扰假说"成立的话，将会打开新世界的大门——人们可以在人的身上、医院和家里引入有益细菌。

两位医生后来写道，在形成这一假说的过程中，他们发现"金黄色葡萄球菌在新生儿体内的定植过程普通而寻常"，[6] 这种定植"迟早会发生"，这一论断也有充足的证据。一系列研究都已经表明，健康成年人的皮肤上生长着许多微生物，仿佛盖着一张粗线毯。鼻腔、肚脐和身体其他部位的微生物中几乎总少不了金葡菌，它们形成了一层厚厚的生物膜。小臂和背部皮肤表面则生长着其他类型的葡萄球菌、棒杆菌、微球菌（Micrococcus）和其他占优势的细菌。[7] 哺乳动物的体表也往往都由一层细菌覆盖（不过现在研究表明细菌的组成主要和哺乳动物的种类有关）。哪怕赤身裸体，我们也是被一些东西包覆着的，家里的空间也是这样。我们还发现，子宫内的胎儿皮肤上没有微生物（肠道和肺部也没有），直到分娩的过程中，细菌才定植到婴儿身上。

在这样的情况下，艾兴瓦尔德和希尼菲尔德猜想，1 天大的婴儿身体特别是鼻腔和肚脐上新形成的微生物菌落，可以抑制其他细菌的定植或生长。具体而言，他们认为有益的金葡菌通过抢占地盘和食物而在病原体成功立足之前将其打败，[8] 生态学家称之为"利用性竞争"（exploitative competition）。除了通过利用性竞争阻止病原体的生长，已有的细菌还可能生成名为"细菌素"（bacteriocin）的抗生素，抑制甚至杀灭那些晚到一步的细菌。[9] 生态学家称之为"干扰性竞争"（interference competition）。[10] 在自然界中，这两种竞争都很常见，草原上的植物和雨林中蚁群之间的竞争就很好地证实了这两种假说，不过身体表面和建筑中生活的细菌之间也存在这种竞争，这种想法在当时是非常激进的。即使已有先例，这一理论在当时仍然很非主流——与其说是谬论，倒不如说是异端邪说。

在当时的医学界，尤其是在抗感染方面，仍然是以杀灭有害菌为核心思路的。自从斯诺在伦敦的苏荷区发现被污染的井水、巴斯德证明病原体会致病（细菌理论）以来，一直如此。几乎从没有人想过去找有益菌，或想到疾病可能是由缺乏有益菌而引起的。[11] 人们关注的永远是有害菌，找到它们，消灭它们。这种方式和我们驯化野兽之前所用的很类似，当时我们对付大型猛兽的方法，就是躲开它们或杀死它们。但艾兴瓦尔德和希尼菲尔德怀有不同的看法，他们认为，从更有效的治疗或从广义上讲，人类的健康依赖于整体化的生命观。

两人和同事约翰·里布尔（John Ribble）一起设计了一个实验。目的是观察在没有 80/81 型金葡菌的育婴房里待过的新生儿换到半数以上婴儿都感染了 80/81 型金葡菌的育婴房之后会如何。这些新生儿体内早先定植的其他细菌，会不会起保护作用？实验是在长老会韦尔康奈尔医院进行的。新生儿先在一间没有 80/81 型金葡菌的育婴室中待了 16 小时，又被换到了一间到处都是 80/81 型金葡菌的育婴室。实验的结果明确无误：在没有 80/81 型金葡菌的育婴室里待过的新生儿，尽管只有 1 天大，但仍能免于感染。[12]

这个实验设计得很巧妙（尽管伦理上有些瑕疵）。它表明有益菌可以起到保护作用，抵抗病原体；有益菌能战胜甚至杀灭有害菌。不过，也不能排除其他的可能，尤其是无趣的"抵抗力假说"。艾兴瓦尔德和希尼菲尔德计划进行一个完美的实验——他们要培育婴儿身上的微生物，致力于促进有益菌的生长，而不光是抑制有害菌。

他们使用的是希尼菲尔德从另一位名叫卡罗琳·迪特马尔（Caroline Dittmar）的保育员身上提取出的细菌。卡罗琳曾照看过那些没有感染 80/81 型金葡菌的婴儿，她的鼻腔中生长着 502A 型金葡菌。生活在无感染育婴室中的 40 名婴儿鼻腔里都有这种细菌，艾兴瓦尔德和希尼菲尔德认为它是安全的，而且能干扰有害菌。他们花了两年来研究 502A 型金葡菌，实验表明，它在婴儿或婴儿家属身上都没有致病性。在之后的研究中人们才发现：这种金葡菌之所以不会引起感染，是因为它无法通过鼻黏膜进入血流。一旦它成功侵入血液，就和其他的有害菌一样会引发感染。[13] 还在研究 502A 型细菌时，艾兴瓦尔德和希尼菲尔德就开始用它来给婴儿接种。一开始他们使用的细菌浓度很低，当发现细菌要"定植"下来必须满足一定浓度之后，细菌浓度突然增加到 500 个。[14] 大部分接种后的婴儿鼻腔中直到一年后仍有 502A 型金葡菌在生长（肚脐中的 502A 型金葡菌数量少一些，原因不明）。而且，这些婴儿的母亲体内也开始有 502A 型金葡菌定植。[15] 很显然，艾兴瓦尔德和希尼菲尔德的干预会产生持续的影响。人们不知道这种细菌的定植能不能预防 80/81 型金葡菌感染。

两人受此激励，决定采取下一步行动。他们联系了那些 80/81 型金葡菌感染病例多发的医院，也可以说是那些医院找到了他俩。第一家医院是新生儿科专家詹姆斯·萨瑟兰（James M. Sutherland）博士所在的辛辛那提综合医院，正是他向两人求助的。1961 年秋，辛辛那提综合医院遭遇了 80/81 型金葡菌感染与流行，有 40% 的新生儿感染了这种病菌。希尼菲尔德立刻就启程前往俄亥俄州，还带着从迪特马尔身上采集的 502A 型金葡菌样本。希尼菲尔德和萨瑟兰在医院育婴室中一半的新生儿鼻腔里或脐带残端上接种了人们心中的卫士——502A 型金葡菌；另一半的新生儿没有接种。新生儿是否接受接种以及安排到 3 间育婴室中的哪一间，都是随机的。之后，希尼菲尔德和同事们通过检查来确认接种后的婴儿感染 80/81 型金葡菌的风险是否降低了。他们给婴儿接种了特定细菌（可以看成"作物"），希望能抵抗有害菌（可以看成"杂草"）。他们仿佛是在耕种，和农民一样，他们也想着种瓜得瓜、种豆得豆，都希望自己种下的不是满园杂草（或者染病的婴儿）。

这项研究的意义重大。对所有 80/81 型金葡菌感染的新生儿或世界各地医院中的任何病菌来说，它都意义非凡，对新生儿出院后将要共同生活的家庭来说也是如此。在当时，它可能关系到几百万条生命，在美国尤其如此，因为每 1000 个新生儿中就有 25 个在医院里或者出院后不久在家中夭折，大部分是由感染引起的。

　　很快，萨瑟兰和希尼菲尔德就看到了成效。在接种了可能具有保护性的 502A 型金葡菌的婴儿中，只有 7% 感染了 80/81 型金葡菌，无一例感染是院内感染，全都是在婴儿回家后发生的，可能是家中存在未查明的感染源。502A 型金葡菌没有成功预防这 7% 的婴儿感染，算不上理想结果（当然最好是零感染），不过接种和未接种婴儿感染率的差异意义更大。未接种婴儿的感染率要高得多，是接种婴儿的 5 倍。萨瑟兰对艾兴瓦尔德和希尼菲尔德的信任得到了回报，收到了具体成效。[16] 从卡罗琳身上分离培养出来的细菌，在接种到婴儿身上后，能有效地防止 80/81 型金葡菌感染，就像抑制有害杂草生长一样。

　　希尼菲尔德很快又踏上了旅程，艾兴瓦尔德没时间在各地奔波，不过作为助理教授的希尼菲尔德有很多时间。他将在得克萨斯州重复同样的研究，实验的结果也相似，甚至还更理想。接种了 502A 型金葡菌的婴儿当中只有 4.3% 感染了 80/81 型金葡菌；相反，没有接种的婴儿中有 39.1%（接近一半）感染了 80/81 型或者其他金葡菌。和在辛辛那提一样，接种似乎起效了。之后艾兴瓦尔德和希尼菲尔德还会在佐治亚州（并就此撰写了题为"佐治亚州流行病研究"的论文）和路易斯安那州（论文题为"路易斯安那流行病研究"）重复这一实验。[17]

　　培育身体上的细菌似乎无疑能产生成效，502A 型金葡菌能安全、有效地抵抗医院中大部分有害菌的感染。但这还不够，希尼菲尔德和艾兴瓦尔德想做些新的尝试。在这样的时刻，事情偶尔也会朝着完全错误的方向发展。他俩注意到,在辛辛那提和得克萨斯的实验后,80/81 型金葡菌从医院的育婴室中消失了一段时间。他们决定研究能否通过细菌间的干扰清除医院中的 80/81 型金葡菌。

希尼菲尔德在医院之间奔走,为新生儿接种 502A 型金葡菌。他不再设置对照组,而只是为了治疗,更确切地说是防止新生儿被感染。结果可以说非常神奇,到 1971 年,全美有 4000 名新生儿接种了 502A 型金葡菌。这一举措不仅减少了医院里 80/81 型金葡菌感染,在有些医院,研究团队甚至彻底消灭了这种病原菌。病菌不见踪影,人类大获全胜。在此基础上,艾兴瓦尔德写道:"在金葡菌大流行期间,接种 502A 型金葡菌成为终止疫病最直接、最安全、最有效的方法。我认为现有的包括几千名婴儿在内的数据能有力地表明这种方法是 100% 安全的。"[18] 接种的 502A 型金葡菌是怎样抑制诸如 80/81 型金葡菌此类病原菌的生长,这一答案日后揭晓了——有益的金葡菌会生成酶类抑制有害的金葡菌形成生物,最终抑制它们的定植。有益的金葡菌还会生成对病原菌有害的细菌素,502A 金葡菌生成的细菌素能杀灭任何侵入它领地的细菌。[19] 另外,502A 型金葡菌还可能(无意地)引发人体的免疫反应,使得其他细菌更不容易在身体中定植。[20]

这项研究刚刚问世时,人们兴奋不已。世界各地的医院病房中似乎都能推广,在家庭中也适用,可以用 502A 型金葡菌来给人们接种,让它在各种台面上生长。医生们甚至开始给感染致病性金葡菌的成人接种。成人的接种程序要更复杂,医生们要用抗生素来消灭鼻腔中所有的病原体(就像栽种之前要除草一样),然后就可以像给新生儿接种一样去接种，有效率高达 80%。希尼菲尔德、艾兴瓦尔德和同事们用 502A 型金葡菌开创了全新的治疗方式。而且，细菌干扰的意义和应用，远远不止在新生儿皮肤上接种细菌。

1959 年英国生态学家查尔斯·埃尔顿（Charles Elton）出版了一本名为《动植物入侵生态学》（*The Ecology of Invasions by Animals and Plants*）的书，书中提出的观点之一是：在草地、森林或者湖泊中生活的物种多样性越丰富，就越不容易受到外来杂草、害虫或病菌侵袭。[21] 埃尔顿如此描述了当动物侵入生物多样性较好的生态系统："寻找繁殖地会发现已经被占领，寻找食物发现已经被其他动物吃下肚，寻找安身之所发现已经是其他动物的家，它们会与这些动物发生冲突——最后往往会被驱逐。"生态系统的多样性越丰富，入侵物种被"驱逐"的可能性就越大。埃尔顿还提出，生态系统多样性越丰富，入侵物种遇到捕猎它的天敌或者使其患病的病原体的可能性就越大。总之，埃尔顿认为，多样性越丰富的生态系统更能抵挡外来生物的入侵。长达 60 年的后续研究表明，这一规律并不总是适用，在生态系统中总有例外，不过在大多数情况下是适用的。正是由于这一规律的普遍性，通常不喜夸张的生态学家们，才将多样的生态系统抵挡入侵的能力称为"行星生命支持系统"的核心。[22] 如果一块荒地上生长的一枝黄花的品种很多，[23] 或食草动物很多，这块地方就更不容易被其他生物入侵。埃尔顿的假说是为了解释植物和哺乳动物的入侵而提出的，但对身体和室内空间也同样适用。因此，如果有意地在人体皮肤表面或生活空间里培植两种或多种细菌，细菌干扰的效果就会更好。想象一下，希尼菲尔德和艾兴瓦尔德的学生们以及学生的学生们，在你或你刚出生的孩子身上或者卧室里培植多种多样细菌的情景。

当然，哺乳动物和植物身上的规律，对于微生物可能并不适用。验证埃尔顿的假说对细菌来说是否成立，一个最巧妙的方法就是培育细菌种类多少不一的微生物群落。这种差异可以模拟不同人身上或不同人家中各处细菌多样性的天然差别。随后，我们可以通过引入外来细菌以观察在多样性更丰富的细菌群落中，外来细菌是不是更难立足或繁殖。在埃尔顿的有生之年（他于1991年不幸去世），这一研究并没有实现。不过，我们可以把目光投向现在，看看最新的研究。几年前，由生态学家扬·迪尔克·凡·埃尔萨斯（Jan Dirk van Elsas）领导的一个荷兰研究团队开展了一项研究。他们的实验是在培养皿上（而不是新生儿身上）做的，因为20世纪60年代以来，医疗伦理观有了翻天覆地的变化。

埃尔萨斯和同事们在烧瓶里装满了含有细菌养分的灭菌土壤，并放入了种类多少不同但总量相同的细菌。细菌都是从荷兰草原的土壤中分离出来的。[24] 第一组有5种细菌，第二组有20种，第三组有100种，而最后一组烧瓶中是来自野外的、生物多样性特别丰富、含有上千种细菌的真正土壤。对照组不含有任何细菌，只有细菌养分。随后，埃尔萨斯和同事们在每一个微生物群落中都引入了无致病性的大肠埃希氏菌（臭名昭著的大肠杆菌），并观察了60天。和80/81型金葡菌一样，大肠杆菌也是入侵者。研究人员预想的结果是，微生物群落多样性越丰富，大肠杆菌就越难成功入侵和立足。在这些细菌中存在着对空间、资源乃至其他细菌所产生资源的争夺。另外，微生物群落多样性越丰富，细菌就越可能产生抗生素，杀灭一切外来细菌，不给它们任何可乘之机。微生物群落中的生态位会被互相争夺的细菌和抗生素全部占据。

凡·埃尔萨斯和同事单独培养大肠杆菌时，它生长得很好，就和家中台面上会发生的情况一样：原本干净卫生的台面，后来散落了一些饼干屑、皮屑之类可以为细菌提供养分的碎屑。在 60 天实验过程中，大肠杆菌生长情况稳定、数量众多。然而，把大肠杆菌引入含有 5 种细菌的土壤中，它的生长会放缓，消失得也更快。引入含有 20 种或 100 种细菌的土壤中时，它消失得就更快了。当引入到含有多种细菌的野外土壤中，几乎很难在样本中发现大肠杆菌。细菌的多样性越丰富，大肠杆菌就越难生长。埃尔萨斯随后发现，这一部分是因为和所含种类少群落中的细菌相比，多样性更丰富的群落中不同种类的细菌能更有效地利用各种资源，[25] 留给大肠杆菌的就更少。在埃尔萨斯使用的另一种方法中，这一效应更明显，利用这种方法观察到的和土壤中的真实情况更接近。他构建了含有来自土壤的上千种细菌和土壤中可能存在的噬菌体的微生物群落。

通过将埃尔萨斯的实验结果进行合理推演并应用到人体上或家中，我们可以推测：体表或室内台面越干净、微生物的种类越少（因此病菌遇到的竞争越少），病菌就越容易侵入。需要注意的是，这一结论的前提是有细菌的食物来源（一直都有）而且家里并不是完全没有活物（谁家没有活物）。多么激进的观点！这是希尼菲尔德和艾兴瓦尔德的方法在周围世界应用的延伸。增加人们身体表面或家中生物的多样性，可以预防病菌的侵扰。这一原则对害虫也一样适用（不管是蜘蛛、寄生蜂还是蜈蚣，种类越多，家蝇和德国蟑螂这些害虫就越可能得到控制）。而且这种做法还有一个好处，增加我们所接触的细菌多样性。细菌多样性对免疫系统的功能发育是有必要的，这是埃尔顿的创见在现实中的应用。

你可能觉得很奇怪，如果希尼菲尔德和艾兴瓦尔德基于生态学基础所设计的"埃尔顿式"方法真的有效，在医院得到应用甚至推广到了家庭中，那为什么它听起来如此陌生？你可能会想，为什么你从来没听过"培植"孩子身上或谁家里的细菌？你没有听说这些，是因为从 20 世纪 60 年代开始，现代医学走上了一条完全不同的道路。

在取得了最初的成功后，他们的理论广受欢迎。人们纷纷称赞它是未来医疗发展的方向。接着，这一理论立刻就深陷困局。在给一个新生儿接种"好的"502A 型金葡菌时，细菌意外地通过针头进入了婴儿的血液循环，最终导致婴儿不幸夭折。任何进入血流的细菌都会引发感染；一旦入血，常规的好细菌和坏细菌、是敌是友的规则都不再适用，还出现了一些因为接种导致的皮肤感染病例（发病率约为 1%）。这些皮肤感染可以用抗生素治疗，但感染毕竟是感染。真正的问题不是这些感染会不会带来麻烦，而是用这种方法造成的危害是否比不用或用其他方法的危害更大。很显然不是。

艾兴瓦尔德早就提到，他和希尼菲尔德是从几种方案中选择了一种。我们可以培植能干扰和阻止病菌侵入的有益菌，可以让身体恢复到原始状态，确保身体上有多种多样的细菌，就像人类远祖身上细菌的一样（有害菌除外）。我们还可以"动用种种清除手段"，在感染发生后杀灭金葡菌（或其他病菌）。我们可以培植细菌、恢复到原始状态或大开杀戒。艾兴瓦尔德又写道，第三种方法可能会导致两个问题：一是病菌最终会对灭菌法产生抗性，二是任何灭菌的方法都会同时杀灭病菌和有益菌，长远看来，这会让病菌更容易侵入体内。[26] 当我们决定怎样对待周围的生物时，面临的往往就是这样的情况。

尽管艾兴瓦尔德和希尼菲尔德的研究摆在眼前，医院、医生和病人还是选择了第三种方法——消灭病菌。这种方法看上去更先进，符合人类习惯，能用更新式的化学试剂——抗生素、杀虫剂或除草剂来掌控周围世界的未来。哪怕这种方法有问题，将来我们也总会找到解决办法。表面看来，第三种方法也更简单。甲氧西林便宜了，在医院也很容易买到。它使用方便，不用培育、接种或打理。甲氧西林是第一种二代抗生素，由人工设计合成，灭菌效率更高。甲氧西林能有效治疗 80/81 型金葡菌感染。

然而，即使是在早期，除了艾兴瓦尔德和希尼菲尔德之外的人也意识到，就像害虫和杂草会适应杀虫剂和除草剂一样，细菌最终会对最新式的抗生素产生耐药性。青霉素的发现者亚历山大·弗莱明在 1945 年诺贝尔颁奖典礼上的演讲中也指出了这一点。[27] 许多科学家一致认为，使用抗生素，特别是对新生儿使用抗生素可以杀灭病菌，但同时会促进一些特殊细菌的生长，而这些细菌不大可能对人有益。希尼菲尔德在自己的书中也发表了同样的看法，看他的语气，就好像这是再明显不过的事实，人人都该知道。抗生素在早期所取得的成功毋庸置疑，但对那些关心的人来说，使用抗生素的长远问题也同样明显：抗生素使用方便，但它对包括体表和体内有益菌在内的其他细菌有负面影响，一旦病菌产生耐药性，抗生素也将毫无用处。如果人们能仅仅在必要时合理使用抗生素，耐药性的产生就会慢一些。相反，毫无差别地滥用抗生素，将使得细菌快速产生耐药性。在人们全面认识到抗生素应用的多方面后果后，仍采取了杀灭病菌的办法。人们频繁大量地使用抗生素，却丝毫不考虑是不是完全必要。

　　包括弗莱明在内的科学家预言细菌会产生耐药性时，只知道有这种可能，但不清楚相关的机制。现在我们已经明白了细菌对抗生素的适应过程。在细菌数量庞大的情况下，一些个体可能会产生突变，从而能躲过抗生素的攻击而幸存下来。这些细菌不一定是有力的竞争者，只要能存活下来就够了，因为抗生素杀灭了那些它们需要竞争的对手。这种突变的起源和使用抗生素导致的突变增加，在实验室中已经可以再现了。在近期的一项研究中，哈佛大学医学院的迈克尔·贝姆（Michael Baym）、罗伊·基松尼（Roy Kishony）和同事们一起设计了一个含有细菌营养物的长条形琼脂。他们在实验中对细菌一番作弄。长条形培养皿的琼脂中有些含有抗生素，而细菌所在的左右角不含抗生素。越接近培养皿的中心，抗生素的浓度越高，中间部位抗生素的浓度远超过临床使用的浓度，对微生物来说，如此高浓度的抗生素已经相当于人类世界的核武器了。科学家们记录了接下来发生的事。

一开始，在不含抗生素的地方，细菌在琼脂上大量生长。它们完全盖住了琼脂——就像一片细菌丛林。随后这些部位的营养成分变得稀少，细菌停止了分裂。在离不含抗生素的区域不远处就有大量的食物，不过里面也有抗生素。在这种情况下，有胆子吃下含有抗生素的营养物质的细菌，其成功繁殖的概率更大，一旦存活也更可能独占食物。就算没有一开始享有不含抗生素的充足食物的细菌长得好，有胆量的细菌也会活得好一些。实验一开始，所有的细菌都没有能耐药的突变基因，都对抗生素很敏感。细菌可能会保持这种状态，一旦如此，在含抗生素的琼脂边缘，细菌就会停止生长，实验也就结束了。然而，细菌并没有停下脚步。

细菌的生长在短时间内就发生了突变。每一代只会出现少数几个突变，但细菌的繁殖速度惊人，很快出现了能在低浓度的抗生素上生长的细菌，这些菌株通过突变、有性生殖、繁衍而成功踏进含低浓度抗生素的区域。很快它们就把这儿的食物吃光，又将忍饥挨饿。不过，没过多久，某个细菌体内产生了突变，使它能在含有高浓度抗生素的琼脂上生长。之后又产生另一个突变，含更高浓度抗生素的琼脂也被细菌占领了，直到整块琼脂中的营养成分都被细菌所利用，琼脂表面长满了细菌。所有这一切，这充满造化神奇并影响深远的演化杰作，都发生在 11 天里，短短 11 天！ [28]

11 天看似很快，但医院中发生的过程比这还要快。在医院里和人们家中，细菌不用等到突变发生，它们可以获取其他细菌的基因片段，获得对抗生素的耐药性。也就是说，在现实中，细菌演化所需要的时间远远少于 11 天。自从人们摒弃了无害细菌接种，而抗生素的使用越来越普遍以来，这种情况一再上演。

　　由于抗生素的滥用，耐药菌所带来的问题比20世纪50年代80/81型金葡菌刚被发现时要严重得多。它不仅仅在新生儿当中变得更严重，而且普遍如此。一开始，部分80/81型金葡菌可以被青霉素杀灭（哪怕有些不能）。到60年代后期，几乎所有的金葡菌感染都是由耐青霉素的菌株引起的。此后不久，部分金葡菌对甲氧西林和其他抗生素都产生了耐药性。到1987年，美国20%的金葡菌感染是由对青霉素和甲氧西林都有耐药性的细菌引起的。到1997年，这一数值是50%，2005年上升到60%。不仅由耐药菌所导致的感染增加了，感染总数也有所上升。随着耐药菌所导致的感染占比上升，在美国和全球范围内，细菌有耐性的抗生素种类也越来越多。许多感染是由除碳青霉烯（carbapenem）这类终极武器以外对一切抗生素都耐药的葡萄球菌引发的，医生们轻易不使用碳青霉烯类，除非遇到最严重的事态。[29] 有些细菌导致的感染，甚至连这种终极武器都没有用。每年仅在美国，此类感染就花费了医疗卫生系统几十亿美元，导致数万人死亡。[30] 美国的情况并不是特例——全世界都有同样的趋势，金葡菌也不是特例。结核致病菌（结核分枝杆菌）、大肠杆菌和沙门氏菌等肠道致病菌的耐药性更多见。在有些情况下，耐药性上升主要是人类对抗生素的滥用所导致的。在另一些情况下，和抗生素在人类和家畜上的滥用都有关，在养殖过程中，为了让猪和奶牛能长得更快，人们也会普遍使用抗生素。[31]

　　即使有这种不可抵挡的细菌演化，即使人们对抗生素滥用所导致的后果了解得越来越多，许多医院在面对耐药性细菌激增时的反应仍然是加大火力向细菌宣战，喊着杀敌口号，一路向前冲。医院加强了宣导正确洗手的力度，这是明智的举措，起码没什么坏处。就目前的知识来看，洗手的肥皂对皮肤表面的正常细菌层没有影响，但能洗掉新接触到的细菌，在医院里，这些往往是病菌。然而，在所谓除菌灭菌法中，预防性地使用抗生素也增多了。在除菌过程中，将要接受手术、透析或进入加护病房的病人的鼻腔受到抗生素的狂轰滥炸，试图杀灭一切金黄色葡萄球菌。短期来看，这种方法受到了医院的青睐，[32] 但长远看来，它所带来的后果也是显而易见的：除菌使得病人的鼻腔被医院中的病菌占领，还会使得细菌耐药性增加。医学发展的历程在病人身上再现，不过这次有些不一样。由于我们对抗生素的滥用和对抗生素研发的支持不足，细菌产生耐药性的速度超过了新抗生素问世的速度，这种局面不大可能被扭转。[33] 细菌产生耐药性的速度比我们开发新抗生素的速度更快。但自艾兴瓦尔德和希尼菲尔德的研究以来所兴起的医疗文化，在防控人体上、医院里或人们家中的病菌上，除了灭菌人们想不到任何其他办法。这并不是个案。在防控家中的昆虫或真菌时，人们也是同样的态度，我们真的需要一些新手段了。

要重启希尼菲尔德和艾兴瓦尔德的研究太难了。雄心勃勃地去培植家中或医院中的细菌更是难上加难。我们看待风险的角度变成了强调培植细菌带来的危险，而对灭菌的后果却几乎视而不见。这真是糟糕，不过也有好消息。

耐药性细菌就和对杀虫剂有耐性的昆虫一样，不擅长生存竞争。在野外环境中，大多数有抵抗性的生物都很弱小。生态学家将这些生物命名为"杂草种"（ruderal species），它们只能在向来恶劣、其他物种无法生存的环境中生长。埃尔萨斯的实验表明，土壤微生物群落种类多样的情况下，大肠杆菌的数量会减少，也更难定植，不过他使用的大肠杆菌没有耐药性。如果它是有耐药性的，我们确信它将更难在拥有多样性生物的环境下存活。和德国小蠊一样，耐药性细菌的生理特质已经进行细微调整以适应人造的现代环境。在没有竞争的条件下，它们会快速繁殖，占据我们的身体和住所。在这样的环境中它们会蓬勃生长。但对细菌来说，基因生成的获得细菌耐药性的化合物代价高昂——需要细菌耗费本来能用于代谢和分裂的能量。如果没有竞争，过一种慢悠悠的、更耗能的生活也可以，但一旦有了竞争，这种更慢的生活方式会让耐药性细菌处于劣势。这也是耐药性最强的细菌往往只存在于医院的原因之一。医院中的细菌经常受到抗生素的攻击。很快，不耐药的细菌就被清除干净，让耐药菌没有了竞争者。即使人们不再使用抗生素，细菌之间的竞争也很少，因此，医院中的耐药性细菌才会以别处未见的势头生长，它们和室内德国小蠊一样，不用面对任何竞争，对人类的攻击产生了抗性。如果出现竞争，这些物种就会陷入困境，一旦遇到多种多样的生物，它们就会一败涂地。它们只能在我们所创造的人体和房屋这样的特殊环境中才能占据上风。这也意味着为了改善现状，我们或许不用一一培植周围所有的生物；只要让它别那么单一就行了，只要让周围环境从利于病菌的那一端，转而偏向更利于生物多样性恢复的那一端就行了。我们要恢复生物多样性，以便对抗那些致命的病菌，控制过敏和哮喘这些慢性炎症性疾病。为了上述这些原因和其他许多原因，我们需要生物多样性的回归。而这很容易做到，很简单。在对细菌的战争中，我们曾那么极端，把事情搞得不可收拾，适度和节制似乎就已经能解决所有问题。我们曾经把事情搞得一团糟，甚至要从一些看似不可能的地方（比如厨房）和看似不可能的人群（比如面包师）身上去寻找前进的灵感。

# 第十二章  美味的菌

我认为室内生活一无是处。

——吉姆·哈里森

给我讲讲一个坎坷之人的故事吧。缪斯，告诉我，他是怎样游逛又是怎样迷路的。

——荷马《奥德赛》

注视着草木丛生，鸟儿在灌木中鸣叫，昆虫飞来飞去，爬虫在潮湿的泥土中钻行的被围绕着的河岸，想到这些神奇的造物如此不同，却又以一种复杂的方式互相依存，而它们都是作用于周围的自然法则的产物，这一切真是有趣。

——达尔文《物种起源》

未来的人类或许可以精准地培植室内和身体上所需的细菌。我们或许能让这些最不可或缺的细菌处于一种完美的状态，兼具健康、美丽和不凡。而实现这个目标，需要大智慧和对大多数（不是所有）细菌的透彻了解。对此，我不敢抱太大的希望。当然，以后肯定会有商家兜售瓶装或罐装的益生菌喷雾，你可以在家中四处喷洒。我们只是不知道这些细菌是不是真的有效。与人工培植相对的是，我们应该让家中环境恢复自然状态，稍加选择地让自然回归。

我所宣扬的不是重返对周围生物毫无防控的原始人生活，相反，我谦卑地提倡一种中庸之道。我们需要干净的水，通过有效的洗手来防止病菌的传播。我们要让人们接种疫苗，预防相关的疾病。我们也需要在感染发生时有抗生素可用。这些措施的意义在那些没有干净的饮水、缺乏良好卫生系统、缺少疫苗和抗生素的国家体现得最为明显。但是，一旦在一个国家里具备了这一切，驯服了那些最危险的"猛兽"，我们就该找到让剩下的各种生物在人周围生存的办法。我们应该像列文虎克那样，在日常生活中，从细菌、真菌和昆虫身上发现喜悦和奇迹。

如果这一切恰当地实现，让生物多样性回归生活，这样就能在保护生态多样性的同时让人类自身受益。植物和土壤生态的多样性，有助于免疫系统正常工作。水生态中的生物多样性能控制病原体。假如有心，家里和周围多种多样的生物会让孩子充满惊奇，就像列文虎克经历的一样，就像我亲身经历的一样。蜘蛛、寄生蜂、蜈蚣这些生物能控制害虫。家中多样的生物也能提供发现新酶类、新基因、新的有益物种的机会，可以用来酿造新的啤酒，还可以变废为宝。

在预防有害微生物的同时保护生态多样性，也不是什么高科技，那些崇拜高科技的人不可能大力提倡。其实，它更像是烤面包或者做泡菜的过程。最近我和权乔（Joe Kwon）还有他母亲秀熙（人称"权妈"）一起吃午饭的时候，突然想到了这一点。

我们三个见面是为了探讨韩国料理。乔是知名流行乐团阿维特兄弟（The Avett Brothers）的大提琴手。阿维特兄弟乐团主要演奏

的是蓝草风格 * 的摇滚，而乔的弹奏支撑整首歌的低音部分。另外，乔也是罗利本地的著名美食家。他经常和乐队一起巡演，不规律的行程安排让他有了大段的时间研究吃，比如花一整天烤一只猪。乔和他的烤猪在本地备受推崇，人们会特意来找他吃，只为了坐在他旁边欣赏他烹饪的一天。烤好一只猪很花时间，足够人们去欣赏猪的可爱和赞叹宇宙的神奇。

不过这天，我的目的既不是听音乐，也不是为了他的厨艺，而是为了他母亲的厨艺。乔的母亲秀熙女士在韩国长大，她学会了制作海鲜葱饼、炸酱面、辣炒年糕这些传统韩国菜，掌握了做菜的手法。她所做的食物，本身就是爱的载体。在烹饪过程中，她以双手为工具。韩国料理经常要用到手，卷白菜，给鱼抹卤水，经双手接触和处理过的每一种原材料，都带有细微的区别和独特手法，其中蕴含了浓厚的民族特色与人的个性。

做韩国菜好像跟房子没什么关系，除了韩国菜当中的"手之味"（손맛 /sson mhat）这种说法，sson 是手，mhat 是味道。手之味，不是指食物本身的味道，而是制作者赋予食物的味道，字面意义上是指制作者的手带来的味道，广泛来讲，涵盖了制作者本身、感知周围、行走步态以及处理食物的方式等方方面面。受这种观念的启发，我想邀请乔和他母亲一起验证一个假说：韩国家庭中的掌厨人（通常是女性）身上的微生物是让她所做的食物和亲姊妹或表姐妹

---

\* 蓝草音乐（Bluegrass Music）是欧美乡村音乐的一个分支，其标准风格就是硬而快的节奏、高而密集的和声，并显著突出乐器的作用。——译注

做的食物味道为什么会不同。

我和乔、秀熙点了些吃的，边吃边聊。我想知道秀熙女士对"手之味"的理解和这个词语对她的意义。韩国菜比其他菜系有更多发酵食物，食物常常是发酵过的（说明糖分已经被细菌或真菌化学分解，生成了气体、酸、酒精和一些混合物）。发酵的副产品给食物带来特殊的香味和口感，就像酸奶的酸味一样。它们使食物变得让人欲罢不能（如果副产品是酒精）。发酵同时也使得食物不利于其他微生物生长，酒精和酸都能杀死大多数的病菌。霍乱在伦敦流行期间，喝啤酒的人比喝水的人因霍乱而死的概率要小。啤酒中的酒精让它变得更安全了。酸奶喝起来也很安全，因为酸性抑制了其他细菌的生长。物质的酸碱性以 0—14 之间的 pH 值来表示。pH 值等于 7 的物质是中性的，大于 7 的是碱性，小于 7 的是酸性。酸奶的 pH 值一般是 4，和狒狒胃液的酸度相近。[1] 酵种、韩国泡菜、德国酸菜的酸度差不多。产酸的发酵菌（往往是乳酸菌）对酸有耐性，而其他大部分细菌则不能。有一些发酵食品比如日本的纳豆是碱性的，这种碱性有类似酸性的作用，能抑制病菌的生长。体内有让其能在含有酒精、强酸、强碱等条件下生长基因的细菌，几乎不可能有病菌所需的、使其快速增殖的基因。因此，发酵不仅仅是培养能改良食物口感的细菌的方法，也是抑制病菌生长的途径。发酵食物仿佛是一个带有自净作用的生态系统。

发酵带来的诸多好处，使得全球大多数文化中都有发酵食品。我桌上有一本世界各地上万种发酵食品的目录，其中大部分都没有被人研究过。[2] 有一些发酵食品，比如发酵的鲨鱼肉或把海雀放进海豹肚子一起发酵而成的食物，可能要一些时间来适应。不过，还有许多西方人更熟悉的发酵食物——面包、醋、奶酪、红酒、啤酒、咖啡、巧克力和德国酸菜都属于发酵食品。无论我们有没有意识到，我们一直在食用各种发酵食品。

韩国泡菜是最复杂和生物多样性最丰富的发酵食品之一。它是韩国人的日常必需品。一个韩国人每年平均要吃70多斤泡菜。制作泡菜，首先要把大白菜掰开，用盐腌好，杀一杀水分。几小时后再洗掉盐分，把白菜再次切开，用手揉搓，将白菜和由糯米、鱼露（发酵制品）、虾酱（也是发酵过的）、生姜、大蒜、洋葱和萝卜制成的糊状酱料混合均匀。要用手指把酱料揉进白菜叶并包裹着每片叶子。每片叶子都涂上酱料，揉搓，抹匀之后再涂上一层。把涂抹了酱料的白菜放入罐中，让其发酵。这是最基本的步骤，但具体的细节千差万别。韩国每年制作上百种泡菜，使用不同的调料、蔬菜和不同的步骤。几乎可以说，有多少做泡菜的人，就有多少种不同的泡菜。

泡菜对我个人的感官来说是一种享受。每个人舌头上都有能尝出甜、酸、咸、苦和鲜味的味觉受体（味蕾），而负责鲜味的味觉受体是这几年才发现的，你上学时可能没听说过。它负责发现肉类等美味食物的鲜。味精（谷氨酸钠）之所以有鲜味，是因为它能触动鲜味受体。泡菜是少数能满足鲜味受体的植源性食物（还有自然晒干的西红柿）。我一想到泡菜就心情很好，吃泡菜更会觉得幸福。不过秀熙告诉我们，在她小时候，做泡菜并不是什么快乐的事情，制作泡菜是十分艰苦的劳作。白菜在11月成熟，用来作为配料的萝卜也在差不多这时成熟。人们要收获大量的白菜和萝卜，将它们和辣椒粉和其他食材混合。白菜和萝卜做的泡菜很重要，它们是韩国人整个冬天的重要营养来源——作为下饭菜，并且提供蛋白质。在她小时候，韩国的冬天漫长而又寒冷。泡菜是美味的食物，也是度过寒冬、生存下来的必需品。和其他的发酵品一样，泡菜也是储存食物的方法，这样人们一直有蔬菜可吃。就像秀熙告诉我的一样，泡菜也是"手之味"最浓厚的食物之一。每个人制作的泡菜都有其双手独特的味道。

秀熙有时候会给别人上烹饪课。她说，有一次上课时，她把所有的原料都切好，让大家和她一起来做泡菜。所有人都在做泡菜，方法完全一样，原料也相同。每个学生都跟着她的手的动作来做。她来教，大家跟着学，但大家的动作并不是整齐划一的。每个人手的动作、拿菜和处理菜的方式，都是独一无二的。

秀熙说，几周后所有的泡菜就都做好了，每个人做的泡菜尝起来都不一样，都带有不同的手之味。有些人做的甜一些，有的酸一些；有的闻起来有浓浓水果香，有的香味淡一些；有的很好吃，而有些味道差强人意。听到这儿，我身子又往前倾了些，对面前的食物视而不见。我开始觉得，"手之味"和做泡菜的人身上和家里的微生物有些关系。泡菜中的微生物分属于多个种类，其中有些可能来自白菜或萝卜本身，但也有已知存在于人体上的细菌。比如对泡菜而言很关键的乳酸菌，甚至葡萄球菌。[3] 乳酸菌是常见的人体细菌，其中一些种类和菌型是肠道菌，另一些是阴道菌，而葡萄球菌是皮肤表面的细菌。每种细菌都会生成不同的酶类、蛋白，带来不同的口感。每种细菌都对最终泡菜的味道发挥了独特的作用。

秀熙小时候在冬天帮大人一起做泡菜，寒风凛冽，用来泡和腌制白菜的水冰凉刺骨，所有的原料也都瘆人，但是必须得做泡菜啊。她在一个个大桶前面不停地忙碌。她觉得这不是什么乐事，但这种制作和发酵的过程已经是她生命的一部分了。

在她小时候，冬天的泡菜只是家里许多发酵食物中的一种，还有其他的蔬菜在夏天被制成泡菜。如果能捕到或者买得起螃蟹，它们也可以用来发酵，鱼也一样。要是她家里没有拿来发酵的食物，那别人家肯定有。黄豆有时会用自家培养的菌发酵成酱料，有时他们会用一种特殊的菌制成青曲酱。[4] 红辣椒也通过发酵制成调味用的酱（韩式辣酱）。发酵食物可以一直吃到食物最匮乏的时节。在发酵时，这些食物上的微生物肯定散播到了家中各处，肯定也飘进了空气中。可以想见，乔母亲家中的微生物、她身上的微生物、发酵食物当中的微生物有着密不可分的联系。泡菜的味道中不光有微生物带来的手之味，或许还有一种"屋之味"（韩语中还没有对应的词）。或许在经常发酵泡菜和其他食物的家中，手之味和屋之味一起影响了居民的日常生活和健康。我一直很想找到能促进房屋中和身上多种多样有益菌生长的方法，或许泡菜就算一种。

在和乔和他母亲交谈过后，我想发起一项研究手之味、屋之味还有其他味道的计划。泡菜是我们周围和身上的微生物会影响食物品质的绝好例证。不过，对于首个大型食物研究项目来说，泡菜并不是最理想的目标。对泡菜的喜爱是要慢慢培养的，与文化、历史背景密切相关。或许我们可以研究奶酪，与泡菜一样，奶酪的制作也有赖于多种微生物。例如，法国的美莫勒奶酪就需要用人身上和腐食酪螨（*Tyrophagus putrescentiae*）身上的细菌来制作（图 12.1）。[5]我们也可以研究撒丁岛的著名的卡苏马苏奶酪，它是用人身上的细菌和爬来爬去的干酪蝇（*Piophila casei*）的蛆制成的。[6]不过，这些奶酪和泡菜一样，生物学组成都很复杂，厨师和面包师对它们的了解比科学家还要多。而且，它们不是人人都爱的食物（其实生产和销售卡苏马苏是违法的，不过还是能找得到）。我们要从一种可能与身上、室内的细菌有关，便于实验研究，几乎人人都爱吃的食物开始——面包。

面包会膨胀，是因为面团中的微生物生成的二氧化碳被封存在面团之中。将面包对半切开，看到的每个孔洞都是被包裹在面筋质形成的"房间"中的酵母呼吸产生的。没有微生物，面团不可能产生二氧化碳；没有面筋，面团无法保留发酵产生的气体。最早的面包是用大麦做的，缺少足够的面筋，因此发不起来。[7]最晚于公元前 2000 年，埃及人发明了用二粒小麦来制作面包。二粒小麦含有丰富的面筋。只要有适当的微生物，用二粒小麦制作的面团就能正常发起。[8]从无酵饼到发酵面包的转变，也体现在古埃及艺术作品中。早期埃及壁画中有塌塌的面包，后来类似场景中的面包则是圆鼓鼓的。让面包膨胀的就是酵母。传统面包中的酵母能生成二氧化碳。同时，面包中微生物的作用使其带有一点酸味。几乎所有的传统面包都带有一点酸味，这种酸味往往（有少数例外）来自和酸奶中同样的细菌——某些种类的乳酸菌。我们不知道埃及人是怎样掌握酵母和细菌使用的，[9]不过艺术作品中对发酵面包的刻画，让我

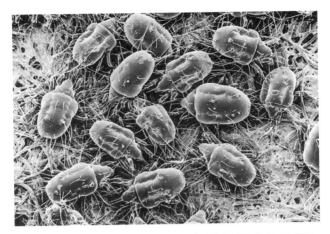

图 12.1　食酪螨正幸福地忙碌着，给奶酪生产者当学徒（图片来源：
美国农业研究中心）

们确信他们已经会这样做了。

　　如今用来制作发酵面包的微生物混合物被称为"酵种"。要制
作酵种，只需要混合简单的原料，通常是水和面粉，然后放在容器
当中让其发酵。[10] 微生物会使淀粉发酵，[11] 用面粉和水反复喂养酵
种，让它达到一种较为稳定的状态，呈糊状，含有气泡，带酸性，
里面只有少数几种微生物在生长。就和康普茶、德国酸菜或韩国泡
菜一样，酵种的酸性越强，病菌就越难以存活。[12] 在对待周围的生
物方面，我们或许也可以以此为目标：用简单的方法促进有益微生
物的生长，同时抑制有害菌的繁殖。[13] 因此，酵种可以作为完美的
微生物群落以供研究使用，它含有多种微生物，这种多样性也抑制
了病菌的生长。

　　100 年前，所有的发酵面包都是用含有细菌和酵母的酵种制

作而成的。如今已经变了。1876年，法国科学家、细菌学说创始人路易·巴斯德发现用来酿造啤酒和红酒的微生物也能用来发面包。不久后，丹麦真菌生物学家埃米尔·克里斯蒂安·汉森（Emil Christian Hansen）发现啤酒发酵的关键微生物是一种酵母菌（*Saccharomyces*）。后来的研究表明，只要有酿酒酵母（*Saccharomyces cerevisiae*）就能制作面包，这种面包不会发酸，不需任何细菌，而且仍可以发得很好。科学家研究出了在实验室大量单一培养酿酒酵母的方法，并且将其冷冻干燥后运到世界各地。冻干酵母的出现使得面包可以批量生产。现在你在商店买到的面包，其实都是用一种常见谷物和单一酵母制成的，这些酵母被大批量培养出来，再卖给面包厂家。[14]虽然面包的名字五花八门，听起来花样繁多，但实际并非如此。就算不是营养学家也知道，从家庭制作的老面包到超市里软塌塌的白面包，无论营养还是香味都没有区别。虽说工业化生产面包也有别的方法，但绝大部分都是这样生产的。日常饮食的丰富性，多样的口感、香气、营养和多样的微生物，就这样渐渐消失了。

　　幸好，还有许多家庭面包师和面包坊在保存老酵种的同时仍在开发新酵种。和百年甚至千年前的先辈一样，他们把面粉和水混合在一起，然后静静等待。[15]有时他们完全重复先辈们制作酵种的方法，步骤和操作完全一样，有时会按照在网上的说明来制作。不管是哪一种，都要等到微生物在混合物中开始生长，再喂养这些微生物。不同面包店和不同人家中的酵种可能有千差万别，原因尚不清楚。在不同的酵种中，人们发现了60多种产乳酸的细菌和6种不同的酵母菌。为了搞清楚为什么酵种的差别会这么大，我们打算做一个实验。实验将会分为两个部分。在第一部分，也是真正的实验当中，来自14个国家的15个面包师要用相同原料来制作同一种酵种，少数变量仅仅是面包师本人和他家里、面包房里的空气。面包师本身就是实验中的可控变量。我们将验证受和乔的谈话启发所产生的假说，也就是，面包师身上、家中或面包房中的微生物会影响酵种中的微生物。第二部分是调查分析这些世界各地的酵种中的微生物组成。

在实验的第一部分，我们选择和比利时圣维特焙乐道面包风味中心进行合作。2017年春，焙乐道中心帮我们将制作酸面团酵种的相同原料寄给了14个国家的15个面包师。每个面包师都把面粉和水混合在一起然后等待发酵。在得到有活力的酵种后，面包师再用我们提供的面粉持续喂养它一段时间。等到夏天结束时，我们一一鉴定每个酵种中的微生物，判断它们是来自面粉、水、面包师的双手还是房屋中的空气。这里的"我们"指的是我和酵母生态学与演化学专家安妮·马登。

把制作酵种的原料寄给面包师的同时，我们已经启动了实验的第二部分，研究世界各地的酵种。我们邀请了来自以色列、澳大利亚、泰国、法国、美国以及其他国家的人分享他们的酵种。我们推断，在来自世界各地的酵种样品中可能会发现新的微生物，某些只存在于某个地区甚至某个家庭中的微生物。在圣维特的实验让我们了解到除面包师外所有其他条件都相同时，酵种会有着怎样的差别。而在全球性的调查中，没有一个条件是保持不变的。在全球调查中，我们将把酵种的多样性展现得淋漓尽致。通过制作酸面团酵种和面包，参与全球调查的人们既保存了传统，也保留了微生物。他们是面包中多种多样的有益微生物的管理员。负责实验全球调查部分的团队成员众多，来自不同的学科。诺亚·菲勒再次参与其中，另外还有食品微生物学专家安妮·马登、利兹·兰迪斯（Liz Landis）、本·沃尔夫（Ben Wolfe）和埃琳·麦肯尼（Erin McKenney），谷物微生物学家洛里·夏皮罗（Lori Shapiro），负责测序和分析的安杰拉·奥利维拉（Angela Oliveira），记录和食物有关故事的马修·布克（Matthew Booker），负责协助的利·谢尔和劳伦·尼科尔斯，还有许许多多人，尤其是拿出老酵种来分享的面包师们。寄来老面团的家庭面包师和专业面包师们一步步指导实验，比我们之前项目的参与度都要高。

在和人们讨论老面团的过程中，我们的问题越来越多。许多面团的历史可以追溯到 100 年前。许多面团都有自己的名字，就像面包师家里的宠物一样，不过感情还要更深厚些。一个母亲揉在手里的面团，可能是她的母亲传下来的，而这又是她母亲的祖父甚至曾曾祖父传下来的。人们说起老面团的故事，就像在口述一段由面团见证的家族历史。其中有一个面团名叫"赫尔曼"。寄来它的女士写信道：

> 1978 年，我父母去阿拉斯加旅行。他们知道我痴迷于老面团，专门给我带回来一个。这个老面团有 100 年历史了。我唤醒了它，用面粉喂养它，让它恢复活力，开始用它来烘焙。老面团是有生命的有机体，所以我们给它取名叫"赫尔曼"，

把它放在冰箱里保存，放了很多年。后来我们一直用赫尔曼烤面包，做面包卷、华夫饼之类的食品。"故事还没有完。1994 年，发生了两件大事。第一件是北岭地震，我们所住的地区损毁严重。第二件是就在地震前赫尔曼第一次变成了粉色！[16] 这是一场灾难，因为这说明赫尔曼被细菌污染了，我不得不把它扔掉。不过我不是特别担心，因为我朋友那儿还有一些赫尔曼的分身。地震过后，我终于抽出时间去找朋友要一些老面团。一听我说起老面团，朋友的脸色就变了。原来地震后，她丈夫在清理的时候，发现冰箱里有一罐灰白色、黏糊糊的东西。他以为是些过期变质的食品——然后就把它扔了！真是祸不单行！我们全家都很伤心，就像失去了一位挚爱的亲人。我试着购买和制作新的酵种，但是这些酵种都没有赫尔曼那独特的香味和味道。1993 年下半年，我母亲去世了。她热情好客，就在去世前还计划着要在避暑别墅里办一场聚会。1994 年 8 月，我和兄弟姐妹还有我爸决定一起去避暑别墅，举行聚会，完成妈妈的心愿。到达后，我发现之前妈妈病情发作的时候，他们匆忙离开了别墅，冰箱里一团糟。我坐在冰箱前的地板上，一件件整理，突然，我大笑起来，接着眼泪也流了下来。看到那黏糊糊的一团，我就知道，那是赫尔曼。妈妈保存了一罐之前我给她的赫尔曼！孩子们有点不相信那真的是它，但一打开盖子，那独特的、有些刺鼻的味道就扑面而来。仿佛是我妈显灵让赫尔曼重回我们身边一样！现在我还有 4 罐赫尔曼。我孩子和许多朋友那儿也保存了一些赫尔曼作为备份。我希望赫尔曼的故事能在我们家族里永远续写下去。

包括赫尔曼的主人在内的实验参与者都抱有一些疑问，想知道酵种随着时间的推移会不会变化。他们想知道酵种里面的微生物和100年前是不是一样的；想知道酵种保存的温度对酵种的组成是否有影响；想知道怎样制作让面包更酸或者不太酸的酵种。

在研究来自全球酵种的过程中，我们会尽量回答更多的问题。通过鉴定这些酵种当中的微生物，我们或许能追踪到它们的家族谱系（也就是发现不同酵种中存活或死亡的同样的细菌或酵母，"祖传面团"和其他的面团成分相近）。我们将试着分析地理、气候、年龄、成分还有许多其他因素对酵种组成的影响程度。不同地区酵种中的微生物组成可能不一样，甚至，可能某些地区的微生物无法制作酵种。例如，人们就曾猜测，不可能在热带地区制作出传统的酸面团酵种，不过好像没有人验证过这种说法（除了热带地区的面包师）。

同时，我们仍为这次实验试图解开的问题而困扰——酸面团中的微生物最初是从哪儿来的呢？制作酸面团的时候，需要把面粉和水混合在一起，不管用的是商店里纸袋子装的廉价面粉和自来水，还是面包师亲手磨制的面粉和第一次满月后从蒲公英叶上采集的露水，都可以。不知怎么的，含有完美比例的细菌和真菌的酵种就做好了，简直像魔法一样！

2017年8月，15个面包师带着他们的15份酵种齐聚于圣维特。他们当中有老有少，有的面包师在每天给上千间门店供应法棍的面

包房里工作；有的一天卖掉几百个面包，有时稍微少一点，制作的
吐司价格不菲、美味可口、享有盛誉；有的面包师会使用各种不同
的酵种来制作相应的面包；有些只用一种酵种，给它取名，赋予它
个性。但这些面包师所共同拥有的，是对制作一炉好面包的深沉、
热情和执着。我们在焙乐道面包风味中心和他们见面了。大楼的门
是锁着的，面包师们聚在门外，等着进去。人们用不同的语言交谈，
言辞中带些紧张，紧张是因为第二天就要做面包了，要用他们的实
验面团来发酵。这些酵种可不是普通的酵种。面包师们谁都不想做
出失败之作，不想看到自己的酵种不成功。

　　中心的大门终于打开了，大家纷纷走进去。在做了简要说明后，
我和安妮把酵种放在桌上，准备开始取样。我们取样的时候，面包
师们围了过来（我本来以为他们会退到一边看），凑得很近。他们
一直习惯掌控，也习惯了人们以其用酵种制作出的面包而不是酵种
本身来评判。他们想马上开始侍弄这些酵种，喂养它们，[17] 一刻都
不能等。他们谈论着自己心中所想的制作出完美酵种的方法。等大
家说完后，安妮戴上手套，我也戴上手套并且拿出笔记本开始取样。
我把保存酵种的罐子挨个儿打开，将棉签伸到酵种的底部，取样后
放到无菌盒里。在采样的过程中我们已经发现，每个人的酵种各不
相同。有些酵种闻起来酸味很重，有些带有水果味，有些淡而无味。
取样完成后，我们允许面包师们去喂养自己的酵种。他们看起来如
释重负，酵种也充满了活力，心满意足地在罐子里冒着小气泡，眼
看着膨胀起来。

　　第二天一早，在面包师们享受了整晚畅饮比利时精酿啤酒（是

过去的修道士用细菌和酵母混合发酵而成的）和吟唱赞美面包的歌曲（真有这种歌），酵种们也享用了新鲜食物的供养后，我和安妮开始给面包师的手取样。安妮负责用棉签涂抹，她的动作很缓慢，一次只涂一只手，小心翼翼地不放过手上每一个缝隙。

最后，等两只手都取样完毕，面包师就获准用自己的酵种制作面包了。每个人制作面团的方法都是相同的，或者说，他们都是按照同样的书面步骤来操作的。而面包师和面团之间的关系是私密的、难以言喻的，因此接下来的步骤，不同面包师之间差别很大，甚至超过我们的预期。有些面包师对面团温柔以待，揉面的动作很轻柔；另一些则大开大合。有些面团受到的是抚摩，有些受到的是捶打。有些师傅用了勺子，有些不用。[18] 归根结底，实验也受到了制作传统和面包师个人风格的细微差异的影响。

最后一晚,焙乐道举办了面包和啤酒品鉴会。面包被一一摆好，我们挨个闻面包的外皮，按压面包，闻内部结构和面包屑的香味。我们把面包放到耳边，听按压时发出的声音（或没有声音）。用手戳面包，看看它的弹性。我们空口品尝面包，然后就着小口啤酒来品尝，品味面包中些许不同的微生物所呈现出的风味。

实验进展到这里，我们开始意识到面包和泡菜一样，能帮我们理解家庭如何作为一种有机生命体的玄机。对家庭和人体的研究，已经表明每个人身上和家庭内部的微生物组成的不同之处。我们猜，这些微生物肯定会落到酵种上。这样在我们品尝面包的时候，不管有没有意识到，就已经把平时飘浮在周围的一些微生物吞下肚了。即使那些肉眼看不到的细菌也可以被人品尝。从一片面包、一杯啤酒、一口奶酪或泡菜中，我们可以发现周围的微生物对人类的贡献。在法语中，人们把和土壤、生物多样性、地方历史有关的风味称为 terroir（意为"风土"）。当我们咀嚼或呷饮时，我们品尝的就是"风土"。生态学家们则把和生物多样性有关的感受冷漠地称为"生态系统服务"（ecosystem services）。家庭周围生物多样性所带来的"生态系统服务"，就包括了它们给人带来的启发；包括它们对免疫系统的益处；还包括了科技新发明的潜在可能，比如利用穴螽肠道中的细菌来帮人类处理工业垃圾；甚至包括了相距甚远处的资源带给本地的好处，比如储水层中的微生物对自来水的过滤。在我们试吃面包，试喝啤酒，接着试下一块面包、喝下一口啤酒的时候，这些念头一直在我脑海中浮现。当我们举杯说着"为面包干杯""为啤酒干杯"的时候，我还在想这些。我一边思索着圣维特的研究数据会获得怎样的结果，一边想着这些问题，而面包师们又开始放声歌唱。"为面包干杯！为微生物干杯！"为拥有美味面包和多样微生物的住所而干杯。"为面包干杯！为微生物干杯！"为带给居于其间的人们健康的住所而干杯。"为面包干杯！为微生物干杯！"为生活中那些等待我们去研究和了解的生物干杯，这些神秘未知的生物包围着我们，带给我们种种好处，而我们才刚刚开始意识到它们的价值。所以，为面包、为微生物、为独一无二的自然干杯！

在圣维特的实验暂时告一段落。酵种制作完毕，面包烤好了，样本也被运到了科罗拉多大学里诺亚·菲勒的办公室。他是我在微生物生物学方面的合作伙伴，将会检测样本中微生物的 DNA，确定它们的种类。在实验室里，来自圣维特的样本和世界各地的样本被并排放置。我本以为到本书出版为止，能告诉大家的只有这么多。不过为了以防万一，我还是缠着诺亚让他加快进度。他又去催了负责检测的工程师杰西卡·亨利。杰西卡又去催实验室新来的学生安吉拉·奥利维拉（Angela Oliveira）。2017 年 12 月，安吉拉发来了圣维拉实验和全球实验的结果。通常全面分析实验结果要花费几个月的时间，不过安妮和我太激动了，迫不及待，我们立刻开始分析数据。我当时还在德国，时间是大半夜，而安妮在波士顿，她还有一整天的工作要做。但我俩还是一头扎了进去。

在和面包师们介绍圣维特实验的时候，我们强调了酵种有关的实验会很困难。这样说并不确切，应该说，就和全球研究项目一样，圣维特实验中的一些环节很可能会失败。一旦失败，我们将得不到令人信服的结果，而为此付出的心血将付诸东流，毫无科学价值，尽管过程很好玩（确实好玩）。有一种会导致实验失败的可能是，从样本中提取不到足够的 DNA。这种可能性非常大，幸好没有发生。另一种可能是，样本受到来自我和安妮的皮肤上的微生物，甚至生产过程中落到"无菌"取样棉签上的微生物的污染。不过，和对照组相比较之后，我们可以发现（并表明）样本没有被污染。还有一些会导致失败的传统因素：样本无法运达（研究样本运送时经常出现），运送途中 DNA 分解，或部分由于运气不佳、技术原因、人为因素导致的样本测序失败。还好这些都没有发生，样本平安抵达，盒子完好无损。样本并没有泼洒出来，测序进展正常，使我们可以顺利分析数据。似乎我们同时拥有了好运和勤劳，甚至更依赖运气。不过，这都还不是我们最担心的，我们最担心的是实验结果（特别是圣维特实验的结果）没有说服力。这是我们没有告诉面包师们的——我们可能会得出结果，却无法判断面包师的双手、他们的生活和面包房有没有对酵种产生影响。很可能会是这样的情况，面包师手上的细菌对酵种的成分影响很大，但因为种种变量，我们无法给出肯定的结论。幸好实际情况并非如此。

在分析数据时，我们发现圣维特酵种样本中含有的细菌和真菌是全球酵种中发现的微生物中的一部分。在全球样本研究中，我们发现了几百种酵母和几百种乳酸菌属及相关细菌。和土壤、人们家中甚至人类皮肤上的微生物种类比较起来，种类不算多，不过比食品科学家和面包师们所想的要多。不同地区有着当地特有的微生物，比如有一种真菌就几乎只有澳大利亚才有。这种真菌会不会带给澳大利亚的面包特殊的风味呢？还真有可能。

在参与圣维特实验的 15 个面包师制作的酵种中，我们发现了 17 种真菌、22 种乳酸菌。考虑到我们取样的酵种数量较少、限定了制作材料，这一结果多多少少在我们意料之中。接着，我们分析了面包师手上的微生物组成。

有了前面的研究，我们知道每个人的手上（就像鼻腔、肚脐、肺部、肠道等所有身体器官的外表面一样）都覆盖着一层微生物，就像一张薄膜。你可能会以为洗手能洗掉所有的微生物，但其实不是的，给手上的微生物取样，洗手之后再次取样，微生物的大体组成不会变。诺亚是第一个做这种实验的人，结果清晰无误、毫无疑问。洗手能预防疾病传播，每年挽救无数的生命，不过这不是因为洗手后手就无菌了，正相反，洗手只是洗掉了那些刚刚落到皮肤表面还没有立足的细菌。比如，科学家在实验中把没有致病性的大肠杆菌涂到人们手上，用肥皂洗手就能去掉大部分的大肠杆菌，用冷水或者热水都行。洗手的时间长短也不影响（至少20秒就行）。而且，普通肥皂比所谓"抗菌皂"去除大肠杆菌的效果更好。[19] 所以，请保持用肥皂和清水洗手的好习惯吧。

诺亚和其他实验室的研究人员研究表明：手上最常见的微生物是葡萄球菌属的细菌（在皮肤表面占统治地位，在一些奶酪中也很多见，不过面包里不多）、棒杆菌（腋臭的元凶）和痤疮丙酸杆菌（长痘痘的元凶）。[20] 我们的手上也有某些乳酸菌，据我们猜测，正是这些乳酸菌属的细菌参与了酵种的发酵过程。不过通常乳酸杆菌在手上很少见——诺亚的研究结果显示，它只占男性手上微生物总数的2%，占女性的6%。[21] 手上也可能有真菌，但数量不多、种类也少。我们觉得面包师傅手上的情况也一样，没想到会有什么不同。手和手能有什么不一样呢？接着我们开始分析实验结果。

第一个意外发现是：面包师傅手上的微生物组成和我们研究过的所有手都不一样。乳酸菌和相关细菌平均占面包师手上微生物总量的20%—80%。类似地，面包师手上的真菌几乎都是见于酵种中的酵母菌。我们完全没料到会有这种可能，也还不明白其背后的原因。我猜想，可能是因为面包师有大量的时间和面粉（还有酵种）打交道，经常接触到的细菌和酵母就在他们的手上定居下来。我们甚至可以想象这样一个场景——面包师手上的细菌和酵母通过生成酸和酒精，让其他微生物无法安身。这样的微生物组成，可能会让面包师比普通人更不容易得病。我只是在猜想，不过这个发现是前所未有的，带来许多新的研究方向。我开始设想会不会所有和食物打交道的人手上都有特殊的微生物构成。我猜想，100 年前或 5000 年前，人们更多是自己做饭，他们的食物和手上微生物的联系，会不会也和今天差不多。我对此想了很多，觉得有更多的实验要做。不过，这还不是唯一激动人心的发现。

在分析酵种中有哪些细菌时，我们发现面粉中几乎所有细菌都能在酵种中找到踪迹。没有哪个酵种中含有面粉中所有的细菌，但绝大部分细菌都存在于至少一个酵种中。酵种从面粉中获得的微生物既包括了麦粒里含有的促进麦子生长的微生物（在磨面的过程中，这些微生物也存活下来），也包括了小麦生长地区土壤中的微生物。不过，主要是包括乳酸菌在内的能以小麦中的糖类和面粉本身为生的微生物。酵母的情况也差不多，酵种中一半的酵母来自面粉。没有任何细菌或真菌来自和面用的水。到目前为止，我们已经知道了水中可能含有的微生物种类，在有活力的酵种中没有发现这些微生物，例如，酵种中没有能够沉淀金离子的酸食菌，也没有分枝杆菌。这些酵种不是因为和面的水而变得不同的。那酵种之间的差别到底从何而来呢？

这种差别，一部分是偶然产生的，具体要看面粉中的哪些细菌能存活下来；一部分与面包师的手有关。和我们设想的一样，面包师手上的细菌和他们的生活方式，都影响了他们制作的酵种。酵种中细菌的种类与制作这一酵种面包师手上的细菌最匹配。真菌的情况大致如此，不过没有这么明显。面包师的双手贡献了酵种中的细菌和真菌（同样也能带来"手之味"）。进一步挖掘细节，有一些趣闻同样颇有旨趣。研究小组中有一个面包师因其酵种中有种特殊的真菌——威克汉姆酵母菌（*Wickerhamomyces*）而出名（图 12.2）。在这次实验中，他做的酵种中也含有这种真菌，他手上也有一些。其他面包师的酵种和手上都没有这种真菌。我们还在酵种中发现了一些既非来自面粉和水，也非来自面包师双手的真菌和细菌，而最可能来自面包房中的微生物。

用酵种来做面包,在其他的原料都一样（除了酵种中的微生物）的情况下，酵种的差异会对面包的风味产生影响。就像专业面包品鉴小组所评价的，有些酵种做出来的面包酸一些，有些奶味重一些。这取决于机缘和面粉里、面包师手上、面包房中微生物的影响，每种面包都有独特的"酵香"。仔细分析全球研究的结果和收集的酵种，使用这些比圣维特实验中更多样的酵种，将做出更多口味独一份儿的面包。请继续关注我们的下一步研究。同时，目前的研究结果告诉我们，酵种中微生物的种类至关重要，至于微生物的来源，从某种程度上说，大家的猜想都是对的。不过我们要再思考一下这整个过程。关于房屋、身体和面包风味之间的关系，在我们最初的问题中，漏掉了一些重要的方面，而这些持续影响着食物和我们的生活。在制作面包过程中，身体表面和室内的微生物影响了酵种的组成，但同时酵种也影响了手上的微生物组成（也可能进一步影响了室内微生物）。这样说来，做面包就像一个重建过程，让特定的生物多样性回到我们的食物中、身体表面和房屋各处。而在这样的重建中，所有过程都是紧密联系的。做酵种时，来自身体和室内的

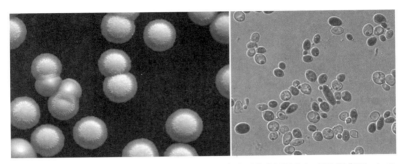

图 12.2 威克汉姆酵母菌落（左）和单个酵母（右）的形态［伊丽莎白·兰迪斯（Elizabeth Landis）摄］

微生物赋予了面包香味，在制作过程中，面粉、酵种和面包又让身体表面和屋中的微生物种类更加丰富。而且不仅仅是酵种如此，奶酪、德国酸菜、泡菜等家中制作的发酵食品都差不多。

　　研究进行到此，我估计我们的团队已经在人们家中发现了近 20 万种生物。精确统计不同时间、以不同方法研究得出的物种，其实并不容易（种类的定义也取决于亚类、判别方法等），不过 20 万是一个比较合理的估计数字。其中可能有 3/4 是来自土壤、身体、水、食物和肠道的细菌，有 1/4 是真菌，剩下的是节肢动物、植物和其他生物，就这还没有把病毒考虑进去。不过，有些房屋中的生物种类非常多样，有些则要少得多；有些房子中主要是有益生物，有些则更多是有害生物。我原本设想，在本书的结尾会写一些如何打造充满有益生物的宜居房屋的那些建筑师和工程师的故事。为了写这本书，我花了几千个小时来做研究，结果没发现这样的人，也没有这样的房屋。当然，一些新式房屋和城市在促进生物多样性和有益生物生长方面有过人之处。不过,这不是因为他们的远见卓识,而是一些返璞归真的想法。他们建造的房子更加开放,使用的材料也更加环保。这是一个进步,但不是真正的解药。

一开始我就该想到,把建筑作为解决方案会有一个问题:那些最有创新精神的建筑师为人们所设计的房子、社区往往数量稀少,而且价格昂贵。这样的创新往往很难让普罗大众来享用。尽管我有想法,但也不可能立刻建造出一幢对生物多样性有利的房子。而且,事实是,当我跟人们聊起这本书的时候,他们问的不是怎样建造完美的房子,而是:"研究房子里的生物有没有改变你的生活?"

对于这个问题,我倒是有些简单的答案:我比以前更常开窗户了。我尽可能不开中央空调。有空的时候我会用手洗餐具,免得洗碗机中的真菌播散到整个屋子。[22] 家里进水后,我会把任何打湿的物件赶紧拿出去。我考虑要不要养只狗,但最终没有养(我出门时间太多)。我对自家的猫多了些不爽,经常在深夜猜疑它有没有把弓形虫传染给我。我在花园里种了水果和蔬菜,花更多的时间观察自己和别人家中的昆虫。我开始和儿子一起描画这些昆虫,当然也会思考它们的潜在价值(目前,我对蠹虫很感兴趣)。我开始感激那些古老的、未经污染的岩层中流出的水带给我们的恩泽。我开始品尝生物多样性赋予自来水的独特"风味"。我开始更多从当地农户手中购买新鲜的食材,上面可能还带着来自农场的微生物……我没有换淋浴喷头,不过现在经常是一脸怀疑地盯着里面喷出的水。

我受到了面包师们的启发，开始和孩子们做老面包，还尝试用各种酵种来做实验（我还在室外做了一次，看看酵种中会不会出现一些有意思的真菌）。我从酵种中得到了启发，或许能找到更简单的办法，既能促进对人们有益的生物多样性的发展又能控制病菌，通过掌握平衡和适度来实现。这一观念目前还没有改变我的生活，但改变了我看待生活的方式。面包师的手，被酵种中的细菌和真菌所包裹，这一意外发现，是他们带给我的最深远的影响。手记录下了他们的日常。事实是，我们的手都反映了我们的生活，我们家中的生物室友也是如此。在中世纪时，人们相信上帝居于人的内心，将每一件善举恶行都记录下来。现在，我们知道心脏只是一个毫无感情的压力泵，而在人们身上和家中生活的生物确实才是一种生活的记录，就像面包师手上的细菌可以反映出他们花在烘焙上的时间。在此，我想说，一旦面包师们听说他们中有些人的手上都是酵种中的细菌，肯定想知道谁手上的细菌最多，谁埋头做面包的时间最长？

这是我这次写书最大的收获：家中的生物能反映我们的生活。远古时期，人类祖先的山洞壁画记录下了他们观察过、跟踪过和畏惧过的动物，而我们墙上的灰尘，则记下了我们休戚与共的种种生物。它们反映了我们接触和没有接触到的物种，反映了我们不同的生活方式。我很清楚自己希望家里的灰尘传递怎样的信息——我的生活植根于生物多样性，我和家人在室内、室外共度的时间一样多；我会拥抱生物多样性的壮阔、享受它们的服务。身边的小小生物每天都会令我惊奇，就像微生物学鼻祖列文虎克当时感受到的——

他每天醒来的时候都明白，周围的大多数生物都是对人无害或有用的，而且，无论你身在何处，周围的大部分生物都等待你去发现。在列文虎克生活的年代，人们才刚刚开始研究这些生物，而我们也是刚刚开始。

# 致　谢

　　每次读到一本书的致谢部分，我往往会带着一种探秘的心情，想找到作者成书的秘密。如果你也有同样的想法，关于这本书，我可以告诉你，这本书也诞生于餐桌上，和我以前的书一样，甚至尤为如此。书中的许多故事，都是我和妻子莫妮卡（Monica Sanchez）还有孩子们一起谈论我们周围生命的产物。书中的许多场景，也是受我们在自己家中和世界各处寓居地生活和参观过的古迹启发。为了了解房屋的历史，孩子们走遍了几十个国家的古代房屋遗迹。他们造访一家家博物馆，观看其中陈设的古房屋复原场景。他们和我们一起在克罗地亚农村的田地里穿行，寻找埋于地下的罗马村庄遗迹。他们下到泥泞的岩洞里找寻蠹虫，他们全程参与持续一整天的面包烘焙实验，四周是那些唱着面包赞美诗的面包师。当然，他们也参与了新项目的实验，即那些研究后院的蚂蚁、地下室的穴螽、酵种中的微生物等相关的实验。

　　这就是本书写作的第一个秘密，它是在我的家人帮助下完成的。第二个秘密是我们"实验室"和其他机构、合作实验室里几十位甚至几百位同事的帮助。我解释一下，科学家们说起"实验室"，一般指的就是做实验的场地，里面放着椅子，研究人员仿佛另外的家具一般整日待在实验室里。而环境生物学家所说的实验室却不是这样。环境生物学家的大部分工作都花不了多少钱，既可能用到高端的设备，也可能只需要一桶污泥，因此，对他们来说，"实验室"更多指的是一群人，他们可以在同一个地方工作，但更多时候分布在世界各地。而我的实验室指的是有共同追求的一群人，是致力于发现未知之美并让公众参与到发现过程中来的一群人。实验室的工作和研究和科罗拉多（诺亚的实验室）、马萨诸塞（本·沃尔夫的实验室）、旧金山（米歇尔·特劳特温的实验室）还有其他几个实验室紧密相连。书里的每一章都凝聚着这些人的聪明才智。书里出现了其中一些人的名字，但还有许多未被提及。这部分是因为他们如此关键，在每项研究中都如此重要，要说明他们的单一贡献很困难，这也是科学研究的难题之一。我们总是被问到谁做了什么，但我们非常不擅长厘清这一切。

　　下面我举几个例子，有了这些人的帮助，本书才得以面世，但是他们的名字在书里只是稍微提到甚至根本没有出现。安德烈亚·拉齐（Andrea Lucky）和伊里·胡尔茨尔（Jiri Huilcr）夫妇同时来到我的实验室工作。他们带来了一种全新的团体意识。妻子安德烈亚发起了"蚂蚁学校"活动，让公众参与到蚂蚁研究当中。安德烈亚、伊里和另一名本科生布里特妮·哈克特（Britne Hackett）

共同发起了"肚脐生物多样性"计划，在世界各地给人们肚脐周围的皮肤取样，研究哪些种类的细菌很常见，哪些很少见（还有相关原因）。同一时期，梅格·洛曼（Meg Lowman）到北卡罗来纳自然科学博物馆工作，担任自然研究中心主任。梅格饱含热情，非常重视公众的参与。她是我们开展蚂蚁和肚脐周围细菌初步研究工作的关键。我和梅格和博物馆的合作，也得到了时任自然学院院长的丹·所罗门（Dan Solomon）、北卡罗来纳自然科学博物馆馆长贝奇·班奈特（Betsy Bennet）的支持，共同打下了公关和经济上的基础，让我们顺利引进大规模的公众参与。蚂蚁和肚脐细菌的研究成果，并没有正式出现在本书中，但正是这些研究为我们后来进行的家庭研究还有这本书打下了基础。

后来安德烈亚和伊里一同去了佛罗里达工作。在他们离开之前，我聘用了霍利·门宁格（Holly Menninger），她负责招募公众和本科生参与研究。正是她找到了管理项目的方法，可以和世界各地的人们建立联系，让他们真正参与到研究中来。而当我带着新的疯狂想法来到实验室，想要付诸实施却毫无资金、时间和人力时，霍利又是那个理性支持的声音。没有她，我对房屋中生物的研究工作不可能实现。她现在是明尼苏达贝尔博物馆公众参与和科教部的主管，能聘请她担任此类工作，是博物馆和明尼苏达州的幸事。书中没有太多提及她的名字，因为她所做的工作是所有工作的核心。她的贡献无所不在，她构建了研究的社会和知识基础，在此之上，我们才能在研究过程中联系到成千上万的人。

随着时间推移，霍利开始承担新的工作（早在前往明尼苏达前），其中就包括组建北卡罗来纳州立大学公众科学部（由一群致力于让公众参与科研的新任教师组成），其中劳伦·尼科尔斯和利·谢尔还有尼尔·麦科伊更多担负起招募公众参与的任务。本书中几乎所有图片都是由劳伦和尼尔提供的，还有许多关于家中生物的其他素材也来自他们。劳伦还参与了本书的调查研究工作，她跟踪零碎的线索，还有些看似复杂难解，但在她的探究之下变得清楚的线索。她一遍遍地通读全书，编排了引文并搜寻线索。她和我们一起修改复杂的段落，描述艰深的科学知识。一旦收到写着"书稿已返，五天内必须审读完毕。你能把手头的事情放放吗？"这样标题的邮件，她立刻能给我回应。真是太谢谢你了，劳伦。利通读了整本书，确保研究项目的参与者最关心的问题没有遗漏。她调查了数千名参与者，询问他们关于室内生物最想知道的问题，所有答案都被写进了本书当中。希望这些问题也是你们最想了解的。

除了实验室外，本书也离不开合作者的帮助，我欠他们一个大大的人情。你已经知道了诺亚，一个优秀的合作者，我对他的帮助深表感激。他也认真通读了书稿，当我对写好特定章节没有信心的时候，他一读再读。卡洛斯从未正式加入实验室，却一直是最有趣的实验中的重要成员。在设法让在校大学生们参与到实验中时，他总是能带来灵感。乔纳森·艾森阅读了整本书，对书中内容一一提出了建议。劳拉让我开始考虑人类对生态环境产生影响的历史。另外，凯瑟琳·卡塞勒斯（Catherine Cardcelus）、凯蒂·弗林（Katie Flynn）和肖恩·门克（Sean Menke）对于如何在大学课堂中应用本书提出了深刻洞见。

书中提到的科学家和相关领域的研究者对本书同样有所贡献。他们阅读书中的章节，回复了一些看似可笑的问题。莱斯利在代尔夫特招待了我，用两天时间和我讨论列文虎克和他的科学研究。道格·安德森（Doug Anderson）读了书中关于列文虎克的章节，和莱斯利一样，他引导我设想出列文虎克作为普通人的一面。大卫·柯伊尔和詹娜·朗了解空间站的微生物学方面提供了帮助。马特·格伯特是诺亚实验室的学生，读了他的评论，我们对淋浴一章进行了修改。我和他从未见过面，但他的研究十分新颖有趣。简·洪达（Jenn Honda）帮我了解分枝杆菌的微生物学相关知识。亚历山大·赫尔比希（Alexander Herbig）和约翰·克劳斯（Johannes Krausse）提供了关于分枝杆菌和人类关系历史的洞见。克里斯托弗·劳里为我讲述了分枝杆菌一些有益种类的知识。克里斯蒂安·格里伯乐（Chiristian Griebler）让我惊叹于地下岩石含水层的神奇作用，他也审读了淋浴喷头的章节。费迪南多·罗萨里奥—奥里蒂斯（Fernando Rosario-Oritiz）也阅读了这一章节，并让我开始思考水处理的问题。

汉斯基没有读过书稿，但和他的邮件往来让我开始了解他的研究。他阅读了讲述他研究工作章节的初稿。我只见过汉斯基一次，那时我还是个大学生。我和实验室的伙伴萨夏·斯佩克特（Sacha Spector）迫不及待地想和他讨论屎壳郎，他也没有让我俩失望。我从未想过多年之后我们会再次联络，并共同探讨室内生物。汉斯基之前的学生尼古拉斯·瓦尔贝里（NIklas Wahlberg）与我合作，负责如实呈现汉斯基的研究工作。哈赫泰拉和莱纳为我讲解了他们的工作，并把它和卡累利亚的实验结合起来。梅根·特梅斯（Megan Thoemmes）、亚尔马·基尔（Hjalmar Küehl）、菲欧娜·斯图尔特（Fiona Stewart）和亚历历克斯·皮尔（Alex Piel）让我了解了野生黑猩猩的生态学，它和人类远古生态学密切相关。麦肯尼提供了有关食物和粪便的洞见，她的工作一向如此。

基本上所有参与到穴蠡研究项目中的人都出现在了穴蠡的章节中，他们都审读了这一章，感谢你们。MJ、斯蒂芬妮、珍妮弗和朱莉·厄本（Julie Urban）一再帮我了解和昆虫相伴的细菌的演化历程。吉纳维芙·冯·佩青格（Genevieve von Petzinger）和约翰·霍克斯（John Hawks）帮我修改穴居史前人类的故事。比吉特满足了我对空间站的好奇，完成了他人觉得无比困难的工作，（反复）修改了关于真菌的部分。她让我开始认真考虑家中真菌的基本生物学知识。她也让我意识到，即使是像纸葡萄穗霉菌这样的有害菌也有它的美。马丁·陶贝尔（Martin Taubel）让我思考纸葡萄穗霉菌造成的危害以及已知和未知之处。瑞秋的质疑让我开始思索：就真菌来说，我们对家中哪些是有生命的，哪些是活跃的究竟了解多少。一开始也是瑞秋把我的目光引向了空间站中。

关于昆虫的章节得到了马特·贝尔托内、伊娃、彼得·纳斯克瑞奇、艾利森·贝恩（Allison Bain）、米沙·梁（Misha Leong）和基斯·贝利斯（Keith Bayless）的审阅和帮助。马特一次又一次地帮忙，谢谢你。自从我们开始合作研究家中生物以来，米歇尔和我断断续续地谈起这本书已有 5 年。从她还在北卡罗来纳自然科学博物馆工作时，我们就开始一起研究和探讨家中的节肢动物，谈论人生。现在她到加州自然科学馆工作，我们还能一直保持联系，对我来说非常幸运。克里斯蒂娜·霍恩（Christine Hawn）告诉我蜘蛛在生物防治方面的作用。关于蟑螂的章节得到了我周围所有昆虫学家包括埃德·瓦戈（Ed Vargo）、沃伦·布思（Warren Booth）、科比·沙尔、胜俣绫子和朱尔斯的帮助，他们全部或部分致力于研究连大多数昆虫学家都很讨厌的害虫防控。朱尔斯的学生埃莉诺·斯派塞·赖斯（Eleanor Spicer Rice）让我开始思考德国小蠊研究工作对朱尔斯的重要意义。感谢在写作本书期间担任部门主管的两位领导德里克·阿德（Derek Aday）和哈里·丹尼尔斯（Harry Daniels）。

五年多以前我就开始写关于艾兴瓦尔德的那一章，但感觉写得不好。直到我参加了彼得·乔根森（Peter Jorgenson）和斯科特·卡罗尔（Scott Carrol）所带领的在美国国家社会环境综合中心建立的工作小组，我才真正理解了艾兴瓦尔德实验的深远意义，它给出了另一种思路，却被社会所摒弃。感谢美国国家社会环境综合中心，感谢斯科特，感谢彼得，同时也要感谢整个工作组，感谢迪迪埃·沃利（Didier Wernli）。还要感谢非常懂细菌的克里特·沙玛（Kriti Shaarma）。最后，还要感谢保罗·普拉内特（Paul Planet），感谢他的远见卓识，也感谢他将我引荐给希尼菲尔德。哈里很乐意分享他的故事，他的帮忙使得这一章节令人满意。他始终高瞻远瞩，亲切友善。

弗莱格、安娜玛丽亚·塔拉斯、汤姆·吉尔伯特（Tom Gilbert）、罗兰·凯斯（Roland Kays）、大卫·斯托奇（David Storch）、梅瑞狄斯·斯彭斯、迈克尔·赖斯凯德、柯尔斯腾·詹森（Kirsten

Jensen）、理查德·克洛普顿（Richard Clopton）和乔安妮·韦伯斯特都读了关于猫和狗的那一章，并且都有贡献。还要感谢梅瑞狄斯这些年一直在记录狗身上的寄生虫和病原体，也感谢奈耶马·哈里斯（Nyeema Harris）给梅瑞狄斯带来了这个项目的灵感，而这一切都开始产生回报了。奈特·桑德斯（Nate Sanders）、尼尔·格兰瑟姆（Neal Grantham）、布莱恩·赖克（Brian Reich）、贝努瓦·格纳尔德（Benoit Guenard）、麦克·加文（Mike Gavin）、珍·所罗门（Jen Solomon）、若阿纳·里科（Joana Ricou）、阿内·里什（Annet Richer）还有安妮·马登（图 A），都参与创作了"法医检验""黄蜂和酵母""鸽子悖论"等后来被删除的章节。本书初稿有 20 万个单词，因版面限制有所删减，其实，家中生物的故事比书中展现的要更丰富。特别感谢北卡罗来纳州立大学图书馆和馆内工作人员。卡伦·西科恩（Karen Ciccone）通读了全书，整个过程中提出了许多有益的反馈。秀熙、权乔、何塞·贝克（Josie Baker）、斯蒂芬·卡佩勒（Stefan Cappelle）、阿斯彭·里斯（Aspen Reese）、安妮·马登和埃米莉·迈内克（Emily Meineke）为食物章节的写作提供了帮助。我的经纪人维多利亚·普赖尔（Victoria Pryor）对书进行了删减，提出了批评指正，并督促着书的进度。感谢你的一丝不苟，而编辑 TJ. 凯莱赫（TJ Kelleher）又再次对书进行了严格编校。TJ 是我第一本书《众生万物》（*Every Living Thing*）的编辑。和上次一样，很高兴和你共事。我同样要对卡丽·纳波利塔诺（Carrie Napolitano）致以深深的谢意。和图书行业从业者们一样，TJ 和卡丽的阅读和编辑工作繁重，时间紧迫，仍细致耐心地促成了本书的

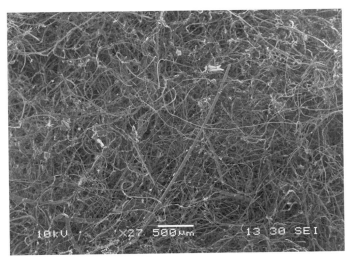

图A　显微镜下的灰尘。灰尘由无数细小的成分组成，就像本书也是在许多人的启发影响下完成的（科罗拉多大学纳米材料鉴定处 安妮·马登 摄）

问世。文字编辑科林·特蕾西（Collin Tracy）和克里斯蒂娜·帕拉亚（Christina Palaia）改写了不通顺的句子，改正了单词和标点符号错误。本书得到了斯隆基金会的资助，感谢基金会的支持，特别感谢葆拉·奥谢夫斯基（Paula Olsiewski）。本书写作期间，我作为客座研究员得到了德国整合生物多样性研究中心的资助，中心科学家们的帮助以及与他们的日常交流让我受益匪浅。约翰·蔡斯（John Chase）、尼科·艾森豪尔（Nico Eisenhauer）、马腾·温特（Marten Winter）、斯坦·哈波尔（Stan Harpole）、蒂法尼·奈特（Tiffany Knight）、恩里克·佩雷拉（Henrique Pereira）、阿莱塔·博恩（Aletta Bonn）、奥萝拉·托里斯（Aurora Torres）还有许多其他

科学家，让我从基础生态学理论和见解的新角度重新理解了室内的
生态。

最后，对这些年来参与实验项目的众多志愿者们，我心怀感激。
有千千万万的志愿者为我们家庭生物研究项目做出了巨大贡献。他
们为我们好奇的探究敞开了大门，和我们一同踏上了一次奇怪的探
索之旅。他们鼓舞着我们，让我们一次次重新领略发现的乐趣以及
和众人共同探索的加倍喜悦，感恩有你。

# 参考文献

前言　宅在家里的生物

1．N. E. Klepeis, W. C. Nelson, W. R. Ott, J. P. Robinson, A. M. Tsang,P. Switzer,
J. V. Behar, S. C. Hern, and W. H. Engelmann, "The National Human Activity
Pattern Survey (NHAPS): A Resource for Assessing Exposure to Environmental
Pollutants," *Journal of Exposure Science and Environmental Epidemiology 11*, no.
3 (2001): 231. Or see, for example, results for Canada:C. J. Matz, D. M. Stieb,
K. Davis, M. Egyed, A. Rose, B. Chou, and O. Brion, "Effects of Age, Season,
Gender and Urban-Rural Status on Time-Activity:Canadian Human Activity
Pattern Survey 2 (CHAPS 2)," *International Journal of Environmental Research
and Public Health* 11, no. 2 (2014): 2108–2124.


第一章　胡椒水中的奇迹

1．微生物学家和历史学家用与列文虎克类似的显微镜成功观察到了列文虎克可
能见过的许多小生命，包括硅藻、钟形虫、蓝细菌和许多其他细菌。这项工
作需要观察者拥有耐心和好奇心，愿意去尝试各种光线条件和样本准备方法，
就像列文虎克那样。

2．列文虎克开始用显微镜观察的时候，他的大部分收入可能来自担任市政官员
的薪水。这份工作带给他生活无忧所能负担的闲暇，而这份闲暇进而发展成
一种痴迷。

3. 列文虎克可能用这种被他称为"织物分析镜"的镜片来检查亚麻、羊毛和织物的质量。

4. 在古登堡计划的资助下，人们现在可以在网上免费下载这本书，书中充满了大大小小的奇观。

5. Samuel Pepys 称之为"我读过的最脑洞大开的书"。

6. 当时人们甚至不相信跳蚤会繁殖。人们认为跳蚤是从尿、尘土和跳蚤自身的排泄物混合的泥潭中化生而成的。列文虎克记录了跳蚤的交配过程（体型较小的雄性挂在雌性的腹部）。他描绘了雄跳蚤的精子和生殖器（在他的职业生涯中记录了 30 多种动物的精子，包括他自己的精子）。他发现了雌跳蚤产的卵，还描画了孵化中的卵，观察了幼虫的生长和随后的蜕化。他估计跳蚤的交配、受精、产卵和孵育过程一年能进行 7—8 次。他的付出还不仅于此，不管有没有人注意到，他还把跳蚤卵装在包里随身携带，就像孩子们带着自己养的宠物青蛙一样。

7. 这里可以读到格拉夫所附的信件全文：M.Leeuwenhoek, "A Specimen of Some Observations Made by Microscope, Contrived by M. Leeuwenhoek in Holland, Lately Communicated by Dr. Regnerus de Graaf," *Philosophical Transactions of the Royal Society* 8 (1673): 6037–6038。

8. 列文虎克遇上了好时机，科学研究正从回顾经典和关注抽象思维转向注重观察。受法国哲学家笛卡尔的启发，新生代科学家们认为通过观察能有效发现新知识。

9. A. R. Hall, "The Leeuwenhoek Lecture, 1988, Antoni Van Leeuwenhoek 1632–1723," *Notes and Records the Royal Society Journal of the History of Science* 43, no. 2 (1989): 249–273.

10. 空泡是存在于植物、动物、寄生虫、真菌甚至细菌细胞中的一种重要的储存结构。它既能储存食物，也能存储废物。空泡内能维持与其他细胞不同的环境，从这个意义上说，空泡结构可能与人类早期文明中的黏土容器和芦苇篮子最相似——它们是多用途的容器，不同种类的生物在不同时候将它用于不同的目的。

11. 列文虎克所生活的代尔夫特是人们观察自家的中心，不过这种观察是画家们用画笔来进行的，而不是指科学家的研究。代尔夫特的画家们专心描画市镇风光以及房屋内的陈设。他们画下了列文虎克可能探索过的主要居住区。彼得·德·霍赫（Pieter de Hooch）画了许多庭院风景。卡尔·法布里蒂乌斯（Carel Fabritius）最著名的画作是《鸟笼中的金丝雀》（*The Goldfinch*），不过他也画了代尔夫特的风景。还有维米尔，他一遍遍地画同样的三栋房子，画中有几个人，他们被定格在生活里的某个瞬间。

12. 列文虎克的故居所在地从未被发掘过。人们或许可以在那里发现显微镜、标本或任何其他物件。这地方现在是一家精致的咖啡馆。我和罗伯逊试图说服店主让我们挖开咖啡馆刚铺的新地板，在底下搜寻列文虎克遗留下的物品。可惜店主拒绝了，接下来的日子我只得坐在咖啡馆里，透过窗户朝后院张望。列文虎克正是在这个后院里消磨了那么多时光。

## 第二章　地下室的温泉

1. 这部纪录片中文名为《第五帝国：真菌如何创造世界》，讲述了真菌的故事、真菌的演化及其带来的后果。我站在温泉边述说着真菌的演化故事，周围的景物正是半火山活动、半微生物活动的产物。

2. 我猜也可能是科学家有时会招人烦。不过，实际情况应该是摄制组成员正忙着找最合适拍摄的间歇泉，开车前忘了清点人数。

3. Geyser 是冰岛语中的"温泉"，如想读布罗克的精彩自传，可以参见 T. D. Brock, "The Road to Yellowstone—and Beyond," *Annual Review of Microbiology* 49 (1995): 1–28。

4. 古生菌和细菌一样，早在几十亿年前就出现了。它们和细菌一样是单细胞生物，而且也没有细胞核。不过两者没有更多相似之处了。古生菌细胞和细菌细胞的差别比人体细胞和植物细胞的差别还要大。古生菌是在 20 世纪中期被发现的。它们种类繁多，大多发现于（但不限于）极端环境中。古生菌从未寄居在人类身上（以后也不会）。它们的生长相对缓慢，不同种类古生菌的新陈代谢能力差异非常大。我热爱细菌，它们奥妙无穷、令人惊叹不已；但古生菌更奇妙，它们和生命本身一样古老，对人无害，维持着基本的生态学功能。我们对古生菌缺乏了解，而最近的研究发现，它们可能生活在肚脐这样和我们密切相关的身体部位上。列文虎克没能发现古生菌，也就是说，在观察肚脐这一点上，我们比他厉害。参见 J. Hulcr, A. M. Latimer, J. B. Henley, N. R. Rountree, N. Fierer, A. Lucky, M. D. Lowman, and R. R. Dunn, "A Jungle in There: Bacteria in Belly Buttons Are Highly Diverse, but Predictable," *PloS One* 7, no. 11 (2012): e47712。

5. 无机营养菌，一种能氧化无机物获取能量的微生物。

6. 不管是细菌还是猴子，每种生物都有一个属名和种名，属名指的是生物所属的大类。人类属于人属（*Homo*）智人种（*sapiens*），因此我们被称为智人（*Homo sapiens*）。不同种之间的界限有时是模糊的，而属的分类更是如此。从理论上讲，我们可以认为，科学家应该以这种方式来划分和命名不同属：灵长目和细菌的某个分属历史一样久远；但实际上，不同学科的科学家们确定某个属包含哪些种类生物的方法千差万别。细菌属含有许多不同种的细菌，它们历史悠久（栖热菌属的细菌可能存在了上亿年甚至更久）。与人类较相似的属所含的种则更少，出现时间也更晚。这种差异完全是微生物学家和灵长目动物学家的偏好造成的，而不是细菌和灵长目动物本身的差异决定的。生物的属名和种名一般用拉丁语斜体来表示（本书中也是如此），除非一个物种还没有被正式命名。这种情况下，属名用斜体，但种名则不是。比如，名为栖热菌 X1（*Thermus* X1）的细菌，X1 代表这可能是一种新细菌，还没有正式命名。在多种多样的生物中，除了脊椎动物和植物之外，许多物种都用暂名来代表，因为尽管人们知道它们的存在，但还没找到合适的机会来给它们命名。

7. 布罗克培养栖热水生菌时，其实是想尝试培养一种被他称为"粉红菌"的细菌，这种细菌生长在温度更高的水中。"粉红菌"培养失败了，在那之后似乎也没人成功。关于嗜热菌的首次研究，参见 T. D. Brock and H. Freeze, "*Thermus aquaticus* gen. n. and sp. n., a Nonsporulating Extreme Thermophile," *Journal of Bacteriology* 98, no. 1 (1969): 289–297。

8. R. F. Ramaley and J. Hixson, "Isolation of a Nonpigmented, Thermophilic Bacterium Similar to *Thermus aquaticus*," *Journal of Bacteriology* 103, no. 2 (1970): 527.

9. 此后经济学家会再次从生态学中借用这个名词。

10. T. D. Boylen and K. L. Boylen, "Presence of Thermophilic Bacteria in Laundry and Domestic Hot-Water Heaters," *Applied Microbiology* 25, no. 1(1973): 72–76.11.

11. J. K. Kristjánsson, S. Hjörleifsdóttir, V. Th. Marteinsson, and G. A. Alfredsson, "*Thermus* scotoductus, sp. nov., a Pigment-Producing Thermophilic Bacterium from Hot Tap Water in Iceland and Including *Thermus* sp. X-1," *Systematic and Applied Microbiology* 17, no. 1 (1994): 44–50.

12. Kristjánsson et al., "*Thermus scotoductus*, sp. nov.," 44–50.

13. 布罗克在其著述中一再提到一个重点——尽管工业领域仍然在使用他和同事们 20 世纪七八十年代发现的嗜热菌，但几乎没有科学家接手对这些细菌野生状态下的生态学特性的研究。参见 Brock, "The Road to Yellowstone," 1–28。

14. D. J. Opperman, L. A. Piater, and E. van Heerden, "A Novel Chromate Reductase from Thermus scotoductus SA-01 Related to Old Yellow Enzyme," *Journal of Bacteriology* 190, no. 8 (2008): 3076–3082. 同样，因为微生物总是能带给人们惊奇，人们最近发现这种细菌中有一个菌株能在必要的情况下成为无机营养菌。用科学术语来说，这种细菌是兼养菌。S. Skirnisdottir, G. O. Hreggvidsson, O. Holst, and J. K. Kristjansson, "Isolation and Characterization of a Mixotrophic Sulfur-Oxidizing Thermus scotoductus," Extremophiles 5, no. 1 (2001): 45–51。

15. 想要了解为什么还有那么多细菌无法培养，参见 S. Pande and C. Kost, "Bacterial

Unculturability and the Formation of Intercellular Metabolic Networks," *Trends in Microbiology* 25, no. 5 (2017): 349–361。

16. "高通量"（High throughput）是一个花哨的讲法，其实就是能同时处理很多事，这里指的是能同时给许多生物测序。这种高通量测序就和麦当劳能同时满足多人进餐一样。至于"下一代"测序技术的说法，因为科技发展太快，所谓的"下一代"技术很快就变成"过时"的技术一样，在这个词被造出来的时候就注定落伍了。

17. 通常还有一些其他的步骤来除去样本中其他一些非 DNA 的物质。这里是概括地描述整个过程。

18. 此后，在布罗克和同事还有同时代科学家研究工作的推动下，人们进一步研究后发现了更多的嗜热菌——甚至有超嗜热菌——同时还有一系列酶类，每种酶的作用都有细微差异。例如，在激烈热球菌（*Pyrococcus furiosus*）体内，人们发现了一种聚合酶，它有和 Taq 相似的作用，但在高温下更稳定。

19. 标准的测序操作并不能以将样本与已命名的物种一一对应的方式来鉴别生物。我们把它们按属分类，列在一起，比如嗜热菌 1 号、嗜热菌 2 号……单个序列按 DNA 序列的相似程度归到这些大类。微生物学家将其称为操作分类单位（operational taxonomic units，OTUs）以表示这种分类不是物种的分类。在有些情况下，一个操作分类单位可能含有几个物种，也有可能出现相反的情况（两个操作分类单位属于同一物种）。我们现阶段的微生物命名，还处于有些混乱的状态，因此尽管 OTUs 是一种很不完美的分类方法，但在寻找能调和新旧分类法的办法的同时，它仍可以作为推动研究进行的工具。

20. 近来雷吉娜·威尔皮泽斯基尝试使用这些技术，在热水器中寻找除水管致黑栖热菌（*Thermus scotoductus*）外其他的嗜热菌。她发现了五六种通常只出现在温泉中的细菌，其中有些种类目前仍然不能进行培养，但可以检测到它们的存在。

## 第三章　走进未知的世界

1. 有好几次我走了很久、很远，把所有设备的电都用完了，只能借着月光摸索着回到生态站。在遍布着毒蛇的森林里，这样做太蠢了。

2. S. H. Messier, "Ecology and Division of Labor in *Nasutitermes corniger*: The Effect of Environmental Variation on Caste Ratios" (PhD diss., University of Colorado, 1996).

3. B. Guénard and R. R. Dunn, "A New (Old), Invasive Ant in the Hardwood Forests of Eastern North America and Its Potentially Widespread Impacts," *PLoS One* 5, no. 7 (2010): e11614.

4. B. Guénard and J. Silverman, "Tandem Carrying, a New Foraging Strategy in Ants: Description, Function, and Adaptive Significance Relative to Other Described Foraging Strategies," Naturwissenschaften 98, no. 8 (2011):651–659.

5. T. Yashiro, K. Matsuura, B. Guenard, M. Terayama, and R. R. Dunn, "On the Evolution of the Species Complex Pachycondyla chinensis (Hymenoptera:Formicidae: Ponerinae), Including the Origin of Its Invasive Form and Description of a New Species," *Zootaxa* 2685, no. 1 (2010): 39–50.

6. 目前只有一篇关于这种蚂蚁的论文，参见 M. R. Smith and M. W. Wing, "Redescription of Discothyrea testacea Roger, a LittleKnown North American Ant, with Notes on the Genus (Hymenoptera: Formicidae)," *Journal of the New York Entomological Society* 62, no. 2 (1954):105–112., 至于凯瑟琳，我不知道她现在在干什么，所以我查证了一下。她现在是埃尔帕索动物园的一名饲养员。她对大型猫科动物的热爱比我的三心二意强多了。

7. A. Lucky, A. M. Savage, L. M. Nichols,C. Castracani, L. Shell, D. A. Grasso, A. Mori, and R. R. Dunn, "Ecologists,Educators, and Writers Collaborate with the Public to Assess Backyard Diversity in the School of Ants Project," Ecosphere 5, no. 7 (2014): 1–23. 这项工作是安德烈亚·拉齐发起并且领导进行的，她现在是佛罗里达大学的副教授。

8. 早在我们冒出研究人们的肚脐或人们的房屋的念头前，我和诺亚就在伊里·胡尔茨尔茨发起的研究食菌小蠹的项目中有过合作。伊里当时在研究在四处和花园里爬行、哺育后代的甲虫身上携带的真菌和细菌。这层关系也促成了我和诺亚的合作。参见 J. Hulcr, N. R. Rountree, S. E. Diamond, L. L. Stelinski, N. Fierer, and R. R. Dunn, "Mycangia of Ambrosia Beetles Host Communities of Bacteria," *Microbial Ecology* 64, no. 3 (2012): 784–793。

9. 一开始参加的都是认识的人，不过随着项目越做越大，参与的人越来越多。

10. H. Holmes, *The Secret Life of Dust: From the Cosmos to the Kitchen Counter, the Big Consequences of Small Things* (Hoboken, NJ: Wiley, 2001).

11. 这也意味着诺亚团队的技术人员杰西卡将要取下 4000 根棉拭子的头，放入 4000 个小瓶子里。抱歉，杰西卡。对不起，不过我感谢你的付出。

12. 在有些地方，家中的生物能准确地反映出我们都在哪里待过。以马特·科洛夫（Matt Colloff）的研究为例，马特当时是格拉斯哥大学的生态学家、螨类生物学家。他决定研究自己睡的床，在无数个夜里一次次取样研究。他在床的 9 个位置安放了能在睡眠时监控温度和湿度的设备。他的文章中写道，这张床是一张 15 年的老双人床，床垫也是。在他呼呼大睡时，设备会每小时收集床垫的数据。他猜想，在温暖和潮湿的地方会发现更多的螨虫。实际情况却并非如此。他发现不管温度高低，人躺在哪儿，哪儿的螨虫就最多。他一共发现了包括尘螨在内的 18 种螨虫，其中也有以螨虫为食的小虫，这些小动物在人躺过的地方下面，吃着人身体上脱落的皮屑。我们可以猜想微生物也会表现出同样的规律，人们待的最多的地方，微生物也最多。卡洛夫把在他床上发现的多种多样的生物，归功于这是一张古董床垫。参见 M. J. Colloff, "Mite Ecology and Microclimate in My Bed," in Mite Allergy: *A Worldwide Problem*, ed. A.De Weck and A. Todt (Brussels: UCB Institute of Allergy, 1988), 51–54。

13. 在研究肚脐细菌过程中我们碰到了一件类似的事：一个小有名气的记者的肚脐里几乎都是和食物相关的细菌。对此，我们也摸不着头脑，有些秘密就是无法用科学来解释。

14. P. Zalar, M. Novak, G. S. De Hoog, and N. Gunde-Cimerman, "Dishwashers— a Man-Made Ecological Niche Accommodating Human Opportunistic Fungal Pathogens," *Fungal Biology* 115, no. 10 (2011): 997–1007.

15. 这种细菌被称为"菌株 121"，最早是在深海热泉喷口附近被发现的，此处水温可高达 130℃。后来人们发现，这种细菌能在远超想象的高温下存活。高压灭菌器就像高压锅一样，通过加压可以达到并维持 121℃ 的高温，以此杀灭所有细菌，特别是会污染实验器材的细菌。而菌株 121 能在高压灭菌器中存活 24 小时以上，但大部分高压灭菌器的消毒时间只有 1—2 小时。参见 K. Kashefi and D. R. Lovley, "Extending the Upper Temperature Limit for Life," *Science* 301, no. 5635 (2003): 934–934。

16. 后来我们发现，对于公寓房的门而言情况并非如此（公寓房门上的细菌和室内细菌组成类似）。参见 R. R. Dunn, N. Fierer, J. B. Henley, J. W. Leff, and H. L. Menninger, "Home Life: Factors Structuring the Bacterial Diversity Found within and between Homes," *PLoS One* 8, no. 5(2013): e64133。

17. B. Fruth and G. Hohmann, "Nest Building Behavior in the Great Apes:The Great Leap Forward?" *Great Ape Societies*, ed. W. C. McGrew, L. F. Marchant, and T. Nishida (New York: Cambridge University Press, 1996), 225; D.Prasetyo, M. Ancrenaz, H. C. Morrogh-Bernard, S. S. Utami Atmoko, S. A.Wich, and C. P. van Schaik, "Nest Building in Orangutans," *Orangutans: Geographical Variation in Behavioral Ecology*, ed. S. A. Wich, S. U. Atmoko, T. M. Setia, and C. P. van Schaik (Oxford: Oxford University Press, 2009), 269–277.

18. 三趾树懒每三周左右就会开始一次危险的旅程：从安全的树梢下到雨林地面上来排泄。这时，寄居在树懒皮毛中的飞蛾就会在树懒粪便中产卵。飞蛾卵在粪便中完全发育成熟，之后就飞上树梢，在树懒的皮毛中定居下来。一只树懒身上可以住着 4—35 只飞蛾。有研究表明，飞蛾为同样生活在树懒皮毛中的藻类提供营养，供其生长。随后树懒会吃掉藻类补充营养，因为藻类含有的脂类比树叶要多。参见 J. N. Pauli, J. E. Mendoza, S. A. Steffan, C. C. Carey, P. J. Weimer, and M. Z. Peery, "A Syndrome of Mutualism Reinforces the Lifestyle of a Sloth," *Proceedings of the Royal Society B* 281, no. 1778 (2014): 20133006。

19. 参见 M. J. Colloff, "Mites from House Dust in Glasgow," *Medical and Veterinary Entomology* 1, no. 2 (1987): 163–168。

20. 黑猩猩从不在窝里排泄，也不会把食物到处扔，大多数夜里它们都会搭一个新窝来过夜。这些应该都有助于防止来自黑猩猩身上的微生物和虫子的聚集。参见 D. R. Samson, M. P. Muehlenbein, and K. D. Hunt, "Do Chimpanzees (*Pan troglodytes schweinfurthii*) Exhibit Sleep Related Behaviors That Minimize Exposure to Parasitic Arthropods? A Preliminary Report on the Possible Anti-vector Function of Chimpanzee Sleeping Platforms," *Primates 54*, no. 1 (2013): 73–80. For Megan's study, see M. S. Thoemmes, F. A. Stewart, R. A. Hernandez-Aguilar, M.Bertone, D. A. Baltzegar, K. P. Cole, N. Cohen, A. K. Piel, and R. R. Dunn, "Ecology of Sleeping: The Microbial and Arthropod Associates of Chimpanzee Beds," *Royal Society Open Science* 5 (2018): 180382. doi:10.1098/rsos.180382.

21. H. De Lumley, "A Paleolithic Camp at Nice," *Scientific American* 220,no. 5 (1969): 42–5122.

22. 难以想象的是，170多万年前的原始人还不会搭窝棚就已经迁徙到了欧洲大陆。搭建最早的房屋可能用到的材料——树枝、树叶和泥——都无法保存下来，这给研究造成了困难，但从搭窝到搭一个遮风挡雨的棚子，再到建造简陋的圆顶屋，过程中并没有太大障碍。

23. L. Wadley, C. Sievers, M. Bamford, P. Goldberg, F. Berna, and C. Miller, "Middle Stone Age Bedding Construction and Settlement Patterns at Sibudu,South Africa," *Science* 334, no. 6061 (2011): 1388–1391.

24. J. F. Ruiz-Calderon, H. Cavallin, S. J. Song, A. Novoselac, L. R. Pericchi, J. N. Hernandez, Rafael Rios, et al., "Walls Talk: Microbial Biogeography of Homes Spanning Urbanization," *Science Advances* 2, no. 2 (2016):e1501061.

25. 我们人类杀死了房子里有益的生物，同时无意中促进了有害生物的繁殖。生活在人类房屋中的白蚁却正相反。例如，台湾乳白蚁（*Coptotermes spp.*）在黑暗的蚁穴中挥动触角，就能发现身上或蚁穴中的真菌；它们还能清除身上的真菌孢子，一旦发现真菌孢子，就会把它吃掉。白蚁能将真菌包裹在粪便中，起到杀灭真菌的作用，就像牡蛎会分泌珍珠质包裹体内的绦虫一样。之后，白蚁会用它们的粪便、有抗菌作用的唾液和土壤的混合物来构筑蚁穴。真菌仍能存活，但被困在了蚁穴的内壁上。通过这一系列的行为——侦察和吞食真菌、构筑蚁穴——白蚁构建了一个让敌人们几乎无法生存的环境，同时又能让其他生物安然无恙，包括那些对白蚁的消化功能至关重要的生物。参见 A. Yanagawa, F. Yokohari, and S. Shimizu, "Defense Mechanism of the Termite, Coptotermes formosanus Shiraki, to Entomopathogenic Fungi," *Journal of Invertebrate Pathology* 97, no. 2 (2010): 165–170。也可见 A.Yanagawa, F. Yokohari, and S. Shimizu, "Influence of Fungal Odor on Grooming Behavior of the Termite, Coptotermes formosanus," *Journal of Insect Science* 10, no. 1 (2010): 141. 也可见 A. Yanagawa, N. Fujiwara-Tsujii, T. Akino,T. Yoshimura, T. Yanagawa, and S. Shimizu, "Musty Odor of Entomopathogens Enhances Disease-Prevention Behaviors in the Termite *Coptotermes formosanus*," *Journal of Invertebrate Pathology* 108, no. 1 (2011): 1–6。

26. D. L. Pierson, "Microbial Contamination of Spacecraft," *Gravitational and Space Research* 14, no. 2 (2007): 1–6.

27. 这是细菌的情况，之后我们会谈到真菌，参见 Novikova, "Review of the Knowledge of Microbial Contamination," 127–132。也可参见 N. Novikova,P. De Boever, S. Poddubko, E. Deshevaya, N. Polikarpov, N. Rakova, I. Coninx, and M. Mergeay, "Survey of Environmental Biocontamination on Board the International Space Station," *Research in Microbiology* 157, no. 1 (2006): 5–12。

28. 历时最久的一项研究发现了十几种细菌，其中最常见的包括生活在腋窝的细菌和引发痤疮的细菌。参见 A. Checinska, A. J. Probst, P. Vaishampayan, J. R. White, D. Kumar, V. G. Stepanov, G. R. Fox, H. R. Nilsson, D. L. Pierson,J. Perry, and K. Venkateswaran, "Microbiomes of the Dust Particles Collected from the International Space Station and Spacecraft Assembly Facilities," *Microbiome* 3, no. 1 (2015): 50。

29. S. Kelly, Endurance: *A Year in Space, a Lifetime of Discovery* (New York: Knopf, 2017), 387.

## 第四章　无菌也会致病

1. 罗恩·普利亚姆（Ron Pulliam）在一篇文章中首次探讨了这个问题。参见 *American Naturalist* 132 (1988): 652–661。

2. 丹·詹曾提出，有些细菌会发出难闻的气味，不是因为代谢废物，而是为了让人退避三舍。他认为细菌让食物发臭，是为了它们自己能安静地享用。有时候，我觉得飞机上坐我旁边的乘客也是这样操作的。参见 D. H. Janzen, "Why Fruits Rot, Seeds Mold, and Meat Spoils," *American Naturalist* 111, no. 980 (1977): 691–713。

3. 究竟哪些味道会让人觉得恶心，是由人类文化和演化进程决定。文化影响了我们对特定味道的看法（比如对鱼露的看法），而演化则决定了气味在大脑中所触发的信号会不会被解读成难闻的味道。值得一提的是，这种对气味的感知因物种而异。令人作呕的"瘴气"会引起屎壳郎或土耳其秃鹫完全相反的反应，会吸引它们。

4. 严格说来，家中生物的情况并非如此。不过，当所有人都从同一口井中取水时，城市的生态状况也会反映在家家户户当中。

5. 有些霍乱疫情会平息下来的原因之一是病毒（噬菌体）会攻击霍乱弧菌。随着霍乱弧菌数量增多，噬菌体也会增多，它们大量自我复制，直到许多霍乱弧菌被杀死，而噬菌体也随之死亡，之后霍乱弧菌又开始重新繁殖。恒河水中霍乱弧菌和噬菌体数量呈现出季节性消长，霍乱病例也是如此。参见 S. Mookerjee, A. Jaiswal, P. Batabyal, M. H. Einsporn, R. J. Lara, B. Sarkar, S. B. Neogi, and A. Palit, "Seasonal Dynamics of Vibrio cholerae and Its Phages in Riverine Ecosystem of Gangetic West Bengal: Cholera Paradigm," *Environmental Monitoring and Assessment* 186, no. 10 (2014): 6241–6250。

6. 由于每年仍有数百万人死于霍乱，因此让人们都能使用这些系统成为我们面临的挑战。问题不再是找出病因，也不是阻止疾病的发生，而是让人们不再为这种疾病所困，都能有干净的饮用水喝。问题也不再是预防由瘴气引发的神秘疾病，而是要解决全球发展不平衡和地缘政治的难题。

7. I. Hanski, Messages from Islands: A Global Biodiversity Tour (Chicago:University of Chicago Press, 2016).

8. 我有一种预感，哈赫泰拉在这篇论文中只引用了23篇文献，其中有2篇是汉斯基写的。参见 T. Haahtela, "Allergy Is Rare Where Butterflies Flourish in a Biodiverse Environment," *Allergy* 64, no. 12 (2009): 1799–1803。

9. United Nations, World Urbanization Prospects: The 2014 Revision.Highlights (New York: United Nations, 2014), https://esa.un.org/unpd/wup/publications/files/wup2014-highlights.pdf.

10. E. O. Wilson, Biophilia (Cambridge, MA: Harvard University Press,1984).

11. 文章中的引用文献和讨论部分也可参见 M. R. Marselle, K. N.Irvine, A. Lorenzo-Arribas, and S. L. Warber, "Does Perceived Restorativeness Mediate the Effects of Perceived Biodiversity and Perceived Naturalness on Emotional Well-Being Following Group Walks in Nature?" *Journal of Environmental Psychology* 46 (2016): 217–232。

12. R. Louv, *Last Child in the Woods: Saving Our Children from NatureDeficit Disorder* (Chapel Hill, NC: Algonquin Books, 2008).

13. D. P. Strachan, "Hay Fever, Hygiene, and Household Size," *BMJ* 299,no. 6710

(1989): 1259.

14. L. Ruokolainen, L. Paalanen, A. Karkman, T. Laatikainen, L. Hertzen,T. Vlasoff, O. Markelova, et al., "Significant Disparities in Allergy Prevalence and Microbiota between the Young People in Finnish and Russian Karelia," *Clinical and Experimental Allergy* 47, no. 5 (2017): 665–674.

15. L. von Hertzen, I. Hanski, and T. Haahtela, "Natural Immunity," *EMBO Reports* 12, no. 11 (2011): 1089–1093.

16. 尽管这个项目一开始很顺利,但团队最终还是解散了。詹曾只能在经费不足,只有几个忠实朋友帮忙的情况下继续田野调查和分类工作。参见 J. Kaiser, "Unique, All-Taxa Survey in Costa Rica 'Self-Destructs,'" *Science* 276,no. 5314 (1997): 893. Needless to say, it isn't done. It may well never be done。

17. 比如,罗利市的研究项目就是一个艰巨的任务,要涵盖成百上千的多细胞生物,这还不算细菌。

18. I. Hanski, L. von Hertzen, N. Fyhrquist, K. Koskinen, K. Torppa,T. Laatikainen, P. Karisola, et al., "Environmental Biodiversity, Human Microbiota, and Allergy Are Interrelated," *Proceedings of the National Academy of Sciences* 109, no. 21 (2012): 8334–8339.

19. H. F. Retailliau, A. W. Hightower, R. E. Dixon, and J. R. Allen. "*Acinetobacter calcoaceticus*: A Nosocomial Pathogen with an Unusual Seasonal Pattern," *Journal of Infectious Diseases* 139, no. 3 (1979): 371–375.

20. N. Fyhrquist, L. Ruokolainen, A. Suomalainen, S. Lehtimäki, V. Veckman, J. Vendelin, P. Karisola, et al., "Acinetobacter Species in the Skin Microbiota Protect against Allergic Sensitization and Inflammation," *Journal of Allergy and Clinical Immunology* 134, no. 6 (2014): 1301–130.

21. Fyhrquist et al., "Acinetobacter Species in the Skin Microbiota," 1301–1309.

22. Ruokolainen et al., "Significant Disparities in Allergy Prevalence and Microbiota," 665–674.

23. Fyhrquist et al., "*Acinetobacter* Species in the Skin Microbiota," 1301–1309.

24. L. von Hertzen, "Plant Microbiota: Implications for Human Health," *British Journal of Nutrition* 114, no. 9 (2015): 1531–1532.

25. 我们现在对此还缺乏了解,答案可能非常复杂。梅根也研究了纳米比亚辛巴族人和美国人家中 γ-变形菌纲细菌的差异。汉斯基和同事预测辛巴族人家中 γ-变形菌纲细菌会比美国房屋中的更多,他们的房子用泥巴和牛粪做成,立在灌木丛中,而梅根观察到的情况恰恰相反。要是事情很简单,我们应该早就弄清楚了。

26. M. M. Stein, C. L. Hrusch, J. Gozdz, C. Igartua, V. Pivniouk, S. E. Murray, J. G. Ledford, et al., "Innate Immunity and Asthma Risk in Amish and Hutterite

Farm Children," *New England Journal of Medicine* 375, no. 5 (2016):411–421.

27. T. Haahtela, T. Laatikainen, H. Alenius, P. Auvinen, N. Fyhrquist, I. Hanski, L. Hertzen, et al., "Hunt for the Origin of Allergy—Comparing the Finnish and Russian Karelia," *Clinical and Experimental Allergy* 45, no. 5(2015): 891–901.

## 第五章　沐浴生命

1. J. Leja, "Rembrandt's 'Woman Bathing in a Stream,'" *Simiolus: Netherlands Quarterly for the History of Art* 24, no. 4 (1996): 321–327.

2. 尽管我和诺亚都想不起来了，但这实际上（看邮件的时候发现的）是我们第二次谈起要研究淋浴喷头。第一次的讨论毫无成果，我们的邮件往来就这样中断了。诺亚的这封邮件似乎唤醒了我们当初的热情。

3. 丹麦的水里含有的所有无脊椎动物包括：种虾、扁虫、剑水蚤、水丝蚓、毛足虫、片脚类动物、蛔虫等。参见 S. C. B. Christensen, "*Asellus aquaticus* and Other Invertebrates in Drinking Water Distribution Systems" (PhD diss., Technical University of Denmark, 2011)。又见 S. C. B. Christensen, E. Nissen, E. Arvin, and H. J. Albrechtsen, "Distribution of *Asellus aquaticus* and Microinvertebrates in a Non-chlorinated Drinking Water Supply System—Effects of Pipe Material and Sedimentation," *Water Research* 45, no. 10 (2011):3215–3224。

4. 这是卡洛斯·戈勒（Carlos Goller）和北卡州立大学学生们的研究发现。卡洛斯目前正忙着在不同的水龙头中寻找这些奇特的细菌。他请求上千名大学生为研究提供帮助，一探自家中的水龙头，看看能不能发现新的细菌。他们不光发现了酸食菌，还有许多比如代尔夫特菌，其中相当多的细菌之前从未发现过。

5. 和牙齿上的牙菌斑差不多。

6. 生物膜有助于微生物附着在表面，保护它们免受人类活动等所带来的日常威胁。例如，杀灭生物膜中的细菌所需要的杀菌剂浓度是杀灭浮游细菌的上千倍。参见 P. Araujo, M. Lemos, F. Mergulhão, L. Melo, and M. Simoes, "Antimicrobial Resistance to Disinfectants in Biofilms," in *Science against Microbial Pathogens: Communicating Current Research and Technological Advance*s, ed. A. Mendez-Vilas, 826–834 (Badajoz: Formatex, 2011)。

7. L. G. Wilson, "Commentary: Medicine, Population, and Tuberculosis," *International Journal of Epidemiology* 34, no. 3 (2004): 521–524.

8. K. I. Bos, K. M. Harkins, A. Herbig, M. Coscolla, N. Weber, I. Comas,S. A. Forrest, J. M. Bryant, S. R. Harris, V. J. Schuenemann, and T. J Campbell, "Pre-Columbian Mycobacterial Genomes Reveal Seals as a Source of New World Human Tuberculosis," *Nature* 514, no. 7523 (2014): 494–497。又可见 see S.

Rodriguez-Campos, N. H. Smith, M. B. Boniotti, and A. Aranaz, "Overview and Phylogeny of *Mycobacterium tuberculosis* Complex Organisms: Implications for Diagnostics and Legislation of Bovine Tuberculosis," *Research in Veterinary Science* 97 (2014): S5–S19。

9．W. Hoefsloot, J. Van Ingen, C. Andrejak, K. Ängeby, R. Bauriaud,P. Bemer, N. Beylis, et al., "The Geographic Diversity of Nontuberculous Mycobacteria Isolated from Pulmonary Samples: An NTM-NET Collaborative Study," *European Respiratory Journal* 42, no. 6 (2013): 1604–1613.

10．J. R. Honda, N. A. Hasan, R. M. Davidson, M. D. Williams, L. E. Epperson, P. R. Reynolds, and E. D. Chan, "Environmental Nontuberculous Mycobacteria in the Hawaiian Islands," *PLoS Neglected Tropical Diseases* 10,no. 10 (2016): e0005068. 也可参见一项喷头微生物的早期研究，L. M. Feazel, L. K. Baumgartner, K. L. Peterson, D. N. Frank, J. K. Harris, and N. R. Pace, "Opportunistic Pathogens Enriched in Showerhead Biofilms," *Proceedings of the National Academy of Sciences* 106, no. 38 (2009):16393–16399。

11．我指的是我给实验室的劳伦·尼科尔斯发了封邮件，让她来做这件事。劳伦把这封邮件转给了利·谢尔。她俩最后把邮件转给了朱莉·希尔德（Julie Sheard，丹麦团队的研究生）。

12．到第 10 次的时候，他想让我给他的尿道微生物取样，被我拒绝了。

13．大致而言，水越适合生物生长，里面的生物种类就越少。流动的冷水中生物种类最多，其次是流动的热水，再然后是死水，最后是生物膜，生物膜中的生物种类最少，参见 C. R. Proctor, M. Reimann, B. Vriens, and F. Hammes, "Biofilms in Shower Hoses," *Water Research* 131 (2018): 274–286, 图 4b。

14．现代的大学是由一个个学院组成的（比如我所在的大学就有人文科学学院与农业和生命科学学院，以及许多其他学院）。每个学院都有院长，就像每个系都有系主任。不过院长并不单独行使职责，还有副院长，而副院长还有助理院长。有些地方助理院长甚至还有助理，就像小跳蚤身上还有更小的跳蚤一样。

15．E. Ludes and J. R. Anderson, "'Peat-Bathing' by Captive White-Faced Capuchin Monkeys (Cebus capucinus)," *Folia Primatologica* 65, no. 1 (1995):38–42.

16．P. Zhang, K. Watanabe, and T. Eishi, "Habitual Hot Spring Bathing by a Group of Japanese Macaques (Macaca fuscata) in Their Natural Habitat," *American Journal of Primatology* 69, no. 12 (2007): 1425–1430.

17．在我和亚尔马·屈尔（Hjalmar Kuehl）谈话基础上得出的结论，他在位于

　　莱比锡的马克斯·普朗克学院工作。他和同事们花了大量时间观察黑猩猩。

18. 相对于洗手和喝干净的水，泡澡或淋浴从某种程度上说与美学和文化的关系更大，至少比与卫生的关系更大。在研究长期太空探索的可能性时，NASA 意识到宇航员们要将一件衣服穿很久。在训练和实际任务中，宇航员们都不得不一连几天、几周坐着不动。宇航服会变得又脏又臭，皮肤上长疖子，皮脂堆积，然后形成厚厚的一层壳。也就是说，如果你洗手和洗身体，就不用经常洗澡或泡澡了，不过你洗澡的次数要比宇航员勤一些，至少要比以前的宇航员勤快。参见 the chapter "Houston, We Have a Fungus" in M. Roach, *Packing for Mars: The Curious Science of Life in the Void* (New York: W. W. Norton, 2011)。

19. 参见 W. A. Fairservis, "The Harappan Civilization: New Evidence and More Theory," *American Museum Novitates*, no. 2055 (1961)。

20. 罗马皇帝康茂德曾经上演了一场不光彩的鸵鸟大战，但从现在眼光来看是很时髦的表演。现场人山人海，鸵鸟被拴了起来，而康茂德赤身裸体。康茂德杀死了鸵鸟，把它的头高举起来向坐在四周的议员展示，观众们报之以热烈的掌声，或者说必须全部鼓掌。其中一位参议员狄奥事后把这称为他人生中最艰难的时刻。他鼓足了勇气才能忍着不笑出声，甚至咬住了头戴的花冠上的一片月桂叶。参见 M. Beard, *Laughter in Ancient Rome: On Joking, Tickling, and Cracking Up* (Oakland: University of California Press, 2014)。

21. G. G. Fagan, "Bathing for Health with Celsus and Pliny the Elder," *Classical Quarterly* 56, no. 1 (2006): 190–207.

22. 在当时的小亚细亚即现在的土耳其附近，考古人员从萨加拉索斯罗马浴场的公共厕所内发现了蛔虫卵以及十二指肠贾第鞭毛虫（*Giardia duodenalis*）存在的证据。

23. 文艺复兴早期，在意大利和北欧，描绘水中裸男的画作开始流行。这些场景让人想起罗马和希腊艺术中的呈现，不过这些画画的几乎都是男人们在游泳而不是洗澡。丢勒的画是一个例外，他画下了自己和三个男性朋友在德国的男浴池洗澡的画面。这种浴池既用来洗澡，又是社交的场所，或许社交的功用和洗澡同样重要，这从他画画前不久纽伦堡市关闭澡堂的政令中能看出来，因为政府担心澡堂会传播梅毒。参见 S. S. Dickey, "Rembrandt's 'Little Swimmers' in Context," in *Midwest Arcadia: Essays in Honor of Alison Kettering* (2015), doi:10.18277/makf.2015.05。

24. 维京人是一个例外。他们大多是残暴的强盗，在军事上的成功仰仗于他们的凶残、武器和快船，但他们也会耕种。这些特征都比较为人熟知（也有许多相关记载）。而人们不太了解的是他们也很爱赶时髦。他们在出发占领修道院之前会漂染头发，还会用碱液洗澡洗衣服。因此，很可能维京人身上、衣服上的生物种类和中世纪其他人（比如英国王后）相比会大不一样，身上的跳蚤也会更少。

25．F. Geels, "Co-evolution of Technology and Society: The Transition in Water Supply and Personal Hygiene in the Netherlands (1850–1930)—a Case Study in Multi-level Perspective," *Technology in Society* 27, no. 3 (2005):363–397.

26．没错，瓶装水中也有细菌，试着接受它们吧。参见 S. C. Edberg, P. Gallo, and C. Kontnick, "Analysis of the Virulence Characteristics of Bacteria Isolated from Bottled, Water Cooler, and Tap Water," *Microbial Ecology in Health and Disease* 9, no. 2 (1996): 67–77. In some studies, bottled water has actually been found to contain a much higher density of bacteria than does tap water. J. A. Lalumandier and L. W. Ayers, "Fluoride and Bacterial Content of Bottled Water vs. Tap Water," Archives of Family Medicine 9, no. 3 (2000): 246。

27．地球上 94% 的液态淡水都是地下水。参见 C. Griebler and M. Avramov, "Groundwater Ecosystem Services: A Review," *Freshwater Science* 34, no. 1 (2014): 355–367。

28．生物种类丰富多样的地下蓄水层中病毒生存概率也不大（有些原生生物甚至能使病毒裂解，让病毒的氨基酸分子为己所用）。

29．想详细了解地下蓄水层中病原体无法存活的原因，可参见 J. Feichtmayer, L. Deng, and C. Griebler, "Antagonistic Microbial Interactions: Contributions and Potential Applications for Controlling Pathogens in the Aquatic Systems," *Frontiers in Microbiology* 8 (2017)。

30．在越来越多的城市里（在气候越发干旱的未来会更多），会有水处理厂处理污水，并且通过一系列生态和化学方法将污水转化为可用的自来水。

31．F. Rosario-Ortiz, J. Rose, V. Speight, U. Von Gunten, and J. Schnoor, "How Do You Like Your Tap Water?" *Science* 351, no. 6276 (2016): 912–914.

32．我们在实验室曾经讨论过，我们可以做一个测试，看看这些因素当中哪个对水的口感影响最大（甚至哪些微生物会给水带来特殊的味道）。我们还没有做测试，不过你可以自己测一下。下次喝水的时候，静静地品一品，看看水尝起来是不是"在水管中滞留过久"或带着"甲壳动物带来的淡淡甜味"。

33．L. M. Feazel, L. K. Baumgartner, K. L. Peterson, D. N. Frank, J. L. Harris, and N. R. Pace, "Opportunistic Pathogens Enriched in Showerhead Biofilms," *Proceedings of the National Academy of Sciences* 106, no. 38 (2009):16393–16399.

34．S. O. Reber, P. H. Siebler, N.C. Donner, J. T. Morton, D. G. Smith,J. M. Kopelman, K. R. Lowe, et al., "Immunization with a Heat-Killed Preparation of the Environmental Bacterium Mycobacterium vaccae Promotes Stress Resilience in Mice," *Proceedings of the National Academy of Sciences* 113, no.22 (2016): E3130-E3139.

## 第六章　真菌吃了你的房子

1. S. Nash, "The Plight of Systematists: Are They an Endangered Species?" October 16, 1989, https://www.the-scientist.com/?articles.view/articleNo/10690/title/ The-Plight-Of-Systematists—Are-They-An-EndangeredSpecies-/. 也可参见最近的一些类似研究，如 L. W. Drew, "Are We Losing the Science of Taxonomy? As Need Grows, Numbers and Training Are Failing to Keep Up," *BioScience* 61, no. 12 (2011): 942-946。

2. 分析这些数据是一项艰巨的任务，需要参与者有耐心、会编码、有远见、不急不躁。阿尔贝·巴伯（Albert Barberán）承担了这个任务，他现在在亚利桑那州立大学任教，参见 A. Barberán, R. R. Dunn, B. J. Reich, K. Pacifici, E. B. Laber, H. L. Menninger, J. M. Morton, et al., "The Ecology of Microscopic Life in Household Dust," *Proceedings of the Royal Society B: Biological Sciences* 282, no. 1814 (2015): 20151139。也可参见 A. Barberán, J. Ladau, J. W. Leff, K. S. Pollard, H. L. Menninger, R. R. Dunn, and N. Fierer, "Continental-Scale Distributions of Dust-Associated Bacteria and Fungi," Proceedings of the National Academy of Sciences 112, no. 18 (2015): 5756-5761. 后来我们不光研究了真菌，还研究了包括苔藓在内和真菌有重要共生关系的生物，参见 E. A. Tripp, J. C. Lendemer, A. Barberán, R. R. Dunn, and N. Fierer, "Biodiversity Gradients in Obligate Symbiotic Organisms: Exploring the Diversity and Traits of Lichen Propagules across the United States," *Journal of Biogeography* 43, no. 8 (2016): 1667-1678。

3. 因为我们团队里没有真菌学家，所以就算我们能培养出新的真菌，也不能给它命名。比吉特那样有学识的人才可以，而这样的人往往非常忙。

4. V. A. Robert and A. Casadevall, "Vertebrate Endothermy Restricts Most Fungi as Potential Pathogens," *Journal of Infectious Diseases* 200, no. 10 (2009):1623-1626.

5. 我们在房屋中发现了真菌的 DNA 片段，而这些真菌很可能已经死了。它们从外面飘散进来，落在某个地方，因为不能适应厨房和卧室里的恶劣环境而死掉了。这些真菌不可能繁殖，不能再生成致病的化合物和代谢产物。它们不会再产生过敏原，就像幽灵一样，我们还可以检测到它们，它们却不会再影响人。室内的另外一些真菌是以休眠孢子形式飘浮着的，条件适宜时就开始生长，只要有食物或适当的水分就可以。

6．N. S. Grantham, B. J. Reich, K. Pacifici, E. B. Laber, H. L. Menninger, J. B. Henley, A. Barberán, J. W. Leff, N. Fierer, and R. R. Dunn, "Fungi Identify the Geographic Origin of Dust Samples," PLoS One 10, no. 4 (2015):e0122605.

7．这个看似简单的论断也不是绝对的。一项俄罗斯研究发现，空间站外（没错，外部）部发现了常见于家中的真菌和人皮肤表面的细菌，它们存活了至少3个月。参见 V. M. Baranov, N. D. Novikova, N. A. Polikarpov, V. N. Sychev, M. A. Levinskikh, V. R. Alekseev, T. Okuda, M. Sugimoto,O. A. Gusev, and A. I. Grigor'ev, "The Biorisk Experiment: 13-Month Exposure of Resting Forms of Organism on the Outer Side of the Russian Segment of the International Space Station: Preliminary Results," *Doklady Biological Sciences* 426, no. 1 (2009): 267–270. MAIK Nauka/Interperiodica。

8．举个例子，人们没有在嗜热细菌所需要的高温条件下去培养它。采样时也没有考虑那些由于其他原因难以培养甚至无法培养的细菌和真菌，并且没有用合适的方式来采样。

9．而且，米尔号上真菌的生长速度是地球上的4倍，原因仍是个谜。参见 N. D. Novikova, "Review of the Knowledge of Microbial Contamination of the Russian Manned Spacecraft," *Microbial Ecology* 47, no. 2 (2004): 127–132。这些真菌的生长还呈现出周期性，至于为什么会这样（在空间站不可能受季节的影响）还有待研究。诺维科娃（Novikova）认为，周期性和空间站的辐射水平有关，更深层的原因还不清楚。

10．O. Makarov, "Combatting Fungi in Space," *Popular Mechanics*, January 1, 2016, 42–46.

11．Novikova, "Review of the Knowledge of Microbial Contamination of the Russian Manned Spacecraft," 127–132.

12．T. A. Alekhova, N. A. Zagustina, A. V. Aleksandrova, T. Y. Novozhilova, A. V. Borisov, and A. D. Plotnikov, "Monitoring of Initial Stages of the Biodamage of Construction Materials Used in Aerospace Equipment Using Electron Microscopy," *Journal of Surface Investigation: Xray, Synchrotron and Neutron Techniques* 1, no. 4 (2007): 411–416.

13．在米尔号上还发现了葡萄贵腐菌（*Botrytis*），这是一种会导致葡萄病害的霉菌，可能是藏在红酒中而被带上空间站的。

14．它和另一种浴室中常见的粉色细菌黏质沙雷菌（*Serratia marcesens*）不同，后者通常长在马桶这种总是湿漉漉的地方。人们在米尔号上也发现了沙雷菌，这两种菌的颜色都来自菌体生成的有防紫外线作用的化合物。红酵母还能吸收空气中的氮，因此它能在看似不可能的地方生长。

15．N. Novikova, P. De Boever, S. Poddubko, E. Deshevaya, N. Polikarpov,N.

Rakova, I. Coninx, and M. Mergeay, "Survey of Environmental Biocontamination on Board the International Space Station," *Research in Microbiology* 157, no. 1 (2016): 5–12.

16. 这当中含有 3 种不同的念珠菌、隐球菌、青霉菌和酿酒酵母。在人多的房子里更常见的微生物还包括胶红酵母和头孢菌，都能在生存压力更大的环境下生长，比如经常打扫的浴室里。

17. 空调中还发现了其他真菌，包括和木材腐烂有关的白腐菌，不过两者之间联系的机制还需进一步研究。

18. 空调用得越多，里面聚集的真菌就越多。为了避免真菌通过空调播散到整个房间里，可以用吸尘器吸滤网或者肥皂清洗滤网。另外，因为真菌在开机的头 10 分钟里最容易播散，有科学家建议开机的时候把窗户打开。其实你也可以不开空调，把窗户敞开，这样可以让多种多样的环境细菌飘进室内。N. Hamada and T. Fujita, "Effect of Air-Conditioner on Fungal Contamination," *Atmospheric Environment* 36, no. 35 (2002): 5443–5448。

19. 我说"就我所知"的原因，是科学家会在空间站上开展科学实验，有些可能会涉及纤维素和木质素。在我的实验室做博士后期间，克林特·佩尼克（Clint Penick）和埃莉诺·斯派塞·赖斯一起合作采集人行道上的蚂蚁，这些蚂蚁随后被送到空间站上培养。它们可能携带了许多北卡当地的真菌和细菌，其中一些就能分解纤维素和木质素。

20. 实际上，灰尘中没有这种真菌的原因可能有很多。或许是因为它在房子里真的很少，或者和测序的细节有关。不过后来证明这都不是真正的原因。

21. 她发现了毛壳菌、青霉菌、毛霉菌和曲霉菌菌属的真菌。

22. 人们不仅在房屋中发现了毛霉菌，在黄蜂巢中也发现了它的踪迹，这表明真菌与房屋（包括巢穴））的关系，比人类本身的历史更古老，可以追溯到几千万年前蜂巢刚出现的时候。参见 A. A. Madden, A. M. Stchigel, J. Guarro, D. Sutton, and P. T. Starks, "Mucor nidicola sp. nov., a Fungal Species Isolated from an Invasive Paper Wasp Nest," International Journal of Systematic and Evolutionary Microbiology 62, no. 7 (2012): 1710–1714. 如果想了解蜂巢构造的演化过程，可以参见下面这篇精彩的论文，"The Adaptiveness of Social Wasp Nest Architecture," *Quarterly Review of Biology* 50, no. 3 (1975): 267–287。

23. 米尔号的表面有毛壳菌，但是空气中没有。青霉菌则到处都是（80% 的样本中都有）。1%—2% 的样本中有毛霉菌。40% 来自表面的样本和 76.6% 的空气样本中含有曲霉菌。

24. P. F. E. W. Hirsch, F. E. W. Eckhardt, and R. J. Palmer Jr., "Fungi Active in Weathering of Rock and Stone Monuments," *Canadian Journal of Botany* 73,

no. S1 (1995): 1384–1390.

25. 大部分的白蚁不能分解木质素，不过它们的肠道里生活着许多能分解木质素的细菌和原生生物，从而解决了这个问题。在自然界中，白蚁和肠道微生物是森林和草原不可分割的一部分。白蚁加快了分解的过程，使树木生长更快，草更茂盛，维持生态系统的健康和良好运作。但是在建造房屋时，我们却想阻止这个分解过程，让房屋寿命尽可能长久，这就和我们想要在吃之前好好保存食物一样。

26. 其中就有 *Arthrinium phaeosperum*，空间站和米尔号上几乎都没有这些真菌，空间站上没有什么木制品，所以这并不奇怪。

27. H. Kauserud, H. Knudsen, N. Högberg, and I. Skrede, "Evolutionary Origin, Worldwide Dispersal, and Population Genetics of the Dry Rot Fungus Serpula lacrymans," *Fungal Biology Reviews* 26, nos. 2–3 (2012): 84–93.

28. 其中有青霉菌、毛壳菌和细基格孢属。

29. R. I. Adams, M. Miletto, J. W. Taylor, and T. D. Bruns, "Dispersal in Microbes: Fungi in Indoor Air Are Dominated by Outdoor Air and Show Dispersal Limitation at Short Distances," *ISME Journal* 7, no. 7 (2013):1262–1273.

30. D. L. Price and D. G. Ahearn, "Sanitation of Wallboard Colonized with Stachybotrys chartarum," *Current Microbiology* 39, no. 1 (1999): 21–26.

31. 人们也读过蒂龙·海耶斯（Tyrone Hayes）之类的故事。在研究除草剂对动物的影响时，他发现除草剂对动物有害。据瑞秋·阿维夫（Rachel Aviv）在《纽约客》上的一篇文章所写，"生产厂家开始找他的麻烦"。（"A Valuable Reputation," February10, 2014, www.newyorker.com/magazine/2014/02/10/a-valuable-reputation.）

32. 比吉特为毛壳菌所着迷。就像她在一封邮件中写的，毛壳菌围绕在她身边。她寄给我一张读小学时的照片，当时她还是个小女孩。照片上画了一个箭头，不过箭头指的不是她本人，而是在相纸上生长的高大毛壳菌（*chaetomium elatum*）。

33. 有趣的是，在国际空间站上甚至真菌更多的米尔号上都没有发现这些种类的真菌。

34. M. Nikulin, K. Reijula, B. B. Jarvis, and E.-L. Hintikka, "Experimental Lung Mycotoxicosis in Mice Induced by Stachybotrys atra," *International Journal of Experimental Pathology* 77, no. 5 (1996): 213–218.

35. I. Došen, B. Andersen, C. B. W. Phippen, G. Clausen, and K. F. Nielsen, "Stachybotrys Mycotoxins: From Culture Extracts to Dust Samples," *Analytical and Bioanalytical Chemistry* 408, no. 20 (2016): 5513–5526.

36. 比吉特研究发现了样本中含有链格孢菌（*Alternaria alternate*）、烟曲霉

(aspergillus Fumigates)、草本枝孢菌（cladosporium herbarum）等真菌，空间站中也有这些真菌。它们往往与过敏有关。

37. A. Nevalainen, M. Täubel, and A. Hyvärinen, "Indoor Fungi: Companions and Contaminants," *Indoor Air* 25, no. 2 (2015): 125–156.

38. C. M. Kercsmar, D. G. Dearborn, M. Schluchter, L. Xue, H. L. Kirchner, J. Sobolewski, S. J. Greenberg, S. J. Vesper, and T. Allan, "Reduction in Asthma Morbidity in Children as a Result of Home Remediation Aimed at Moisture Sources," *Environmental Health Perspectives* 114, no. 10 (2006): 1574.

## 第七章　远视眼的生态学家

1. 不过，熊伤人很可能仅仅是为了自卫。最新研究表明，洞熊主要以食草为生。不过从和熊的体型相差甚远的人的角度来说，一头被惹怒的、困在洞里的熊，不管是吃草吃肉，都是巨大的威胁，那可是头熊啊。

2. 如果说北美穴蟋螽（也叫驼螽 /camel cricket）是为了纪念指引那些男孩进洞探险的弗朗索瓦·卡梅尔（Francois Camel）而命名，倒是个不错的故事。我也希望相信这种解释。不过，事实上，它们被称为"驼螽"是因为它们的脊背是拱着的，就像骆驼的驼峰。

3. 现在，法国的比利牛斯地区已经没有北美穴蟋螽了，这引出了一个问题：画下这些穴蟋螽的人类祖先是在哪儿看到它们的呢？可能比利牛斯地区以前有过穴蟋螽，但是后来消失了，不过这种可能性不大。当时法国的岩洞肯定比现在要冷得多，现代驼螽在法国并没有分布，只有更南的地区才有。另一种可能是创作者在某个南方洞穴里看见了驼螽，凭着印象画了下来。还有可能是他在其他的地方完成了这幅作品，然后带到了这儿。

4. S. Hubbell, *Broadsides from the Other Orders* (New York: Random House, 1994).

5. 捕食者和被吃者的关系可能会既复杂又荒唐。以金线虫为例，它能控制穴螽的身体和意识。参见 T. Sato, M. Arizono, R. Sone, and Y. Harada, "Parasite-Mediated Allochthonous Input: Do Hairworms Enhance Subsidized Predation of Stream Salmonids on Crickets?" *Canadian Journal* of *Zoology* 86, no. 3 (2008): 231–235。也可参见：Y. Saito, I. Inoue, F. Hayashi, and H. Itagaki, "A Hairworm, Gordius sp., Vomited by a Domestic Cat," *Nihon Juigaku Zasshi: The Japanese Journal of Veterinary Science* 49, no. 6 (1987): 1035–1037。

6. 就像一封推荐信里写的，她还是位优秀的小提琴手。你可以在网站上听到她的演奏。https://youtu.be/aVXG5koU9G4。

7. 研究团队像游行队伍一样浩浩荡荡进入人们家中，这可是有先例的。分类学之父林奈曾经给许多家中常见的节肢动物命名，他每次短途旅行的时候，前面真有乐队开道。乐队行进时敲的鼓还被保存到现在。参见 B. Jonsell,

"Daniel Solander—the Perfect Linnaean; His Years in Sweden and Relations with Linnaeus," *Archives of Natural History* 11, no. 3 (1984):443–450。

8. 昆虫学家花了大量时间观察昆虫的生殖器。这种习惯以及他们表达爱意和欣赏的独特方式，可能会造成一些奇怪的状况。最近昆虫学家们以我好友丹·辛贝洛夫（Dan Simberloff）的名字来给金丝燕身上新发现的一种虱子命名。这自然让他受宠若惊，不过你也要知道，这种虱子（*Dennyus simberloffi*）的最大特征是超小的生殖器、十分宽大的脑门和肛门。参见 D. Clayton, R. Price, and R. Page, "Revision of Dennyus (*Collodennyus*) Lice (*Phthiraptera: Menoponidae*) from Swiftlets, with Descriptions of New Taxa and a Comparison of Host-Parasite Relationships," *Systematic Entomology* 21, no. 3 (1996): 179–204。

9. 要是昆虫学家有来世话，可能会被养在一个罐子里，等忙碌的上帝过来检查他们的状况，看要不要把他们用大头针钉住制成标本。

10. A. A. Madden, A. Barberán, M. A. Bertone, H. L. Menninger, R. R. Dunn, and N. Fierer, "The Diversity of Arthropods in Homes across the United States as Determined by Environmental DNA Analyses," *Molecular Ecology 25*, no. 24 (2016): 6214–6224.

11. 黄蜂和蚜虫的这种关系，最早是列文虎克在自家门外的蚜虫身上观察到的，参见 F. N. Egerton, "A History of the Ecological Sciences, Part 19: Leeuwenhoek's Microscopic Natural History," *Bulletin of the Ecological Society of America* 87 (2006):47–58。

12. 参见这几篇论文：E. Panagiotakopulu, "New Records for Ancient Pests: Archaeoentomology in Egypt," *Journal of Archaeological Science* 28, no. 11 (2001): 1235–1246; E. Panagiotakopulu, "Hitchhiking across the North Atlantic—Insect Immigrants, Origins, Introductions and Extinctions," *Quaternary International* 341 (2014): 59–68; E. Panagiotakopulu, P. C. Buckland, and B. J. Kemp, "Underneath Ranefer's Floors—Urban Environments on the Desert Edge," *Journal of Archaeological Science* 37, no. 3 (2010): 474–481; E. Panagiotakopulu and P. C. Buckland, "Early Invaders: Farmers, the Granary Weevil and Other Uninvited Guests in the Neolithic," *Biological Invasions* 20, no. 1 (2018): 219–233。

13. A. Bain, "A Seventeenth-Century Beetle Fauna from Colonial Boston," *Historical Archaeology* 32, no. 3 (1998): 38–48.

14. E. Panagiotakopulu, "Pharaonic Egypt and the Origins of Plague," *Journal of Biogeography* 31, no. 2 (2004): 269–275.

15. 关于这个故事，更多细节请参见 J. B. Johnson and K. S. Hagen, "A Neuropterous

Larva Uses an Allomone to Attack Termites," *Nature* 289 (5797): 506。

16. E. A. Hartop, B. V. Brown, R. Henry, and L. Disney, "Opportunity in Our Ignorance: Urban Biodiversity Study Reveals 30 New Species and One New Nearctic Record for Megaselia (Diptera: Phoridae) in Los Angeles (California, USA)," *Zootaxa* 3941, no. 4 (2015): 451–484.

17. E. A. Hartop, B. V. Brown, R. Henry, and L. Disney, "Flies from LA, the Sequel: A Further Twelve New Species of Megaselia (Diptera: Phoridae) from the BioSCAN Project in Los Angeles (California, USA)," Biodiversity Data Journal 4 (2016).

18. J. A. Feinberg, C. E. Newman, G. J. Watkins-Colwell, M. D. Schlesinger, B. Zarate, B. R. Curry, H. B. Shaffer, and J. Burger, "Cryptic Diversity in Metropolis: Confirmation of a New Leopard Frog Species (Anura: Ranidae) from New York City and Surrounding Atlantic Coast Regions," *PLoS One* 9, no. 10 (2014): e108213; J. Gibbs, "Revision of the Metallic Lasioglossum (Dialictus) of Eastern North America (Hymenoptera: Halictidae: Halictini)," *Zootaxa* 3073 (2011): 1–216; D. Foddai, L. Bonato,L. A. Pereira, and A. Minelli, "Phylogeny and Systematics of the Arrupinae (Chilopoda Geophilomorpha Mecistocephalidae) with the Description of a New Dwarfed Species," *Journal of Natural History* 37 (2003): 1247—1267,https://doi.org/10.1080/00222930210121672.

19. Y. Ang, G. Rajaratnam, K. F. Y. Su, and R. Meier, "Hidden in the Urban Parks of New York City: Themira lohmanus, a New Species of Sepsidae Described Based on Morphology, DNA Sequences, Mating Behavior, and Reproductive Isolation (Sepsidae, Diptera)," *ZooKeys* 698 (2017): 95.

20. 参见 H. W. Greene, *Tracks and Shadows: Field Biology as Art* (Berkeley: University of California Press, 2013)。

21. 参见 I. Kant, *Critique of Judgment.* 1790, trans. W. S. Pluhar (Indianapolis: Hackett 212, 1987)。

## 第八章    那些有用的虫子

1. 这些住在洞穴里的小生物的另一个特点是，可以在没有食物的情况下存活很久。一个人种志研究学者发现祖鲁人居住的房子里有很多衣鱼（蠹虫，一种缨尾目的昆虫，我们在罗利市也发现了许多）。出于好奇，他用酒杯捉了一只衣鱼，除了杯子下面的一些灰尘，什么吃的也没有，就这样它都能活 3 个月。参见 L. Grout, *ZuluLand; or, Life among the ZuluKafirs of Natal and ZuluLand, South Africa* (London: Trübner & Co., 1860)。

2. A. J. De Jesús, A. R. Olsen, J. R. Bryce, and R. C. Whiting, "Quantitative Contamination and Transfer of Escherichia coli from Foods by Houseflies, Musca domestica L. (Diptera: Muscidae)," *International Journal of Food Microbiology* 93, no. 2 (2004): 259–262. 也可参见 N. Rahuma, K. S. Ghenghesh,R. Ben Aissa, and A. Elamaari, "Carriage by the Housefly (Musca domestica)of Multiple-Antibiotic-Resistant Bacteria That Are Potentially Pathogenic to Humans, in Hospital and Other Urban Environments in Misurata, Libya," *Annals of Tropical Medicine and Parasitology* 99, no. 8 (2005): 795–802。

3. 演化生物学家称之为初级内共生（primary endosymbioses），以区别于次级内共生（secondary endosymbioses），昆虫身上携带的某些细菌属于后者。

4. J. J. Wernegreen, S. N. Kauppinen, S. G. Brady, and P. S. Ward, "One Nutritional Symbiosis Begat Another: Phylogenetic Evidence That the Ant Tribe Camponotini Acquired Blochmannia by Tending Sap-Feeding Insects," *BMC Evolutionary Biology* 9, no. 1 (2009): 292; R. Pais, C. Lohs, Y. Wu,J. Wang, and S. Aksoy, "The Obligate Mutualist Wigglesworthia glossinidia Influences Reproduction, Digestion, and Immunity Processes of Its Host, the Tsetse Fly," *Applied and Environmental Microbiology* 74, no. 19 (2008): 5965–5974. Also see G. A. Carvalho, A. S. Corrêa, L. O. de Oliveira, and R. N. C. Guedes, "Evidence of Horizontal Transmission of Primary and Secondary Endosymbionts between Maize and Rice Weevils (Sitophilus zeamais and Sitophilus oryzae) and the Parasitoid Theocolax elegans," *Journal of Stored Products Research* 59 (2014): 61–65. 也可参见 A. Heddi, H. Charles, C. Khatchadourian, G. Bonnot, and P. Nardon, "Molecular Characterization of the Principal Symbiotic Bacteria of the Weevil Sitophilus oryzae: A Peculiar G+ C Content of an Endocytobiotic DNA," *Journal of Molecular Evolution* 47, no. 1 (1998): 52–61。

5. C. M. Theriot and A. M. Grunden, "Hydrolysis of Organophosphorus Compounds by Microbial Enzymes," *Applied Microbiology and Biotechnology* 89,no. 1 (2011): 35–43.

6. 解葡聚糖类芽孢杆菌（*Paenibacillus glucanolyticus*）SLM1 有这样的能力。斯蒂芬妮和埃米是在北卡罗来纳大学演示用的纸浆处理厂里废旧的黑液存储罐中分离出这种细菌的。没错，大学里的确有演示用的纸浆处理厂。

7. 还有关于大自然总能找到解决方法的信念，尤其是对细菌拥有神奇能力的信念。

8. 无脊椎动物大类中的非节肢动物比如线虫也值得研究。据说，家中的线虫数量非常多，要是你让房子的建筑部分消失，让这些虫子现形，你仍然可以通过它们那弯弯曲曲的身体排列出的形状辨认出房子的轮廓。这也许是真的，不过我们没有找到任何关于房屋中的线虫、节肢动物或其他生物的研究。这些动物就在我们周围，却还没有人盘点过它们，更别说发掘它们的潜在用途了。

9. F. Sabbadin, G. R. Hemsworth, L. Ciano, B. Henrissat, P. Dupree, T. Tryfona, R. D. S. Marques, et al., "An Ancient Family of Lytic Polysaccharide Monooxygenases with Roles in Arthropod Development and Biomass Digestion," Nature Communications 9, no. 1 (2018): 756.

10. T. D. Morgan, P. Baker, K. J. Kramer, H. H. Basibuyuk, and D. L. J. Quicke, "Metals in Mandibles of Stored Product Insects: Do Zinc and Manganese Enhance the Ability of Larvae to Infest Seeds?" Journal of Stored Products Research 39, no. 1 (2003): 65–75.

11. 北卡罗来纳州立大学的科比 · 沙尔和和田胜俣绫子两人已经展开合作，研究昆虫用来清理触角的毛刷。他们发现，木蚁、家蝇和德国小蠊清理过触角后，嗅觉会更灵敏。如果触角很脏，它们会觉得连世界都暗淡无光。参见 K. Böröczky, A. Wada-Katsumata, D. Batchelor, M. Zhukovskaya, and C. Schal, "Insects Groom Their Antennae to Enhance Olfactory Acuity," Proceedings of the National Academy of Sciences 110, no. 9 (2013): 3615–3620。

12. E. L. Zvereva, "Peculiarities of Competitive Interaction between Larvae of the House Fly Musca domestica and Microscopic Fungi," Zoologicheskii Zhurnal 65 (1986): 1517–1525。也可参见 K. Lam, K. Thu, M. Tsang, M. Moore, and G. Gries, "Bacteria on Housefly Eggs, Musca domestica, Suppress Fungal Growth in Chicken Manure through Nutrient Depletion or Antifungal Metabolites," Naturwissenschaften 96 (2009): 1127–1132。

13. D. A. Veal, Jane E. Trimble, and A. J. Beattie, "Antimicrobial Properties of Secretions from the Metapleural Glands of Myrmecia gulosa (the Australian Bull Ant)," Journal of Applied Microbiology 72, no. 3 (1992): 188–194.

14. C. A. Penick, O. Halawani, B. Pearson, S. Mathews, M. M. LópezUribe, R. R. Dunn, and A. A. Smith, "External Immunity in Ant Societies: Sociality and Colony Size Do Not Predict Investment in Antimicrobials," Royal Society Open Science 5, no. 2 (2018): 171332.

15. I. Stefanini, L. Dapporto, J.-L. Legras, A. Calabretta, M. Di Paola, C. De Filippo, R. Viola, et al. "Role of Social Wasps in Saccharomyces cerevisiae Ecology and Evolution," Proceedings of the National Academy of Sciences 109, no. 33 (2012): 13398–13403.

16. 安妮对酵母的了解和倾听、对新品种酵母的探求以及约翰 · 谢泼德（John Sheppard）酿造啤酒的技艺成就了这个项目。想了解更多，可参见 www.

pbs.org/newshour/bb/wing-wasp-scientists-discover-new-beer-making-yeast/。

17. A. Madden, MJ Epps, T. Fukami, R. E. Irwin, J. Sheppard, D. M. Sorger, and R. R. Dunn, "The Ecology of Insect–Yeast Relationships and Its Relevance to Human Industry," *Proceedings of the Royal Society B* 285, no. 1875(2018): 20172733.

18. E. Panagiotakopulu, "Dipterous Remains and Archaeological Interpretation," *Journal of Archaeological Science* 31, no. 12 (2004): 1675–1684.

19. E. Panagiotakopulu, P. C. Buckland, P. M. Day, and C. Doumas, "Natural Insecticides and Insect Repellents in Antiquity: A Review of the Evidence," *Journal of Archaeological Science* 22, no. 5 (1995): 705–710.

## 第九章　蟑螂都是你养的

1. R. E. Heal, R. E. Nash, and M. Williams, "An Insecticide-Resistant Strain of the German Cockroach from Corpus Christi, Texas," *Journal of Economic Entomology* 46, no. 2 (1953).

2. 氟虫腈也是这样。氟虫腈是蟑螂药和一些杀灭跳蚤的喷雾、粉剂或药片中的有效成分。参见 G. L. Holbrook, J. Roebuck, C. B. Moore, M. G. Waldvogel, and C. Schal, "Origin and Extent of Resistance to Fipronil in the German Cockroach, *Blattella germanica* (L.) (Dictyoptera: Blattellidae)," *Journal of Economic Entomology* 96, no. 5 (2003):1548–1558.

3. 这些杀虫剂药性太强，对鸟儿和孩子们的健康都构成威胁（特别是考虑到使用的浓度水平）；蕾切尔·卡逊（Rachel Carson）在《寂静的春天》（*Silent Spring*）中提到的正是这些杀虫剂，但这些杀虫剂还不足以杀死所有的德国小蠊。

4. 没错，研究蟑螂和其他害虫的地方就叫普莱森顿，尽管这个地名含有快乐的意思。在普莱森顿，朱尔斯已经花了三年时间研究猫蚤。在古埃及的阿马纳，人们家中就已经有了猫蚤的踪迹。她发现：猫蚤的幼虫以成虫的粪便为食，还会以周围的细菌为补充，这些细菌增加了粪便的营养。参见 J. Silverman and A. G. Appel, "Adult Cat Flea (Siphonaptera: Pulicidae) Excretion of Host Blood Proteins in Relation to Larval Nutrition," *Journal of Medical Entomology* 31, no. 2 (1993): 265–271。

5. 大部分蟑螂的俗称和我们所知的蟑螂的历史关系不大，比如，美洲蜚蠊实际上可能源于非洲。东方蜚蠊同样来自非洲，它们随着腓尼基人、希腊人甚至整个人类群体四处迁徙。参见 R. Schweid, The Cockroach Papers:A Compendium of History and Lore (Chicago: University of Chicago Press,

2015）。古典研究可参见 J. A. G. Rehn, "Man's Uninvited Fellow Traveler—the Cockroach," *Scientific Monthly* 61 no. 145 (1945): 265–276。

6. 这些种类的习性天差地别，多种野生蟑螂在白天活动。它们通常以森林里的腐叶为食，有些住在蚂蚁和白蚁巢穴中，有些蟑螂甚至能分泌汁液哺育后代，有些能给花授粉。更有甚者，最新研究表明白蚁是蟑螂演化过程中分出的特殊分支，之后白蚁变成了群居动物，白蚁就是是群居的蟑螂。参见 R. R. Dunn, "Respect the Cockroach," BBC Wildlife 27, no. 4 (2009): 60。

7. parthenos 是希腊语中的"处女"的意思，genesis 是"创造"的意思。

8. 苏里南蟑螂在这点上更绝。从没有在野外发现雄性的苏里南蟑螂。在实验室培育的蟑螂种群中，有些雄性会孵化出来，但是它们太虚弱，很快就死了。

9. 当然，德国小蠊会做一些人不会做的坏事，据说它们能吃一切含有淀粉的东西，包括麦片、邮票、窗帘、装订的书脊和浆糊。

10. 和其他种类的蟑螂不同，德国小蠊不善于独居。它们会患上独居综合征，这听起来很像孤独感和对处境的绝望交织在一起。单独喂养的德国小蠊的蜕变和性成熟都会推迟，而且行为也开始变得奇怪，好像不知道怎么做蟑螂似的。它们对普通蟑螂会做的事甚至对蟑螂的交配都不再感兴趣。有许多相关的文献资料，你可以从阅读以下文章入手，参见 M. Lihoreau, L. Brepson, and C. Rivault, "The Weight of the Clan: Even in Insects, Social Isolation Can Induce a Behavioural Syndrome," *Behavioural Processes* 82, no. 1 (2009): 81–84。

11. 在 50 多种小蠊中，有一半生活在亚洲。

12. 可能是和亚洲热带地区早期的农业发展同时发生的，不过也可能要早很多。

13. 最古老的德国小蠊种类实际上来自丹麦，所以我们可以怪丹麦人，不过我猜想，德国小蠊实际抵达欧洲的时间要早得多。

14. 当然，德国小蠊也受到了应有的惩罚。它的学名其实是 *Blattella germanica Linnaeus*。因为是林奈给这种昆虫命名的，所以后面加上了 *Linnaeus*。这种习惯，以及用属名（*Blattella*）和种名（*germanica*）来命名的方式都是林奈发明的。结果，林奈的名字就和德国小蠊捆绑在了一起，还有许多其他室内昆虫包括臭虫（*Cimex lectularis Linnaeus*）、家蝇（*Musca domestica Linnaeus*）、家鼠（*Rattus rattus Linnaeus*）等都是如此。

15. P. J. A. Pugh, "Non indigenous Acari of Antarctica and the Sub Antarctic Islands," Zoological Journal of the Linnaean Society 110, no. 3 (1994):207–217。

16. 户外有哪些种类的蟑螂，主要取决于气候和地理条件。有些蟑螂更能适应热带，有的更喜欢寒带。

17. L. Roth and E. Willis, *The Biotic Association of Cockroaches, Smithsonian*

*Miscellaneous Collections*, vol. 141 (Washington, DC: Smithsonian Institution, 1960)。

18. Qian, "Origin and Spread of the German Cockroach."

19. J. Silverman and D. N. Bieman, "Glucose Aversion in the German Cockroach, Blattella germanica," *Journal of Insect Physiology* 39, no. 11 (1993):925–933。

20. 蟑螂繁殖的速度似乎比在不同楼房间流窜的速度要快，因此一个蟑螂谱系就会独霸一整栋公寓楼，另一个谱系的蟑螂则占领着另一栋。

21. J. Silverman and R. H. Ross, "Behavioral Resistance of Field-Collected German Cockroaches (Blattodea: Blattellidae) to Baits Containing Glucose," *Environmental Entomology* 23, no. 2 (1994): 425–430.

22. 例如，参见 J. Silverman and D. N. Bieman, "High Fructose Insecticide Bait Compositions," *US Patent* No. 5,547,955 (1996)。

23. 参见 S. B. Menke, W. Booth, R. R. Dunn, C. Schal, E. L. Vargo, and J. Silverman, "Is It Easy to Be Urban? Convergent Success in Urban Habitats among Lineages of a Widespread Native Ant," *PLoS One* 5, no. 2 (2010):e9194。

24. 参见 S. Lengyel, A. D. Gove, A. M. Latimer, J. D. Majer, and R. R. Dunn, "Ants Sow the Seeds of Global Diversification in Flowering Plants," *PLoS One* 4, no. 5 (2009): e5480，另见 S. Lengyel, A. D. Gove, A. M. Latimer, J. D. Majer, and R. R. Dunn, "Convergent Evolution of Seed Dispersal by Ants, and Phylogeny and Biogeography in Flowering Plants: A Global Survey," *Perspectives in Plant Ecology, Evolution and Systematics* 12, no. 1 (2010):43–55。关于这一点，有一个和竹节虫有关的奇特例子，参见 L. Hughes and M. Westoby, "Capitula on Stick Insect Eggs and Elaiosomes on Seeds: Convergent Adaptations for Burial by Ants," *Functional Ecology* 6, no.6 (1992): 642–648。

25. 歌德在《浮士德》中刻画了一个魔鬼，他自称"老鼠之王，是苍蝇、臭虫、青蛙和虱子的首领"。除青蛙外，这个称呼倒是很适合现代房屋所打造出的环境。参见 J. W. Goethe, *Faust: A Tragedy*, trans. B. Taylor (Boston: Houghton Mifflin, 1898), 1:86。

26. V. Markó, B. Keresztes, M. T. Fountain, and J. V. Cross, "Prey Availability, Pesticides and the Abundance of Orchard Spider Communities," *Biological Control* 48, no. 2 (2009): 115–124. 另见 L. W. Pisa, V. Amaral-Rogers, L. P. Belzunces, J. M. Bonmatin, C. A. Downs, D. Goulson, D. P. Kreutzweiser,et al., "Effects of Neonicotinoids and Fipronil on Non-target Invertebrates," Environmental Science and Pollution Research 22, no. 1 (2015): 68–102。

27. 人类不是唯一一想到用天敌控制害虫的生物。许多筑巢的动物会从寄居在巢里的其他动物身上获益。有些猫头鹰会抓蛇放到窝里，让它捕捉那些危害雏鸟的昆虫。与之相似，林鼠的窝里常常会发现伪蝎（*Pseudoscorpion*），它们会吃老鼠身上的小虫子。

28. O. F. Raum, *The Social Functions of Avoidances and Taboos among the Zulu*, vol. 6 (Berlin: Walter de Gruyter, 1973). 这一做法随后被南非布尔牧民仿效，史称"牛车大迁徙"（Voortrekkers），他们随荷兰东印度公司抵达南非开普敦地区，然后为表达对英国殖民政府的不满，以"长途跋涉"的方式向北和向东迁徙。

29. J. J. Steyn, "Use of Social Spiders against Gastro-intestinal Infections Spread by House Flies," *South African Medical Journal* 33 (1959).

30. J. Wesley Burgess, "Social spiders." *Scientific American* 234, no. 3 (1976):100–107. This very cool spider appears to use dead flies in its web as a surface and food to farm yeasts, which then, in turn, attract live flies. No one has yet identified or even studied the yeast. W. J. Tietjen, L. R. Ayyagari, and G. W. Uetz, "Symbiosis between Social Spiders and Yeast: The Role in Prey Attraction," *Psyche* 94, nos. 1–2 (1987): 151–158.

31. 群居蜘蛛只生活在特定的地区而且还不一定适合所有人。不过别担心，还有别的种类可以选择。泰国的跳蛛一天可以吃掉 120 只能传播黄热病的伊蚊。参见 R. Weterings, C. Umponstira, and H. L. Buckley, "Predation on Mosquitoes by Common Southeast Asian House-Dwelling Jumping Spiders (Salticidae)," *Arachnology* 16, no.4 (2014): 122–127。肯尼亚有一种住在屋子里的蜘蛛，爱吃能传播疟疾的按蚊，还专吃那些感染了疟原虫（传播疟疾的可能性也更大）的按蚊。参见 R. R. Jackson and F. R. Cross, "Mosquito-Terminator Spiders and the Meaning of Predatory Specialization," *Journal of Arachnology* 43, no. 2 (2015): 123–142. 另见 X. J. Nelson, R. R. Jackson, and G. Sune, "Use of Anopheles-Specific Prey-Capture Behavior by the Small Juveniles of Evarcha culicivora, a Mosquito-Eating Jumping Spider," *Journal of Arachnology* 33, no. 2(2005): 541–548. 另见 X. J. Nelson and R. R. Jackson, "A Predator from East Africa That Chooses Malaria Vectors as Preferred Prey," *PLoS One* 1, no. 1(2006): e132。

32. G. L. Piper, G. W. Frankie, and J. Loehr, "Incidence of Cockroach Egg Parasites in Urban Environments in Texas and Louisiana," *Environmental Entomology* 7, no. 2 (1978): 289–293.

33. A. M. Barbarin, N. E. Jenkins, E. G. Rajotte, and M. B. Thomas, "A Preliminary Evaluation of the Potential of Beauveria bassiana for Bed Bug Control," *Journal of Invertebrate Pathology* 111, no. 1 (2012): 82–85. 有的实验室在研究用其他种类的真菌来控制臭虫或热带臭虫（*Cimex hemipterus*）。Z. Zahran, N. M.

I. M. Nor, H. Dieng, T. Satho,and A. H. A. Majid, "Laboratory Efficacy of Mycoparasitic Fungi (*Aspergillus tubingensis and Trichoderma harzianum*) against Tropical Bed Bugs (*Cimex hemipterus*) (*Hemiptera: Cimicidae*)," *Asian Pacific Journal of Tropical Biomedicine*7, no. 4 (2017): 288–293. 丹麦的科研人员饲养能吃苍蝇蛹的胡蜂，并尝试把它们放飞到奶牛养殖场里，来控制家蝇和厩螯蝇的数量，防止这些苍蝇飞进居民家中。参见 H. Skovgård and G. Nachman, "Biological Control of House Flies Musca domestica and Stable Flies Stomoxys calcitrans (Diptera: Muscidae) by Means of Inundative Releases of Spalangia cameroni (Hymenoptera: Pteromalidae)," *Bulletin of Entomological Research* 94, no. 6 (2004): 555–56。

34. D. R. Nelsen, W. Kelln, and W. K. Hayes, "Poke but Don't Pinch: Risk Assessment and Venom Metering in the Western Black Widow Spider, Latrodectus Hesperus," *Animal Behaviour* 89 (2014): 107–114.

35. 最近一个例子能很好地说明蜘蛛几乎不怎么咬人。在堪萨斯的莱内克萨，人们花 6 个月时间从一栋老房子中清除了 2055 只棕色遁蛛（*Loxosceles reclusa*）。整个过程中没有一起蜘蛛伤人事件，其他有许多棕色遁蛛的房子里也没出现过。几千只蜘蛛，却没有咬人一口。另外，大多数报道的棕色遁蛛咬伤的病例都发生在根本没有这种蜘蛛的地区（说明这些病例不是棕色遁蛛咬伤，甚至不大可能是蜘蛛咬伤）。参见 R. S. Vetter and D. K. Barger, "An Infestation of 2,055 Brown Recluse Spiders (Araneae: Sicariidae) and No Envenomations in a Kansas Home: Implications for Bite Diagnoses in Nonendemic Areas," *Journal of Medical Entomology* 39, no. 6 (2002): 948–951。

36. M. H. Lizée, B. Barascud, J.-P. Cornec, and L. Sreng, "Courtship and Mating Behavior of the Cockroach Oxyhaloa deusta [Thunberg, 1784] (Blaberidae, Oxyhaloinae): Attraction Bioassays and Morphology of the Pheromone Sources," *Journal of Insect Behavior* 30, no. 5 (2017): 1–21.

37. 科比能分辨出这种味道，不过他还不知道怎样大量生成这种分子。要是他成功了，可要离他远点儿，只要他往身上喷一点这种气味，就会像童话故事中的魔笛手一样，后面跟着一大群德国小蠊。

38. A. Wada-Katsumata, J. Silverman, and C. Schal, "Changes in Taste Neurons Support the Emergence of an Adaptive Behavior in Cockroaches," *Science* 340 (2013): 972–975.

39. 人类所设想的种种灾难——核战争甚至最极端的气候变化——都不可能终结生命。就像肖恩·尼 (Sean Nee) 所说，人对地球的破坏，对生物（包括那些与我们密切相关的生物）的生存环境造成的不利影响，总会促进某些不寻常微生物的生长。植被破坏、气候变化、核灾难等，会把人类带回创世之初富含生命的混沌世界，让微生物们重回统治地位。参见 S. Nee, "Extinction, Slime, and Bottoms," *PLoS Biology* 2, no. 8 (2004): e272。

## 第十章  猫主子们都干了什么

1. 如果你有兴趣可以读这篇文章，是吉姆论文的节选 J. A. Danoff-Burg, "Evolving under Myrmecophily: A Cladistic Revision of the Symphilic Beetle Tribe Sceptobiini (Coleoptera: Staphylinidae: Aleocharinae)," *Systematic Entomology* 19, no. 1 (1994): 25–45。

2. 演化生物学家用达尔文的适应理论来判断一种生物对另一种生物的影响，以及决定两种生物是寄生还是共生关系。如果一种生物有利于第二种生物及更多后代的生存，那么它就对这种生物有利。或许这种不含任何道德评判的自然选择经济学，不适合用来判断哪些生物对人有益。或许那些让人心情愉快而不会促进人体健康的生物，在现代人看来也是共生型生物。

3. J. McNicholas, A. Gilbey, A. Rennie, S. Ahmedzai, J.-A. Dono, and E. Ormerod, "Pet Ownership and Human Health: A Brief Review of Evidence and Issues," *BMJ* 331, no. 7527 (2005): 1252–1254.

4. 弓形虫最早是巴斯德研究所的科研人员在突尼斯发现的。他们是在栉趾鼠身上发现的。选择栉趾鼠是因为它们携带了利士曼原虫。研究人员本来找的是利士曼原虫，结果偶然发现了弓形虫。弓形虫拉丁名 *Gundi Toxoplasma* 中的 Gundi 是突尼斯语中的栉趾鼠。*Toxoplasma* 源于希腊语，toxo 是"弯曲"的意思，plasma 是"形状"的意思，用以描绘弓形虫弯曲的形态。弓形虫这一名称包含悠久的历史，从字面上理解就是"栉趾鼠身上弯曲的虫子"。

5. J. Hay, P. P. Aitken, and M. A. Arnott, "The Influence of Congenital Toxoplasma Infection on the Spontaneous Running Activity of Mice," *Zeitschrift für Parasitenkunde* 71, no. 4 (1985): 459–462.

6. 事实上，它几乎能感染所有被研究过的哺乳动物。

7. 它属于顶复门，疟原虫也属于这一门。

8. 想要了解它们顽强的生命力，可以参见 A. Dumètre and M. L. Dardé, "How to Detect Toxoplasma gondii Oocysts in Environmental Samples?" *FEMS Microbiology Review*s 27, no. 5 (2003): 651–661。

9. 弓形虫还不是唯一的，埃米·萨维奇（Amy Savage）带领的研究团队发现垃圾桶里有几百种不寻常的生物，但还没有人研究过。

10. 欧洲每年有 0.1‰—1‰ 的新生儿感染弓形虫。其中又有 1%—2% 的婴儿会出现学习障碍甚至因此夭折，4%—27% 会出现视网膜损害从而导致视力受损。参见A. J. C. Cook, R. Holliman, R. E. Gilbert, W. Buffolano, J. Zufferey, E. Petersen, P. A. Jenum, W. Foulon, A. E. Semprini, and D. T. Dunn, "Sources of

Toxoplasma Infection in Pregnant Women: European Multicentre Case-Control Study," *BMJ* 321, no. 7254 (2000): 142–147。

11. 研究人员用更高级的免疫分析技术详细分析了其中 41 个参与者的血样，分析结果验证了粗略的抗体检测的结果。

12. 这意味着被能控制思想的寄生虫感染的人，更不容易当上部门领导或院长，我原本以为正好相反呢。

13. K. Yereli, I. C. Balcio lu, and A. Özbilgin, "Is Toxoplasma gondii a Potential Risk for Traffic Accidents in Turkey?" *Forensic Science International* 163,no. 1 (2006): 34–37.

14. J. Flegr and I. Hrdý, "Evolutionary Papers: Influence of Chronic Toxoplasmosis on Some Human Personality Factors," *Folia Parasitologica* 41 (1994):122–126.

15. J. Flegr, J. Havlícek, P. Kodym, M. Malý, and Z. Smahel, "Increased Risk of Traffic Accidents in Subjects with Latent Toxoplasmosis: A Retrospective Case-Control Study," *BMC Infectious Diseases* 2, no. 1 (2002): 11.

16. 老鼠对储存的粮食有很大破坏性，现在的一些谷物长得很硬，是因为硬谷子更不容易被老鼠吃掉。参见 C. F. Morris, E. P. Fuerst, B. S. Beecher, D. J. Mclean, C. P. James, and H. W. Geng, "Did the House Mouse (Mus musculus L.)Shape the Evolutionary Trajectory of Wheat (Triticum aestivum L.)?" *Ecology and Evolution* 3, no. 10 (2013): 3447–3454。

17. 早期的农业人士无意中把寄生虫带进了坟墓。参见 M. L. C. Gonçalves, A. Araújo, and L. F. Ferreira, "Human Intestinal Parasites in the Past: New Findings and a Review," *Memórias do Instituto Oswaldo Cruz* 98 (2003): 103–118。

18. J.-D. Vigne, J. Guilaine, K. Debue, L. Haye, and P. Gérard, "Early Taming of the Cat in Cyprus," *Science* 304, no. 5668 (2004): 259.

19. J. P. Webster, "The Effect of Toxoplasma gondii and Other Parasites on Activity Levels in Wild and Hybrid Rattus norvegicus," *Parasitology* 109, no. 5(1994): 583–589.

20. 参见 M. Berdoy, J. P. Webster, and D. W. Macdonald, "Parasite-Altered Behaviour: Is the Effect of Toxoplasma gondii on Rattus norvegicus Specific?" *Parasitology* 111, no. 4 (1995): 403–409。

21. E. Prandovszky, E. Gaskell, H. Martin, J. P. Dubey, J. P. Webster, and G. A. McConkey, "The Neurotropic Parasite Toxoplasma gondii Increases Dopamine Metabolism," *PloS One* 6, no. 9 (2011): e23866.

22. 参见 V. J. Castillo-Morales, K. Y. Acosta Viana, E. D. S. Guzmán-Marín, M. Jiménez-Coello, J. C. Segura-Correa, A. J. Aguilar-Caballero, and A. Ortega-

Pacheco, "Prevalence and Risk Factors of Toxoplasma gondii Infection in Domestic Cats from the Tropics of Mexico Using Serological and Molecular Tests," *Interdisciplinary Perspectives on Infectious Diseases* 2012 (2012): 529108。

23. E. F. Torrey and R. H. Yolken, "The Schizophrenia–Rheumatoid Arthritis Connection: Infectious, Immune, or Both?" *Brain, Behavior, and Immunity* 15, no. 4 (2001): 401–410.

24. J. P. Webster, P. H. L. Lamberton, C. A. Donnelly, E. F. Torrey, "Parasites as Causative Agents of Human Affective Disorders? The Impact of AntiPsychotic, Mood-Stabilizer and Anti-Parasite Medication on Toxoplasma gondii's Ability to Alter Host Behaviour," *Proceedings of the Royal Society B: Biological Sciences* 273, no. 1589 (2006): 1023–1030.

25. D. W. Niebuhr, A. M. Millikan, D. N. Cowan, R. Yolken, Y. Li, and N. S. Weber, "Selected Infectious Agents and Risk of Schizophrenia among US Military Personnel," *American Journal of Psychiatry* 165, no. 1 (2008): 99–106.

26. R. H. Yolken, F. B. Dickerson, and E. Fuller Torrey, "Toxoplasma and Schizophrenia," *Parasite Immunology* 31, no. 11 (2009): 706–715.

27. C. Poirotte, P. M. Kappeler, B. Ngoubangoye, S. Bourgeois,M. Moussodji, and M. J. Charpentier, "Morbid Attraction to Leopard Urine26 in Toxoplasma-Infected Chimpanzees," *Current Biology* 26, no. 3 (2016):R98–R99.

28. 因此，弓形虫感染可以解释养很多猫的男士的某些行为，不过无法解释养猫女士的行为。参见 J. Flegr, "Influence of Latent Toxoplasma Infection on Human Personality, Physiology and Morphology: Pros and Cons of the Toxoplasma–Human Model in Studying the Manipulation Hypothesis," *Journal of Experimental Biology* 216, no. 1 (2013): 127–133。

29. 不过，也不是全世界的人都感染了弓形虫。中国人直到近代才开始把猫作为宠物来饲养，人们血液中弓形虫抗体的水平也很低。在这类国家开展弓形虫感染对影响疾病的研究是最容易的，因为更容易追踪弓形虫感染水平的变化。参见 E. F. Torrey, J. J. Bartko, Z. R. Lun, and R. H. Yolken, "Antibodies to Toxoplasma gondii in Patients with Schizophrenia: A Meta-Analysis," *Schizophrenia Bulletin* 33, no. 3 (2007): 729–736. doi:10.1093/schbul/sbl050。

30. M. S. Thoemmes, D. J. Fergus, J. Urban, M. Trautwein, and R. R. Dunn, "Ubiquity and Diversity of Human-Associated Demodex Mites," *PLoS One* 9,no. 8 (2014): e106265.

31. 当然，这也不是梅瑞狄斯那些年唯一做过的事。

32. 例如，参见 F. J. Márquez, J. Millán, J. J. Rodriguez  Liebana,I. Garcia  Egea,

and M. A. Muniain, "Detection and Identification of Bartonella sp. in Fleas from Carnivorous Mammals in Andalusia, Spain," *Medical and Veterinary Entomology* 23, no. 4 (2009): 393–398。

33. A. C. Y. Lee, S. P. Montgomery, J. H. Theis, B. L. Blagburn, and M. L. Eberhard, "Public Health Issues Concerning the Widespread Distribution of Canine Heartworm Disease," *Trends in Parasitology* 26, no. 4 (2010): 168–173.

34. R. S. Desowitz, R. Rudoy, and J. W. Barnwell, "Antibodies to Canine Helminth Parasites in Asthmatic and Nonasthmatic Children," *International Archives of Allergy and Immunology* 65, no. 4 (1981): 361–366.

35. 狗会影响人们家中生物种类算不上新发现。巴黎人类博物馆负责保管木乃伊、守护着木乃伊们来生的让－伯纳德·于歇（Jean-Bernard Huchet）最近解剖了一具来自艾尔德尔遗址（公元前332—公元30年，位于尼罗河三角洲的开罗附近）的狗木乃伊。这条狗的胃里有椰枣核和无花果，说明它们是以人类聚居地的水果为生的。狗耳朵上也长满了棕色的蜱虫。这些蜱虫的体内很可能携带着能传人的病原体。人们在这种蜱虫身上发现了十多种病菌。这些蜱虫都或多或少被狗带到了埃及的城市里和人们家里。参见 J. B. Huchet, C. Callou, R. Lichtenberg, and F. Dunand, "The Dog Mummy, the Ticks and the Louse Fly: Archaeological Report of Severe Ectoparasitosis in Ancient Egypt," *International Journal of Paleopathology* 3, no. 3 (2013): 165–175。

36. 其中就有节杆菌（*Arthrobacter*）、鞘氨醇单胞菌（*Sphingomonas*）、土壤杆菌（*Agrobacterium*）属的细菌。

37. A. A. Madden, A. Barberán, M. A. Bertone, H. L. Menninger, R. R. Dunn, and N. Fierer, "The Diversity of Arthropods in Homes across the United States as Determined by Environmental DNA Analyses," *Molecular Ecology* 25, no. 24 (2016): 6214–6224; M. Leong, M. A. Bertone, A. M. Savage, K. M. Bayless, R. R. Dunn, and M. D. Trautwein, "The Habitats Humans Provide: Factors Affecting the Diversity and Composition of Arthropods in Houses," *Scientific Reports* 7, no. 1 (2017): 15347.

38. C. Pelucchi, C. Galeone, J. F. Bach, C. La Vecchia, and L. Chatenoud, "Pet Exposure and Risk of Atopic Dermatitis at the Pediatric Age: A MetaAnalysis of Birth Cohort Studies," *Journal of Allergy and Clinical Immunology* 132 (2013): 616–622.e7.

39. K. C. Lødrup Carlsen, S. Roll, K. H. Carlsen, P. Mowinckel, A. H. Wijga, B. Brunekreef, M. Torrent, et al., "Does Pet Ownership in Infancy Lead to Asthma or Allergy at School Age? Pooled Analysis of Individual Participant Data from

11 European Birth Cohorts," *PLoS One* 7 (2012): e43214.

40. G. Wegienka, S. Havstad, H. Kim, E. Zoratti, D. Ownby, K. J. Woodcroft, and C. C. Johnson, "Subgroup Differences in the Associations between Dog Exposure During the First Year of Life and Early Life Allergic Outcomes," *Clinical and Experimental Allergy* 47, no. 1 (2017): 97–105.

41. S. J. Song, C. Lauber, E. K. Costello, C. A. Lozupone, G. Humphrey, D. Berg-Lyons, J. G. Caporaso, et al., "Cohabiting Family Members Share Microbiota with One Another and with Their Dogs," Elife 2 (2013): e00458; M. Nermes, K. Niinivirta, L. Nylund, K. Laitinen, J. Matomäki, S. Salminen, and E. Isolauri, "Perinatal Pet Exposure, Faecal Microbiota, and Wheezy Bronchitis: Is There a Connection?" *ISRN Allergy* 2013 (2013).

42. M. G. Dominguez-Bello, E. K. Costello, M. Contreras, M. Magris, G. Hidalgo, N. Fierer, and R. Knight, "Delivery Mode Shapes the Acquisition and Structure of the Initial Microbiota across Multiple Body Habitats in Newborns," *Proceedings of the National Academy of Sciences* 107, no. 26 (2010):11971–11975.

## 第十一章　一起培养有益菌

1. 也被称为 52 或 52a。

2. 或者说，起码在那些有良好的公共医疗系统、干净水源和养成了洗手等卫生习惯的国家里，比任何其他细菌引起的感染都要多。参见 H. R.Shinefield, J. C. Ribble, M. Boris, and H. F. Eichenwald, "Bacterial Interference: Its Effect on Nursery-Acquired Infection with Staphylococcus aureus.I. Preliminary Observations on Artificial Colonization of Newborns," *American Journal of Diseases of Children* 105 (1963): 646–654。

3. 这一结论是以最近的预测为基础的，大概只有几十年。参见 P. R. McAdam, K. E. Templeton, G. F. Edwards, M. T. G. Holden, E. J. Feil,D. M. Aanensen, H. J. A. Bargawi, et al., "Molecular Tracing of the Emergence, Adaptation, and Transmission of Hospital-Associated MethicillinResistant Staphylococcus aureus," *Proceedings of the National Academy of Sciences* 109, no. 23 (2012): 9107–9112。

4. 他们曾经提出，对这种类型的感染唯一的办法就是仔细研究细菌的特性。现在他们要一展身手了。参见 H. F. Eichenwald and H. R. Shinefield, "The Problem of Staphylococcal Infection in Newborn Infants," Journal of Pediatrics 56, no.5 (1960): 665–674。

5. Shinefield et al., "Bacterial Interference: Its Effect On Nursery-Acquired

Infection," 646–654.

6. H. R. Shinefield, J. C. Ribble, M. B. Eichenwald, and J. M. Sutherland, "V. An Analysis and Interpretation," *American Journal of Diseases of Children* 105, no. 6 (1963): 683–688.

7. 我和同事们后来发现肚脐中主要也是这些细菌。参见 J. Hulcr, A. M. Latimer, J. B. Henley, N. R.Rountree, N. Fierer, A. Lucky, M. D. Lowman, and R. R. Dunn, "A Jungle in There: Bacteria in Belly Buttons Are Highly Diverse, but Predictable," *PLoS One* 7, no. 11 (2012): e47712。

8. 其他种类的细菌，比如微球菌和棒杆菌可能也可以抑制 80/81 型的生长，不过他俩觉得同种类细菌之间的竞争会比关联不大的细菌更激烈。在这一点上，皮肤表面的细菌和草原和森林中的植物一样。有亲缘关系的植物生态学特征也更相似，也可能互相竞争，互不相容。参见 J. H. Burns and S. Y. Strauss, "More Closely Related Species Are More Ecologically Similar in an Experimental Test," *Proceedings of the National Academy of Sciences* 108, no. 13 (2011): 5302–5307。

9. D. Janek, A. Zipperer, A. Kulik, B. Krismer, and A. Peschel, "High Frequency and Diversity of Antimicrobial Activities Produced by Nasal Staphylococcus Strains against Bacterial Competitors," PLoS Pathogens 12, no. 8(2016): e1005812.

10. 比如，蚂蚁中就有互相干扰的经典案例：科氏新收获蚁（*Novomessor cockerelli*）会把对手西方收获蚁（*Pogonomyrmex harvester ants*）的巢用小石头堵上，不让它们捕食。

11. 除了勒内·杜博斯（René Dubos）。参见 H. L. Van Epps, "René Dubos: Unearthing Antibiotics," *Journal of Experimental Medicine* 203, no. 2 (2006): 259.

12. Shinefield et al., "Bacterial Interference: Its Effect on Nursery-Acquired Infection," 646–654.

13. 这是名字很酷的著名科学家保罗·普拉内特和他同事们的研究成果。参见 D. Parker, A. Narechania, R. Sebra, G. Deikus, S. LaRussa, C. Ryan, H. Smith, et al., "Genome Sequence of Bacterial Interference Strain Staphylococcus aureus 502A," *Genome Announcements* 2, no. 2 (2014): e00284-14。

14. 生物被引入的数量（或尝试引入的次数）能最准确地预测引入的成功与否。这一理论对其他群落的形成也同样适用。比如，预测引种的蚂蚁能否成功建立种群的一个主要因素就是引种次数。参见 A. V. Suarez, D. A. Holway, and P. S. Ward, "The Role of Opportunity in the Unintentional Introduction of Nonnative Ants," Proceedings of the National Academy of Sciences of the United States of America 102, no. 47 (2005): 17032–17035。

15. 有趣的是，少数没有 502A 细菌生长的样本是因为这些婴儿的鼻子和肚脐中已经有了其他种类的葡萄球菌。参见 Shinefield et al., "Bacterial Interference: Its Effect on NurseryAcquired Infection," 646–654.

16. H. R. Shinefield, J. M. Sutherland, J. C. Ribble, and H. F. Eichenwald, "II. The Ohio Epidemic," *American Journal of Diseases of Children* 105, no. 6 (1963): 655–662.

17. H. R. Shinefield, M. Boris, J. C. Ribble, E. F. Cale, and Heinz F. Eichenwald, "III. The Georgia Epidemic," American Journal of Diseases of Children 105, no. 6 (1963): 663–673. Also see M. Boris, H. R. Shinefield, J. C. Ribble, H. F. Eichenwald, G. H. Hauser, and C. T. Caraway, "IV. The Louisiana Epidemic," *American Journal of Diseases of Children* 105, no. 6 (1963): 674–682.

18. H. F. Eichenwald, H. R. Shinefield, M. Boris, and J. C. Ribble, "'Bacterial Interference' and Staphylococcic Colonization in Infants and Adults," *Annals of the New York Academy of Sciences* 128, no. 1 (1965): 365–380.

19. D. Janek, A. Zipperer, A. Kulik, B. Krismer, and A. Peschel, "High Frequency and Diversity of Antimicrobial Activities Produced by Nasal Staphylococcus Strains against Bacterial Competitors," PLoS Pathogens 12, no. 8 (2016): e1005812.

20. 这是保罗·普拉内特的猜想。

21. C. S. Elton, The Ecology of Invasions by Animals and Plants (London: Methuen & Co, 1958).

22. 想深入了解，参见 J. D. van Elsas, M. Chiurazzi, C. A. Mallon, D. Elhottová, V. Krišt fek, and J. F. Salles, "Microbial Diversity Determines the Invasion of Soil by a Bacterial Pathogen," *Proceedings of the National Academy of Sciences* 109, no. 4 (2012): 1159–1164. 想要大致浏览，参见 J. M.Levine, P. M. Adler, and S. G. Yelenik, "A Meta Analysis of Biotic Resistance to Exotic Plant Invasions," *Ecology Letters* 7, no. 10 (2004): 975–989。

23. J. M. H. Knops, D. Tilman, N. M. Haddad, S. Naeem, C. E. Mitchell, J. Haarstad, M. E. Ritchie, et al., "Effects of Plant Species Richness on Invasion Dynamics, Disease Outbreaks, and Insect Abundances and Diversity," *Ecology Letters* 2 (1999): 286–293.

24. J. D. van Elsas, M. Chiurazzi, C. A. Mallon, D. Elhottov ā, V. Krišt fek, and J. F. Salles, "Microbial Diversity Determines the Invasion of Soil by a Bacterial Pathogen," *Proceedings of the National Academy of Sciences* 109, no. 4 (2012): 1159–1164.

25. 这样的结论并不是埃尔萨斯选择研究大肠杆菌后偶然得出的。对绿脓假单胞菌侵入小麦根系周围土壤的研究也有相似的结果。参见 A. Matos, L. Kerkhof, and J. L. Garland, "Effects of Microbial Community Diversity on the Survival of Pseudomonas aeruginosa in the Wheat Rhizosphere," *Microbial Ecology* 49 (2005): 257–264。

26. 在回顾社会曾经做出的抉择时，我们常常会想，人们做出错误决定的那一刻有没有人发出警告？我们会说，几十年、几百年或几千年前，我们的先祖们信息来源很片面，无法英明决策。但在这件事上，我们其实是了解的。1965 年，艾兴瓦尔德和希尼菲尔德就详细说明了仅仅关注抗生素会导致的问题。参见 Shinefield et al., "V. An Analysis and Interpretation," 683–688。

27. 弗莱明曾说："不知道的人服药时可能会剂量不够，杀不死细菌，反倒使得细菌对抗生素产生耐药性。这会造成一种威胁。我们可以设想一种情况：某个男人喉咙痛，自己买了一些青霉素服下，剂量不够，没能杀死链球菌，反倒使细菌对青霉素有了耐药性。然后他传染给了自己的妻子，妻子得了肺炎，医生用青霉素消炎。但由于细菌耐药，治疗无效，最后妻子不幸去世。这是谁的责任？是丈夫的责任。是他没按照正确方法服药促使细菌耐药了。"

28. M. Baym, T. D. Lieberman, E. D. Kelsic, R. Chait, R. Gross, I. Yelin, and R. Kishony, "Spatiotemporal Microbial Evolution on Antibiotic Landscapes," *Science* 353, no. 6304 (2016): 1147–1151.

29. F. D. Lowy, "Antimicrobial Resistance: The Example of Staphylococcus aureus," *Journal of Clinical Investigation* 111, no. 9 (2003): 1265.

30. E. Klein, D. L. Smith, and R. Laxminarayan, "Hospitalizations and Deaths Caused by Methicillin-Resistant Staphylococcus aureus, United States,1999–2005," *Emerging Infectious Diseases* 13, no. 12 (2007): 1840.

31. 抗生素会促进奶牛和猪的生长，原因尚未明确。

32. S. S. Huang, E. Septimus, K. Kleinman, J. Moody, J. Hickok, T. R.Avery, J. Lankiewicz, et al., "Targeted versus Universal Decolonization to Prevent ICU Infection," *New England Journal of Medicine 368*, no. 24 (2013):2255–2265.

33. R. Laxminarayan, P. Matsoso, S. Pant, C. Brower, J.-A. Røttingen, K. Klugman, and S. Davies, "Access to Effective Antimicrobials: A World　wide Challenge," *Lancet* 387, no. 10014 (2016): 168–175. 更多关于抵抗挑战的解决方案参见 P. S. Jorgensen, D. Wernli, S. P. Carroll, R. R. Dunn, S. Harbarth, S. A. Levin, A. D. So, M. Schluter, and　R. Laxminarayan, "Use Antimicrobials Wisely," Nature 537, no. 7619 (2016); K. Lewis, "Platforms for Antibiotic Discovery," *Nature Reviews Drug Discovery*12 (2013): 371–387。

## 第十二章　美味的菌

1．D. E. Beasley, A. M. Koltz, J. E. Lambert, N. Fierer, and R. R. Dunn, "The Evolution of Stomach Acidity and Its Relevance to the Human Microbiome," *PloS One* 10, no. 7 (2015): e0134116。

2．G. Campbell-Platt, *Fermented Foods of the World. A Dictionary and Guide* (Oxford: Butterworth Heinemann, 1987).

3．泡菜中的微生物比其他大多数发酵食品都多，不仅仅是一种泡菜可能含有几十、几百种微生物（似乎每个人做的泡菜又不一样），而且不同种类泡菜中的微生物种类差异也很大。参见 E. J. Park, J. Chun, C. J. Cha, W. S. Park, C. O. Jeon, and J. W. Jin-Woo Bae, "Bacterial Community Analysis During Fermentation of Ten Representative Kinds of Kimchi with Barcoded Pyrosequencing," *Food Microbiology* 30, no. 1 (2012): 197–204。除了葡萄球菌和乳酸杆菌，泡菜中常见的细菌属包括明串珠菌属和它的近亲魏氏菌属（这两种菌群在冰箱中都很丰富），还有肠杆菌（一种粪便微生物）和假单胞菌。

4．用的是芽孢杆菌，它也是脚臭的元凶（国际空间站上有很多这种细菌）。参见 J. K. Patra, G. Das, S. Paramithiotis, and H.S. Shin, "Kimchi and Other Widely Consumed Traditional Fermented Foods of Korea: A Review," *Frontiers in Microbiology* 7 (2016)。

5．强烈推荐一部 1903 年的纪录片：《奶酪螨》（*Cheese Mites*），片中重点刻画了奶酪螨让一种食物转化成另一种食物的神奇过程。

6．L. Manunza, "Casu Marzu: A Gastronomic Genealogy," in Edible Insects in Sustainable Food Systems (Cham, Switzerland: Springer International, 2018).

7．如果想读一些详细讲述面包历史和探索古老的面包制作技艺的书，可看 E. Wood, *World Sourdoughs from Antiquity* (Berkeley, CA: Ten Speed Press, 1996)。

8．这些面包可以作为货币、配给品，也可用来交换，就像啤酒一样。做成面包，是把硬硬的麦粒变成便于储存、交易、买卖也方便食用的办法。参见 D. Samuel, "Bread Making and Social Interactions at the Amarna Workmen's Village, Egypt," *World Archaeology* 31, no. 1 (1999): 121–144。

9．同样，从没有人认真研究过这个问题。比如，埃及人墓穴中有陪葬的面包，我们可以在这些面包中寻找残留的 DNA。墓穴中揭示了许多古埃及人的日常。进一步去研究应该有更多的收获，不过我不确定这是不是埃及人渴望的来世。

10．操作的细节各有不同，有人用蒸馏水，有人用雨水。面包师用的面粉也不同，酵种保存温度不同，就连面团中加不加其他富含微生物的食材（包括水果）也因人而异。

11．L. De Vuyst, H. Harth, S. Van Kerrebroeck, and F. Leroy, "Yeast Diversity of Sourdoughs and Associated Metabolic Properties and Functionalities," *International Journal of Food Microbiology* 239 (2016): 26–34.

12. 有一项研究发现哪怕面粉中有肠杆菌（来自粪便的条件致病菌），它们也无法在酵种中繁殖。酵种中的细菌和细菌生成的酸杀死了这些肠杆菌。同一项研究发现，面粉、搅拌碗甚至存放面粉的盒子里面的细菌种类也很丰富，但酵种中不是，酵种中只有简单的几种微生物在生长，组成也没有太大的变化。

13. 冰箱和冷柜刚问世时带来了一种全新的储存食物的方式，不过它们的效率还是比不上发酵。刚买来的食物布满了微生物（真空包装食品也不例外）。把食物放进冰箱让食品表面的微生物变得不那么活跃。冰箱里的食品上标出的"保质期"，其实反映的就是微生物分解并且消化食物使其腐烂变质所需要的时间，而这个过程在低温下还在进行。其实"保质期"应该这样标——"该食品到 1 月 4 号才会长满微生物"只不过，每种食物究竟可以保存多久，取决于到底是哪些来自厨房、手上、每次打开瓶盖时呼出的空气当中的细菌落到了食物上。换句话说，"保质期"是一个谎言，不过这个谎也是来自经验，提供了一种生存智慧。

14. 有时候，人们会加来自老鼠粪便中的罗伊乳杆菌（*Lactobacillus reuteri*）让面包变酸。不信可以读读这本书，M. S. W. Su, P. L. Oh, J. Walter, and M. G. Gänzle, "Intestinal Origin of Sourdough Lactobacillus reuteri Isolates as Revealed by Phylogenetic, Genetic, and Physiological Analysis," *Applied and Environmental Microbiology* 78, no. 18 (2012): 6777–6780。

15. 按照这种方法操作，酵种中很少有酿酒酵母。一旦加入袋装干酵母，它很快就会融入面包坊的酵母大家庭当中（搅拌器、面粉、存放的容器中都有它的身影），因此很容易"污染"新做的酵种。酵种的效用不会受到影响，但其中微生物的种类的确减少了，这是大规模工业化生产和使用酵母造成的不易察觉的微生物同质化。参见 F. Minervini, A. Lattanzi, M. De Angelis, G. Celano, and M. Gobbetti, "House Microbiotas as Sources of Lactic Acid Bacteria and Yeasts in Traditional Italian Sourdoughs," *Food Microbiology* 52 (2015): 66–76。

16. 我们无从知道赫尔曼为什么变成粉色的，也可能和地震毫无关系。

17. 取样前，我们不想让面包师们喂养酵种，因为如果他们喂养了（肯定会），可能就会无意中把厨房的微生物带到酵种中。这迟早会发生的，无法避免。不过，如果在此之前取样，那我们成功检测和面包师的技艺、身体和住所相关的独特的微生物的机会就更大。

18. 我们确保各组没有太大的区别，不过要做到这一点，一秒都不能放松。我们甚至要留意不让面包师往面团中加别的东西，那些他们一心想加进去的原料（他们好像总能奇迹般地从工作服里掏出一些来）："加点儿大蒜没关系吧？来点儿芝麻怎么样？"

19. D. A. Jensen, D. R. Macinga, D. J. Shumaker, R. Bellino, J. W. Arbo gast, and D. W. Schaffner, "Quantifying the Effects of Water Temperature, Soap Volume, Lather Time, and Antimicrobial Soap as Variables in the Removal of Escherichia coli ATCC 11229 from Hands," *Journal of Food Protection* 80, no. 6 (2017): 1022–1031.

20. A. A. Ross, K. Muller, J. S. Weese, and J. Neufeld, "Comprehensive Skin Microbiome Analysis Reveals the Uniqueness of Human-Associated Microbial Communities among the Class Mammalia," *bioRxiv* (2017): 201434.

21. N. Fierer, M. Hamady, C. L. Lauber, and R. Knight, "The Influence of Sex, Handedness, and Washing on the Diversity of Hand Surface Bacteria," *Proceedings of the National Academy of Sciences* 105, no. 46 (2008): 17994–17999.

22. A. Dögen, E. Kaplan, Z. Öksüz, M. S. Serin, M. Ilkit, and G. S. de Hoog, "Dishwashers Are a Major Source of Human Opportunistic Yeast-Like Fungi in Indoor Environments in Mersin, Turkey," *Medical Mycology* 51, no. 5 (2013): 493–498.